新形态 材料科学与工程系列教材

材料物理基础教程

胡正飞 编著

U0227853

清华大学出版社

北京

内 容 简 介

本书是较为简明的材料物理教材,着重叙述关键的物理基础知识和主要的材料物理理论,同时注意介绍一些重要的材料物理现象和新理论。主要内容有晶体结构与缺陷及其特征、量子理论基础及其处理材料中与性能相关的粒子或准粒子(声子、电子和光子)集体行为的数理方法,包括晶格振动与热容、导体和半导体中的电子运动及其界面行为,叙述了材料的热、电、磁、光等主要特性及其物理本质。本书的特点是理论内容叙述简洁明了,立足于材料视角叙述物理基础知识、阐述材料物理现象。通过对本书的学习,既能掌握材料物理基础理论,又能了解材料物理的新发展,从而提高对材料特性的理解和本质认知。

本书适合作为材料类专业高年级本科生或研究生的教材,也可作为材料领域专业技术人员的参考书。

图书在版编目(CIP)数据

材料物理基础教程/胡正飞编著.—北京:清华大学出版社,2024.5
新形态·材料科学与工程系列教材
ISBN 978-7-302-65873-3

Ⅰ.①材…　Ⅱ.①胡…　Ⅲ.①材料科学－物理学－高等学校－教材　Ⅳ.①TB303

中国国家版本馆 CIP 数据核字(2024)第 064858 号

责任编辑:鲁永芳
封面设计:常雪影
责任校对:欧　洋
责任印制:刘海龙

出版发行:清华大学出版社
　　　　网　　　址:https://www.tup.com.cn,https://www.wqxuetang.com
　　　　地　　　址:北京清华大学学研大厦 A 座　　　邮　　编:100084
　　　　社 总 机:010-83470000　　　　　　　　邮　　购:010-62786544
　　　　投稿与读者服务:010-62776969,c-service@tup.tsinghua.edu.cn
　　　　质量反馈:010-62772015,zhiliang@tup.tsinghua.edu.cn
印 装 者:三河市龙大印装有限公司
经　　销:全国新华书店
开　　本:185mm×260mm　　印　张:14.5　　　　　　　字　　数:350 千字
版　　次:2024 年 5 月第 1 版　　　　　　　　　　　印　　次:2024 年 5 月第 1 次印刷
定　　价:56.00 元

产品编号:103026-01

序

$$\equiv$$

    本书可作为材料类专业高年级本科生及研究生的专业基础课教材,也可供材料领域的科技工作者参考。目的是让读者准确了解和掌握材料科学的物理基础,了解材料领域的共性基础理论和发展。笔者的教学实践表明,要想理解材料的物理性能及其局限性,掌握充分的材料物理知识是关键。让学生充分了解材料物理的基础理论,对他们迅速有效地把握材料物理领域的知识结构,并运用基础理论去分析问题和解决问题是十分重要的。介绍材料物理基本理论、阐述材料的性能和微观体系之间的关系,构成了本书的基础。研究材料的微观结构、微观粒子的运动规律和相互关系,从微观上解释固体材料的宏观物理性质,是材料物理的基本任务。本书首先介绍晶体材料的结构和缺陷,叙述量子理论等物理基础理论,从晶格振动、电子运输和跃迁等不同角度认识材料的热、电、磁、光等不同物理特性或现象,通过声子、电子和光子等微观粒子行为的量子理论诠释物理本质,进而了解材料物理理论的发展和应用。

    本书是准确理解材料物理基础理论和了解材料物理理论发展的入门工具。本书特点是基础物理理论叙述较为精简,重点介绍材料物理基础理论、材料领域最主要的物理特性和现象,诠释了这些物理特性或现象的微观基础和相关的物理本质,同时注意介绍材料物理理论的一些新发展。对材料科学基础相关课程涉及的固溶体与相变等内容不再赘述,省略与材料专业无关的物理理论,减少超出材料学科范畴的繁复数学公式和推导过程。语言表达方面,采用易于理解的叙述方式,替代较为艰涩的物理理论及其数学表述。内容安排上,各章节内容相对独立,以满足不同读者的需要。

    本书编写过程中还参考了一些国内外书刊文献和一些著名高校的公开课内容,编者对采用的相关参考及其著作人表示感谢。由于编者知识局限性,书中难免存在错误,欢迎广大教师和学生批评指正!

    本书由同济大学教材建设项目资助。

胡正飞

2023 年 12 月于同济嘉园

目 录

第1章

固体晶体结构

本章导读：

理解固态物质中原子在空间的排列是否有序划分为晶体和非晶体，内部原子排列及分布规律决定着材料性能。

掌握晶体中原子空间结构的周期性表达和空间点阵结构，重复单元就是晶胞，按晶胞结构空间对称性的不同分为七大晶系。晶体结构及其取向的数学表达参数有晶面、晶向指数等。理解常见立方结构、六方结构等晶体晶体结构中原子排列的几何特征和表征方法。

了解倒易点阵概念，基于正、倒空间关系和布拉格方程的联系，理解其物理意义。

1.1 晶体结构及其特性

众所周知，材料的化学组成不同，其性能亦不相同。即使是同一化学组成的材料，通过不同方式改变材料的内部组织结构，其性能也会发生很大变化。所以，材料中组成原子的排列和分布规律决定着材料性能，研究材料的内部结构是了解和认识材料的基础。因此，研究材料的内部结构，对于掌握材料的性能变化规律，更好地选择和使用材料具有重要意义。若要了解材料、进一步改善现有材料和发展新材料，从组织结构入手是根本途径。只有在充分了解材料的结构和性能的关系的基础上，才能从内部找到改善和发展新材料的途径。实际应用的材料大部分具有晶体结构，包括常见的金属、陶瓷等结构材料，广泛应用的金属和非金属功能材料，以及迅速发展的半导体信息材料、薄膜材料、纳米材料等。迄今为止，人们对固体的了解大部分是来自对晶体的研究。所以，了解材料的晶体结构和特征是认识材料的物理基础。

1.1.1 晶体的概念

一切固态物质都是由原子(或离子、分子、原子团)构成的。根据组成物质的原子的不同排列方式，固态物质可分为晶体(crystalline)和非晶体(amorphous)。所谓晶体，是指构成物质的原子在空间呈现有规则的周期性重复排列，即空间结构的有序状态；而非晶体中的原子排列是杂乱无序的。晶体内部原子呈周期性规律排列，如天然金刚石、结晶盐、水晶以及多数固态金属。非晶体内部原子无规则排列，如松香、玻璃、沥青等。一般地，晶体往往都

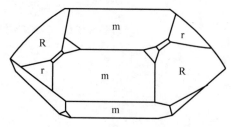

图 1-1　理想石英晶体的颗粒形态

具有规则的外形,如图 1-1 为理想石英晶体的外观形态。当然晶体和非晶体的本质区别并不在于外形,而是主要在于内部原子排列的规律性。由于受到外界条件的限制和干扰,并不是所有晶体都能表现出规则的外形。大量的晶体结构实验研究表明:组成晶体的原子在空间的排列都是周期性的、有规则的,称为长程有序;而非晶体内部的分布则是长程无序的。应当指出,晶体和非晶体在一定条件下可以互相转化。例如,玻璃经高温长时间加热能变为晶态玻璃。

1.1.2　晶体的特性

晶体与非晶体比较,除内部结构上原子的排列是否规则的本质区别之外,它们的主要区别还表现在物理性能上,前者具有方向性,即物理性能的各向异性;后者则是各向同性的,且没有固定的熔点。

晶体存在着一些共同的特征,主要表现在以下几个方面。

1）固定熔点

晶体具有固定的熔点。当加热晶体到某一特定温度时,晶体开始熔化,且在熔化过程中保持温度不变,直至晶体全部熔化后,温度又开始上升。如硅单晶的熔点是 1420℃。而玻璃等非晶体在加热过程中,随着温度升高,首先变软,然后逐渐熔化为液体。也就是说,非晶体没有固定的熔点,只是在某一温度范围内发生软化,这个温度范围称为软化区,开始软化的温度叫作软化点。实验表明:晶体的内能小,从晶态转变为非晶态要吸热。即具有相同化学成分的晶体与非晶体相比,在相同的热力学条件下,晶体是稳定的,非晶体是不稳定的,非晶体具有向晶体自发转变的趋势。

2）各向异性

晶体的物理性质随观测方向而变化的现象称为各向异性。晶体的很多宏观性质表现为各向异性,包括电导率、磁化率、热传导、折射率等物理性质,以及强度、硬度等力学性能。

3）对称性

晶体的宏观特性在一些特定的方向上可以是异向同性的,这种相同的宏观性能在不同方向上有规律重复出现的现象称为晶体的对称性。晶体的对称性表现在晶体的几何对称性和物理性质两个方面。

4）晶面角守恒定律

由晶体内在结构所决定的晶体外形仍然存在一些固有特征:组成外形的晶面之间总存在一组特定的夹角,如石英晶体的 m 面与 m 面之间的夹角为 $60°0'$,m 面与 R 面之间的夹角为 $38°13'$,m 面与 r 面之间的夹角为 $38°13'$。不同晶体的晶面间都会有一组特征夹角,这一普遍规律称为晶面角守恒定律。当然,由于外界条件和偶然因素,同一类型的晶体的外形可能会有一定差异。

5）解理性

当晶体受到外力作用破裂时,会沿某一个或几个具有确定方位的晶面劈裂开来,晶体的这一性质称为解理性,这些劈裂面称为解理面。构成晶体外观形状的大尺寸晶面往往就是解理面,通常这样的晶面上原子排列密度相对较高。

6)自范性

晶体物质在适当的结晶条件下,能自发地生长为单晶体,发育良好的单晶体均以平面作为它与周围物质的界面,呈现出凸多面体外形。这一特征称为晶体的自范性。

1.2 晶体结构的周期性

晶体基本上是以原子(包括离子、分子及原子团)作为基本组成粒子,而晶体结构中的原子在空间中的排列具有一定的几何规律,所以晶体结构又常称为原子结构。晶体结构中,原子核一般占据固定的位置,并以此固定的位置为平衡点作轻微的振动。进一步考虑组成晶体的原子核外电子运动,即晶体中的电子结构问题,也就是晶体结构中电子的分布与运动规律问题。因为晶体中电子数量庞大,显然这是个比较复杂的问题,必须从全新的角度去理解晶体中的电子运动,这将是第3章所介绍的量子理论的内容。本章只探讨晶体结构中原子排列的基本规律,也就是空间结构的周期性和对称性问题。

1.2.1 空间点阵

为便于理解和描述晶体中原子排列的情况,可以近似地把晶体中的原子看成是固定不动的刚性小球,晶体就是由这些小球按一定规律在空间紧密排列而成,这个假想模型称为刚球模型,如图 1-2(a)所示。为了便于分析和描述晶体中原子的不同排列方式,有必要将原子抽象化,即把每个原子看成一个点,称为格点。把这些点用假想线连接起来,构成一个空间格架,各原子"点"就处在格架的各个结点上,这种抽象的、用于描述原子在晶体中排列形式的几何空间构架或空间点阵,称为晶格(crystal lattice),如图 1-2(b)所示。

以纯 Fe 晶体结构为例,所有 Fe 原子所处的几何和物理环境都相同,如图 1-2 所示。这样晶体结构中具有相同的几何和物理环境位置的等同点就是格点。晶体结构在空间延展开来,就构成了如图 1-2(b)所示的由单质 Fe 原子构成的格点集合,即 α-铁素体的空间结构形态。图 1-2(b)右侧给出了这个空间结构中最小的对称性结构单元,这就是所谓的体心立方点阵。这一结构概括了 Fe 单质晶体结构中等同点空间排列的几何图形,称为空间点阵。在 Fe 的晶体结构空间点阵中,每一个格点代表一个 Fe 原子所处的位置。

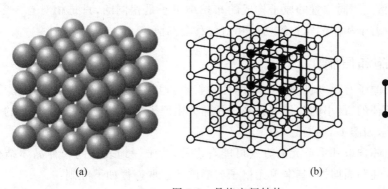

(a)　　　　　　　(b)

图 1-2　晶格空间结构

空间点阵准确地反映了晶体结构的周期性,空间点阵中结点或格点代表结构中等同的位置。如果晶体是由完全相同的一种原子组成,则格点一般代表原子本身的位置。若晶体是由多种原子组成,则这种由多个原子构成的晶体的基本结构单元称为基元。格点可以代表基元重心,也可以代表基元中的任意原子。

由于晶体中所有的格点完全等价,所以整个晶体的结构可以看作是由格点沿三个不同方向各按一定的周期平移而构成的。一般地,晶体在同一方向上具有相同的周期性,而不同方向上可能具有不同周期。由于格点代表结构中情况相同的位置,因此,任意两个基元中等同位置的原子周围环境是相同的,而多原子组成的基元中各原子周围的情况则是不同的。格点的总体称为布拉维点阵,或布拉维格子(Bravais lattice)。布拉维格子中,每个格点周围环境相同。如果晶体由同一种原子构成,则原子的空间结构与格点所构成的点阵相同,相应的网格就是布拉维格子。

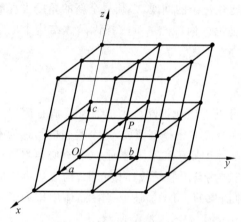

图 1-3   布拉维点阵和晶格矢量

沿三个不同的方向,通过点阵中的格点可以作许多平行的直线和晶面,构成点阵三维网格,如图 1-3 所示。这样包括全部格点的网格称为晶格,而平行的直线和平面分别称为直线族和晶面族,晶格某一方向上相邻两格点之间的距离即该方向的周期。布拉维格子的数学描述就是利用三个不共面的基本矢量 a、b、c 作为周期所构成的空间网格结构。任意格点位置可以用矢量表示:

$$r = ua + vb + wc \tag{1-1}$$

其中,u、v 和 w 取整数。

由式(1-1)所确定的、由无穷多个格点在空间中构成的集合定义为一个空间点阵,按照空间点阵概念,晶体内部结构就是由相同的格点在空间规则地作周期性排列所构成的系统。

空间点阵是数学的抽象,或者说是一个几何概念。实际晶体就是由某种原子、分子或基团构成的基本结构单元配置在三维点阵上构成的。构成晶体的基元往往包括两种或两种以上的原子,这种晶格称为复式格子。复式格子的特点是各格点中同一位置原子构成一套布拉维格子,基元中格点相同位置的原子构成的布拉维格子是相同的,只是相对有一定位移。所以复式格子是由若干相同的布拉维格子相对位移套构而成。

1.2.2   晶胞和原胞

为研究晶体中原子有规则排列具有周期性的特点,通常只从晶格中选取一个能够完全反映晶格对称性特征的、最小的几何单元来分析晶体中原子排列的规律,这个最小的对称性几何单元称为晶胞,如图 1-4 所示。

同一个空间点阵选取基本单元的方式可能有多种,为唯一地表征同一种晶体结构中原子排列的特殊对称性和周期性,基本单元格子或晶胞的选取遵循如下准则:

(1) 所选的基本单元能完全表达整个空间点阵固有的点群对称性;

(2) 在满足上一条的基础上,所选的基本单元格子的平面角尽可能为直角;

(3) 选取最短的平移矢量构成基本单元,所选的基本单元体积尽量小。

晶胞的原子排列规律可完全反映出晶格中原子的排列情况。整个晶格就是由许多大小和形状完全相同的晶胞在空间重复堆砌而形成,如同一个晶胞被大量复制经空间平移叠加所构成,如图 1-2(b)右图所示的典型体心立方结构晶胞。可见,晶体结构就是由这样的格点构成的对称性晶胞单元在任意方向上重复排列构成。晶体就是内部原子排列具有空间点阵几何形态结构的固体,所有空间点阵结构反映了晶体结构的一个根本特征——周期性。

晶胞是晶体学的概念,是以反映晶体结构对称性的最小单元来定义的。而在固体物理学中有另外一个反映晶体结构周期性单元的概念,称为原胞,是以晶体结构中最小的重复单元来定义的。选取不在同一直线上最近邻的格点构成基本周期结构,一般原胞的基矢量表达为 a_1、a_2、a_3,由基矢量为边构成的平行六面体即最小重复单元。整个晶体可看成由这样的最小单元在空间以 a_1、a_2、a_3 为周期无限重复排列构成。这样选取的最小的重复单元称为固体物理学原胞或初基原胞,简称原胞。

因原胞的定义不考虑几何对称性,所以晶胞尺寸一般为原胞的整数倍大小。如图 1-4 所示的立方晶系的三种结构,分别为简单立方、体心立方和面心立方结构的晶胞及原胞选取示意图。除了简单立方结构的晶胞和原胞相同,体心立方结构晶胞体积是原胞的两倍,而面心立方结构则是四倍关系。

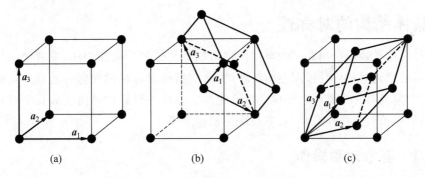

(a)   (b)   (c)

图 1-4 立方晶系的晶胞和原胞

图 1-5 晶胞中各棱边的长度 a、b、c 称为晶格常数,一般以埃(Å)或纳米(nm)为单位。在晶体学中,通常以棱边长度 a、b、c 和棱面夹角 α、β、γ 表示晶胞的形状和大小。即晶胞参数取为 a、b、c 及其对应的夹角 α、β、γ。其中,b 和 c 的夹角为 α,a 和 c 夹角为 β,a 和 b 夹角为 γ。

对于由相对复杂的两种或两种以上原子组成的化合物晶体,空间结构要复杂一些。如常见的 NaCl 晶体结构中,Na^+ 上下左右是六个 Cl^-;同样,Cl^- 近邻是六个 Na^+。所有的 Na^+ 和 Cl^- 所处的几何和物理环境相同,由 Na^+ 构成的空间点阵和由 Cl^- 构成的空间点阵结构相同,都是所谓的面心立方结构,相邻同类离子间的距离为 5.628Å。如图 1-6 所示,NaCl 晶体结构就是分别由 Na^+ 和 Cl^- 构成的两个相同面心立方点

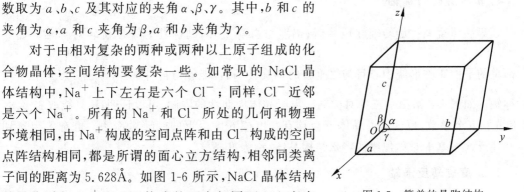

图 1-5 简单的晶胞结构

阵错开 1/2 周期套构而成的复式格子。

重要的半导体材料硅和锗在化学元素周期表中都是第Ⅳ族元素，晶体中的原子靠共价键结合在一起，它们的晶格结构和金刚石一样都属于金刚石型结构。这种结构的特点是每个原子周围都有四个最近邻的原子组成的一个正四面体结构。金刚石型结构的晶体学原胞是立方对称的晶胞。这种晶胞是由两个面心立方晶胞沿立方体的空间对角线相对位移四分之一套构而成，如图 1-7 所示。实验测得硅和锗的晶格常数分别为 5.431Å 和 5.658Å。

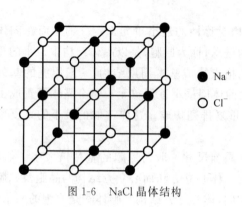

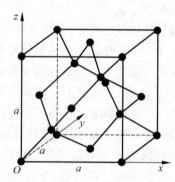

图 1-6　NaCl 晶体结构　　　　　　图 1-7　金刚石结构的晶胞示意图

1.3　晶体结构的对称性

晶体是由原子或原子团在三维空间中规则地重复排列构成的固体，或者说晶体结构一般具有一定的空间对称性。按照空间群理论，空间结构对称性的强弱可通过一定的对称操作表达，即空间的对称性是通过线性变换反映的。晶体的对称性是由少数几个对称操作组合而成的，简单的变换操作有转动、中心反演和镜像等。

1.3.1　基本对称操作

在一般的对称操作中，多数空间格点位置产生变动，若操作变换后的晶体结构状态与变换前的状态相同，则称这个操作为对称操作。操作中保持空间中至少一个点不动的对称操作称为点对称操作或基本对称操作，主要有以下几种。

1. n 度旋转对称轴

如果晶体绕某一旋转轴旋转 $\dfrac{2\pi}{n}$ 后，仍能与自身重合，则称其为 n 度旋转对称轴。如一个简单的平面正方形绕中心且与之垂直的轴旋转 $\dfrac{\pi}{2}$ 后，能够与自身重合，即正方形具有 4 度对称轴。如图 1-8 给出了三种对称轴。由于晶体周期性的限制，可以证明，n 只能取 1、2、3、4 和 6 共五个整数，也就是说晶体不会具有 5 度或 6 度以上的旋转对称轴。也有人观察到一些违反这一基本对称规律的特殊结构晶体，称为准晶。

2. n 度旋转反演轴

中心反演就是取中心为原点，空间某一位置 (x,y,z) 变换为 $(-x,-y,-z)$。常用 i

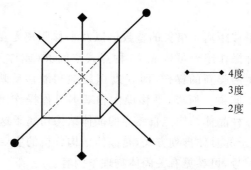

图 1-8　立方体旋转对称轴

表示中心反演操作。晶体绕某一固定轴旋转 $\frac{2\pi}{n}$ 后，再经过中心反演后晶体能与自身重合，则称该轴为 n 度旋转反演轴，通常以 $\bar{n}$ 来表示，当然这里 n 同样只能取 1、2、3、4、6。具有 n 度旋转反演轴的晶体不一定具有 n 度旋转轴和中心反演的对称操作。如图 1-9 所示，$\bar{1}$ 就是反演中心 i；$\bar{2}$ 的对称元素是垂直于转轴的对称面，通常又称为镜面反映操作，如图中的 A 和 A_2 表现的对称性，常以 m 或 σ 表示；$\bar{3}$ 的 3 度反演对称性，与 3 度旋转轴加上对称中心的组合总效果相同，不是一种独立的对称操作；同样还有 $\bar{6}$ 也是非独立对称操作，其对称性和 3 度旋转轴加上垂直于该轴的对称面的组合效果相同；而 $\bar{4}$ 是一种独立的对称操作，它不是由其他操作组合得到的。所以，晶体结构的对称操作中共有 8 种独立的基本操作：1、2、3、4、6、i、m、$\bar{4}$。

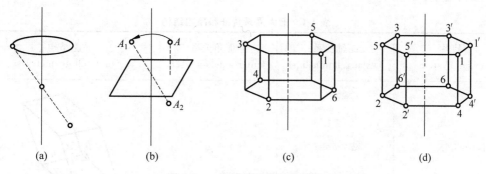

图 1-9　n 度旋转反演对称操作

(a) $\bar{1}=i$；(b) $\bar{2}=m$ 或 σ；(c) $\bar{3}=3+i$；(d) $\bar{6}=3+m$

　　如立方体的对称操作：它具有 3 个互相垂直的 4 度旋转轴，4 个 3 度轴（即立方体对角线），6 个 2 度轴（即面对角线），3 个与 4 度轴垂直的对称面，6 个与 2 度轴垂直的对称面，以及 1 个对称中心。

　　晶体对称性共有 8 种独立的基本操作。晶体的宏观对称性就是由这 8 种基本对称操作及其组合得到的，共有 32 种宏观对称性。空间群理论称之为 32 种点群，每一种点群对应晶体的一种宏观对称性，这在群论中有严格的表述和论证。点群对称性没有考虑平移，如果考虑平移操作，就构成了 230 种空间群，称为微观对称性。

3. 平移对称操作

平移对称操作包括平移距离是格矢的整数倍以及平移距离是格矢的非整数倍两种,前者的平移操作与基本对称操作组合可构成 73 种点式空间群(或称为简单空间群);后者平移与旋转和镜像组合产生两类新的操作,即 n 度螺旋轴和滑移反映面,与基本对称操作组合将得到 157 种非点式空间群。所以,平移操作和基本对称操作组合共有 230 种空间群。每种空间群唯一地对应一种晶体结构。自然界的晶体结构均属于这 230 种空间群中的某一种。测定空间群,推断原子的具体排列方式,是晶体结构分析的主要内容之一。具体的晶体空间对称性有国际通用符号,可参见有关固体物理学内容。

1.3.2 晶系

根据描述晶胞的坐标系的性质,晶体学把 a、b、c 基矢及其夹角 α、β、γ 满足相同要求的一种或数种布拉维格子称为一个晶系。空间点阵可归纳为七大晶系,即三斜、单斜、正交、四方(正方)、立方、三角和六角晶系,表 1-1 列出了七大晶系的基本特征。各晶系满足如下条件:

三斜晶系: $a \neq b \neq c, \alpha \neq \beta \neq \gamma \neq 90°$。

单斜晶系: $a \perp b, b \perp c, \alpha = \gamma = 90°, \beta \neq 90°$。

正交(斜方)晶系: $a \neq b \neq c, \alpha = \beta = \gamma = 90°$。

四方晶系: $a = b \neq c, \alpha = \beta = \gamma = 90°$。

立方晶系: $a = b = c, \alpha = \beta = \gamma = 90°$。

三角晶系: $a = b = c, \alpha = \beta = \gamma \neq 90°$。

六角晶系: $a = b, \alpha = \beta = 90°, \gamma \neq 90°$。

表 1-1 七大晶系特征和晶胞结构

晶系 (cystal system)	晶轴关系 (axial relationship)	晶面角关系 (inter axials angle)	晶胞结构 (unit cell geometry)
三斜(triclinic)	$a \neq b \neq c$	$\alpha \neq \beta \neq \gamma \neq 90°$	
单斜(monoclinic)	$a \neq b \neq c$	$\alpha = \gamma = 90°, \beta \neq 90°$	

续表

晶系 (cystal system)	晶轴关系 (axial relationship)	晶面角关系 (inter axials angle)	晶胞结构 (unit cell geometry)
正交(orthorhombic)	$a \neq b \neq c$	$\alpha = \beta = \gamma = 90°$	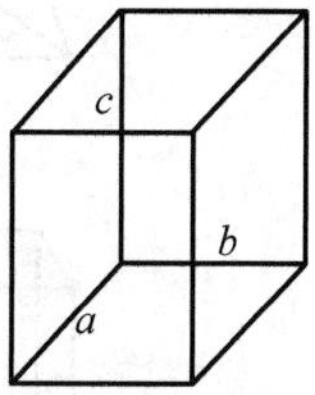
四方(tetragonal)	$a = b \neq c$	$\alpha = \beta = \gamma = 90°$	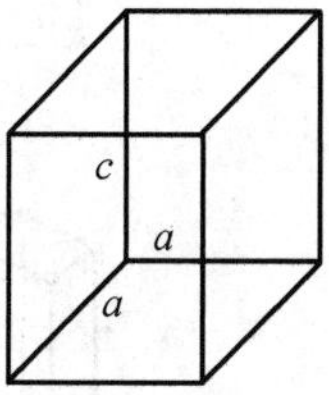
立方(cubic)	$a = b = c$	$\alpha = \beta = \gamma = 90°$	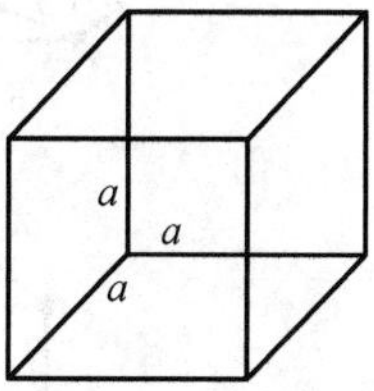
三角(rhombohedral)	$a = b = c$	$\alpha = \beta = \gamma \neq 90°$	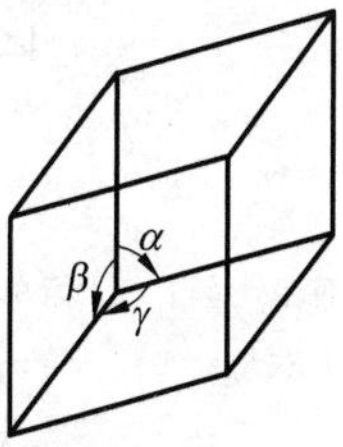
六角(hexagonal)	$a = b \neq c$	$\alpha = \beta = 90°, \gamma = 120°$	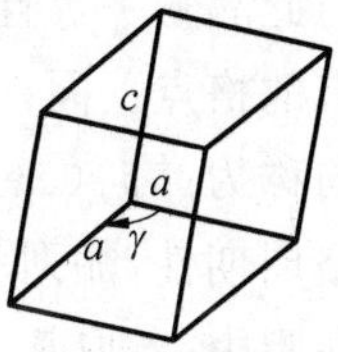

表 1-1 图示给出的是简单晶体结构示意图。考虑到原子可能占据晶胞晶面的情况,同一个晶系可能有多个结构,即每一类晶系又包括一种或数种特征性的布拉维格子。如立方晶系,可分为简单立方结构、面心立方结构和体心立方结构三种布拉维格子。七大晶系共有 14 种布拉维格子。图 1-10 给出 14 种布拉维格子的示意图。

1.3.3　晶列和晶向指数

晶体结构的空间点阵是由周期性的点(格点)、线(晶列)、面(晶面)组成的。为了表述不同晶面和晶列的原子排列情况及其在空间的位向,需要确定一种统一的表示方法。通过任意两格点连接的直线,直线上包含无数个相同的格点,此直线称为晶列。通过其他格点可以

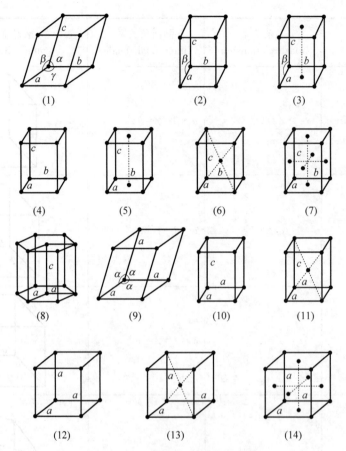

图 1-10　14 种布拉维格子示意图

(1) 简单三斜；(2) 简单单斜；(3) 底心三斜；(4) 简单正交；(5) 底心正交；(6) 体心正交；(7) 面心正交；

(8) 六角；(9) 三角；(10) 简单四方；(11) 体心四方；(12) 简单立方；(13) 体心立方；(14) 面心立方

作一组与此晶列平等且周期相同的晶列，这些互相平行的晶列称为晶列族。任意一族晶列包含所有的格点。同一族晶列中的所有晶列都平行，且晶列上的所有格点周期都相同。晶列的取向称为晶向(crystallographic direction)，一个晶向代表了晶体中一族晶列的取向。由于晶格周期性，晶列上格点按一定的周期分布，该周期与晶向有关。

在晶胞中，若取某一格点 O 为原点，则任一格点的位矢 r 可表示为 $r = ua + vb + wc$，这里 a、b、c 是晶胞的基矢。整数 u、v、w 可约化为三个互质的整数用来标识这族晶列方向，称为晶向指数(directional indices)，表示为 $[uvw]$。

确定晶向指数的步骤如下：

(1) 以晶胞的某一格点为原点，过原点的晶轴为坐标轴，以晶胞的边长作为坐标轴的长度单位；

(2) 过原点作一直线，平行于待定晶向；

(3) 在直线上选取任意一格点，确定该点的三个坐标值；

(4) 将这三个坐标值化为最小整数，u、v、w 加上方括号，$[uvw]$ 即待定晶向的晶向指数，如果 u、v、w 中某一数为负值，则将负号记于该数的上方。

如图 1-11(a)中 P 点 $r = 2a + b + 2c$，所以晶向 OP 指数为[212]。

又如图 1-11(b)所示，简单立方晶格结构三个坐标轴方向上的晶格基矢量方向的晶向分别为[100]、[010]和[001]。过原点某晶向上 A 点的坐标为(1,1,0)，过另两点 B 和 C 的坐标分别为(0,1,0)和(1,0,1)，求直线 OA 和 BC 的晶向指数。

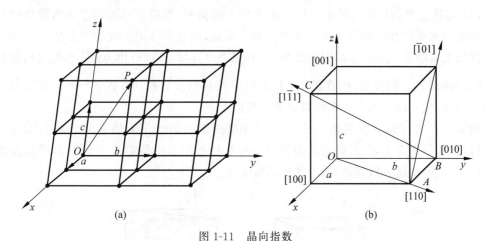

图 1-11　晶向指数

(a) 晶向指数意义；(b) 简单立方晶格中的一些晶向及其指数

将 A 点坐标值化为最小整数加方括号，得到由原点指向 A 点的晶向为[110]；由 B 点指向 C 点的晶向为 C 点坐标减去 B 点坐标，取整数比得到晶向指数为[1$\bar{1}$1]。

需要注意的是，所有相互平行、方向一致的晶向的晶向指数相同。若晶体中两晶向相互平行但方向相反，则晶向指数中的数字相同、符号相反，例如[201]方向的反方向是[$\bar{2}$0$\bar{1}$]。由于晶体结构的对称性，可能有数个晶向上原子排列情况相同，所以它们具有相同的结构性质，或者说在空间结构上是对等的。一般把晶体中原子排列情况相同的一组晶向称为晶向族，用尖括号表示为$\langle uvw \rangle$，即所谓的晶向单形符号。例如，立方晶体中的晶向族$\langle 001 \rangle$包含[100]、[010]、[001]，以及其反方向晶向[$\bar{1}$00]、[0$\bar{1}$0]和[00$\bar{1}$]等六个方向。

1.3.4　晶面指数

通过布拉维点阵中任意三个不共线的格点作一平面，会形成一个包含无限多个格点的二维点阵面，称为晶面(crystallographic plane)。相互平行的晶面称为一个晶面族。同样，一组晶面族包含所有格点，所有晶面相互平行且各晶面上的格点具有完全相同的周期排列，如图 1-12 所示。

晶格的特征可以通过这些晶面的空间方位来表示。面指数就是其法向指数。确定晶面指数的步骤如下：

（1）以单位晶胞的某一格点为原点，过原点

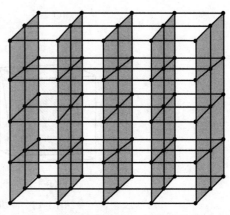

图 1-12　相互平行的一组晶面示意图

的晶轴为坐标轴,以单位晶胞的边长作为坐标轴的长度单位,注意不能将坐标原点选在待定晶面上,或待定晶面不能通过原点;

(2)求出待定晶面在坐标轴上的截距,如果该晶面与某坐标轴平行,则截距为无穷;

(3)取三个截距的倒数;

(4)将这三个倒数化为最小整数 h、k、l 加上圆括号,即待定晶面的晶面指数 (hkl),也称为晶面的米勒指数。如果 h、k、l 中某一数为负值,则将负号记于该数的上方。

例如求截距为 1、2、−3 晶面的指数:取倒数为 1、1/2、−1/3,化为最小整数比后加圆括号,表达为 $(32\bar{1})$。同样地,所有相互平行的晶面其晶面指数相同;数字相同而正负号相反的两个晶面,代表以原点为对称的两组平行晶面。

如图 1-13 所示的立方晶系。图 1-13(a)中带阴影的晶面在 x 轴上截距是 1,而与 y、z 轴平行,即截距都为无穷,所以该晶面在三个坐标轴上的截距倒数是 1、0 和 0,即该晶面指数为 (100)。同样地,可以得到图中其他晶面指数。

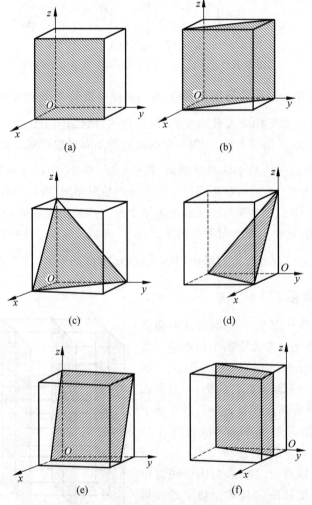

(a)   (b)

(c)   (d)

(e)   (f)

图 1-13　立方晶系的晶面指数意义

(a) (100);(b) (110);(c) (111);(d) $(1\bar{1}\bar{1})$;(e) (201);(f) $(\bar{2}01)$

在晶体中,由于结构的对称性,有些晶面的原子排列情况相同,面间距完全相等,其性质完全相同或等价,只是空间位向不同。这样的一组晶面称为晶面族(plane family),晶面族的单形符号用大括号表示为 $\{hkl\}$。例如,在立方晶系中,由于 $a=b=c$,三晶轴相互垂直且长度相同。由于立方结构的晶体对称性高,所以等价的晶面多。如 $\{100\}$ 表达的晶面数有六个: $\{100\}=(100),(010),(001),(\bar{1}00),(0\bar{1}0),(00\bar{1})$。

1.3.5　六方晶系的晶向指数和晶面指数

由于晶体结构的特殊性,六方晶系晶面指数和晶向指数如果同样应用上述方法确定,可能会出现同一晶面族中的晶面指数不一样的情况,晶向也是如此,这样会很不方便。所以,六方晶系采用一种专用的指数标定方法。

根据六方晶系结构对称性的特点,一般采用 a_1、a_2、a_3 及 c 四个晶轴,而 a_1、a_2、a_3 之间的夹角均为 $120°$。这样,其晶面指数和晶向指数就分别用 $(hkil)$ 和 $[uvtw]$ 表示,即米勒-布拉维指数,反映出六次对称性特征。采用这种标定方法,等同晶面或等同晶向具有相同指数。

需要注意的是,四指数表示法的前三个指数中只有两个是独立的,它们之间具有如下关系:

$$i=-(h+k)$$
$$t=-(u+v)$$

图 1-14 给出了六方晶系中一些晶向和晶面指数。

由于四指数中的前三个只有两个是独立的,

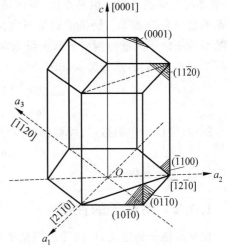

图 1-14　六方晶系的晶向和晶面指数

所以,六方晶系的指数有时也表达为三指数形式,称为米勒指数。两种指数间的关系列在表 1-2 中。

表 1-2　六方晶系的米勒指数和米勒-布拉维指数及其关系

指数形式	米 勒 指 数	米勒-布拉维指数	指数间关系
面指数	(hkl)	$(hkil)$	$i=-(h+k)$
晶向指数	$[uvw]$	$[UVTW],[UV,W]$	$T=-(U+V)$ $u=2U+V,v=U+2V,w=W$
晶带定律	$ku+hv+lw=0$	$hU+kV+iT+lW=0$	
晶面法线	$\left[2h+k,h+2k,\dfrac{3a^2}{2c^2}l\right]$	$\left[h,k,i,\dfrac{3a^2}{2c^2}W\right]$	

1.4　倒易点阵

1.4.1　倒格子基矢定义

晶体的几何结构表述为空间点阵,空间点阵由 3 个基矢量 $\boldsymbol{a}$、$\boldsymbol{b}$、$\boldsymbol{c}$ 描述(或固体物理初

基原胞基矢 a_1、a_2、a_3）。由此定义倒空间三个基矢量为

$$\begin{cases} a^* = \dfrac{2\pi}{d_1} = \dfrac{2\pi(b \times c)}{V} \\[3mm] b^* = \dfrac{2\pi}{d_2} = \dfrac{2\pi(c \times a)}{V} \\[3mm] c^* = \dfrac{2\pi}{d_3} = \dfrac{2\pi(a \times b)}{V} \end{cases} \tag{1-2}$$

其中，d_1、d_2、d_3 分别是以基矢量 a、b 和 c 为晶面指数的晶面间距；V 是晶胞体积，$V = a \cdot (b \times c)$；a^*、b^* 和 c^* 是倒易点阵（或倒格子）基矢。

一般将由基矢 a、b 和 c 描述的空间点阵称为正点阵（或正格子），而由基矢 a^*、b^* 和 c^* 描述的空间点阵称为倒易点阵（或倒格子）。每个正格子都有一个倒格子与之相对应，正格子的量纲为长度 $[L]$，倒格子的量纲为长度的倒数 $[L^{-1}]$。根据定义可知，只有正交和立方晶系的正格子矢量与倒格子基矢量方向一致，其他晶系则不同。正格子基矢与倒格子基矢互为倒易，它们的基矢关系如下：

$$\begin{cases} aa^* = bb^* = cc^* = 2\pi \\[2mm] ab^* = bc^* = ca^* = 0 \end{cases} \tag{1-3}$$

同样，倒格子中的格点（简称倒格点）的位置矢量，常称为倒格矢，可表示如下：

$$r^* = ha^* + kb^* + lc^* \tag{1-4}$$

其中，h、k、l 为整数。

1.4.2 倒格子的性质

根据倒格子的定义，可推导出倒格子具有以下基本性质。

（1）以倒格子基矢 a^*、b^* 和 c^* 为边构成的平行六面体称为倒格子原胞，其体积为 V^*：

$$V^* = a^* \cdot (b^* \times c^*) = \frac{(2\pi)^3}{V} \tag{1-5}$$

（2）倒格矢 $r^* = ha^* + kb^* + lc^*$ 和正格子空间中面指数为 (hkl) 的晶面族正交，也就是说，r^* 沿 (hkl) 晶面族的法线方向。

可简单证明如下：如图 1-15 所示，晶面族中最靠近原点的晶面 ABC 在 a、b 和 c 上的截距分别为 $\dfrac{a}{h}$、$\dfrac{b}{k}$、$\dfrac{c}{l}$，矢量 AC 和 BC 表达为

$$\begin{cases} AC = OC - OA = \dfrac{c}{l} - \dfrac{a}{h} \\[3mm] BC = OC - OB = \dfrac{c}{l} - \dfrac{b}{k} \end{cases} \tag{1-6}$$

利用式（1-4），有

$$r \cdot AC = (ha^* + kb^* + lc^*)\left(\frac{c}{l} - \frac{a}{h}\right) = 0$$

同理，

$$r \cdot BC = 0 \tag{1-7}$$

上式表明,矢量 **AC** 和 **BC** 与 **r*** 垂直,矢量 **AC** 和 **BC** 是晶面 ABC 上两相交矢量,说明与面指数为(hkl)的晶面 ABC 族正交。

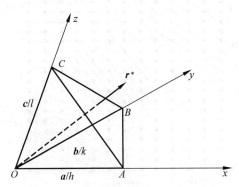

图 1-15　晶面 ABC 和对应的倒易矢量关系

（3）晶面族(hkl)的面间距 d_h 与倒格矢 **r*** 的模成反比,可证明其关系为 $d = \dfrac{2\pi}{|\boldsymbol{r}^*|}$。

图 1-15 中面 ABC 是晶面族(hkl)中距原点最近的晶面,所以这族晶面的面间距 d 就等于原点到面 ABC 的距离,而此族晶面的法线方向即 **r*** 的方向,其面间距为

$$d = \frac{\boldsymbol{a}}{h}\frac{\boldsymbol{r}^*}{|\boldsymbol{r}^*|} = \frac{2\pi}{|\boldsymbol{r}^*|} \tag{1-8}$$

说明倒易矢量的方向与相应的晶面垂直,即倒易矢量的长度与相应的晶面间距相关。

（4）正格矢 $\boldsymbol{r} = u\boldsymbol{a} + v\boldsymbol{b} + w\boldsymbol{c}$ 与倒格矢 $\boldsymbol{r}^* = h\boldsymbol{a}^* + k\boldsymbol{b}^* + l\boldsymbol{c}^*$ 之间满足

$$\boldsymbol{r} \cdot \boldsymbol{r}^* = 2n\pi \quad （n \text{ 是整数}） \tag{1-9}$$

倒空间概念的引入有其确定的物理意义。倒格子空间相当于是波矢(状态)空间,用于描述各种波的状态,这将在量子理论中进一步去理解其物理意义。式(1-9)的数学表达形式具有明确的物理意义,隐含光的衍射或 X 射线衍射公式,后面将进一步解释。

1.4.3　晶面间距、晶面和晶向夹角

一组平行的晶面中近邻两晶面间的距离叫作晶面间距。如图 1-16 所示,图中黑点代表晶体结构中晶面平行于 xy 平面上的格点或原子排列,a 和 b 分别代表 x 和 y 方向上基矢量的大小。分别作不同方向上的格点连线及其平行线,这样一组组平行线就代表垂直于纸面或平行于 z 轴的一组组平行晶面,依据晶面指数定义,它们的晶面指数分别标识在图中。可以直观地看出,晶面指数低的晶面间距大,晶面上原子密度高,相应地晶面间原子相互作用弱,所以低指数晶面一般是解理面;反之,晶面指数高的晶面间距小,晶面上原子密度低。

而同一组晶面的面间距,可根据立体几何关系求出。实际上,根据具体的布拉维格子,由晶格常数和晶面米勒指数,就可以计算该晶面的晶面间距,例如晶格常数为 a 的简单的立方晶体,如某个晶面的指数为(hkl),则该晶面的面间距 d_{hkl} 为

$$d_{hkl} = \frac{a}{\sqrt{h^2 + k^2 + l^2}} \tag{1-10}$$

进一步从倒格子的概念,可以得到一般晶体中的晶面间距和晶面夹角。

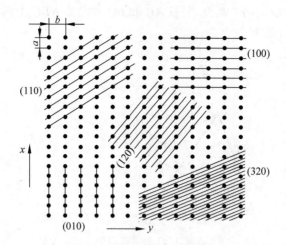

图 1-16 晶面指数和晶面上原子密度关系示意图

倒易矢量 $r^* = ha^* + kb^* + lc^*$ 与空间点阵的晶面(hkl)垂直,其由式(1-8),可得 $|r^*|^2 = \dfrac{(2\pi)^2}{d^2}$。所以晶面$(hkl)$间距为

$$\frac{1}{d^2} = |r^*|^2 = (ha^* + kb^* + lc^*)(ha^* + kb^* + lc^*)$$

$$= h^2|a^{*2}| + k^2|b^{*2}| + l^2|c^{*2}| +$$

$$2hk(a^* \cdot b^*) + 2kl(b^* \cdot c^*) + 2hl(a^* \cdot c^*) \tag{1-11}$$

对立方晶系来说,$a = b = c$,$a^* = b^* = c^* = 1/a$,$a^* \cdot b^* = b^* \cdot c^* = a^* \cdot c^* = 0$,所以可以得到式(1-10)。

由式(1-11),任意晶系中,知道晶面指数就可以计算其晶面间距。

同样,两个晶面的夹角就相当于对应的倒格子矢量的夹角。两个倒格子矢量为

$$r^* = ha^* + kb^* + lc^*$$

$$r'^* = h'a^* + k'b^* + l'c^*$$

因为 $r^* \cdot r'^* = |r^*||r'^*|\cos\phi$,所以

$$\cos\phi = \frac{r^* \cdot r'^*}{|r^*||r'^*|} \tag{1-12}$$

对于立方晶系,有

$$\cos\phi = \frac{hh' + kk' + ll'}{\sqrt{(h^2 + k^2 + l^2)(h'^2 + k'^2 + l'^2)}} \tag{1-13}$$

同样,可以求得两个晶向 $r = ua + vb + wc$ 和 $r' = u'a + v'b + w'c$ 间的夹角 α 的余弦:

$$\cos\alpha = \frac{uu' + vv' + ww'}{\sqrt{(u^2 + v^2 + w^2)(u'^2 + v'^2 + w'^2)}} \tag{1-14}$$

以上是对称性最好的立方晶系求晶体结构参数的方法。显然,根据几何关系,其他晶系晶体结构参数的计算要复杂得多。

1.4.4 倒易点阵的物理意义

倒格子概念及其导出的公式是研究晶体材料的重要理论基础。对解决物质的晶体几何结构问题、确定晶体结构的唯一性方面有重要意义。

1. 倒空间和傅里叶变换

我们知道,傅里叶变换是两个坐标系之间的数学转换。从物理意义的角度来说,是从不同坐标系或空间去观察同一个对象。倒易空间定义恰恰和傅里叶变换在数学意义上相契合。如果将传统的空间理解为正空间或实空间,那么傅里叶变换后就是倒易空间或倒空间。晶体空间点阵本身是正空间,倒易点阵就是晶体点阵的傅里叶变换,所以倒易点阵也是晶体结构周期性的数学抽象,是相对于正空间在另一不同空间的反映。这个倒空间就是量子理论所述的波矢空间。晶体结构的周期性及晶格振动在数学上可表达为周期函数,即描述微观粒子状态的波函数及其傅里叶变换得到的函数分别为坐标空间或正空间的状态函数和动量空间或波矢空间(k-space)的波函数。数学意义上,倒空间和动量空间或波矢空间是等价的。可见,从数学角度看,对应晶体的空间结构,正空间和倒易空间就是从不同坐标系去描述同一个晶格结构,是空间变换的数学游戏。而从物理角度看,它们对应着一定的物理意义。

如前所述,晶体结构的周期性用坐标空间的布拉维格子 $\boldsymbol{R}(n)$ 描述,这也是大家易于理解的实物粒子的普遍描述方式,量子力学中则用波矢 $\boldsymbol{k}$ 表示波函数的周期性。由于波函数可以简单表达为 $\varphi = \mathrm{e}^{\mathrm{i}\boldsymbol{k}\cdot\boldsymbol{r}}$ 形式,根据波函数的周期性,应有

$$\mathrm{e}^{\mathrm{i}\boldsymbol{k}\cdot\boldsymbol{r}} = \mathrm{e}^{\mathrm{i}\boldsymbol{k}\cdot(\boldsymbol{r}+\boldsymbol{R}_n)} = \mathrm{e}^{\mathrm{i}\boldsymbol{k}\cdot\boldsymbol{r}} \cdot \mathrm{e}^{\mathrm{i}\boldsymbol{k}\cdot\boldsymbol{R}_n} = \mathrm{e}^{\mathrm{i}\boldsymbol{k}\cdot\boldsymbol{r}} \tag{1-15}$$

上式成立需满足

$$\mathrm{e}^{\mathrm{i}\boldsymbol{k}\cdot\boldsymbol{R}_n} = \mathrm{e}^{\mathrm{i}\boldsymbol{g}\cdot\boldsymbol{R}_n} = 1 \tag{1-16}$$

也就是说,式(1-16)成立的条件是波矢 $\boldsymbol{k}$ 取为 $\boldsymbol{g}$($\boldsymbol{g}$ 代表 $\boldsymbol{k}$ 空间周期性矢量),只有 $\boldsymbol{k} = \boldsymbol{g}$ 时,波函数的周期性才能体现出来,这与晶体结构的周期性是一致的。

2. 倒空间与 X 射线衍射方程

如图 1-17 所示,当 X 射线入射到晶体中格点 A 和 B 处发生散射时,在某方向的散射波相干涉,两格点间的散射波有一个波程差与位相差,根据几何关系,入射波和散射波的波程差为 $(\boldsymbol{k}-\boldsymbol{k}')\cdot\boldsymbol{r}$。由于有这样一个波程差,相应的位相差为 $\mathrm{e}^{\mathrm{i}(\boldsymbol{k}-\boldsymbol{k}')\cdot\boldsymbol{r}}$。

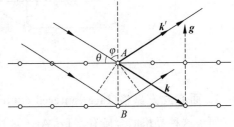

图 1-17 晶体 X 射线衍射示意图

衍射相干性要求

$$\boldsymbol{k}' - \boldsymbol{k} = \boldsymbol{g} \tag{1-17}$$

基于弹性散射 $|\boldsymbol{k}'| = |\boldsymbol{k}|$,对式(1-17)平方,得

$$2\boldsymbol{k}\cdot\boldsymbol{g}^2 = \boldsymbol{g}^2 \tag{1-18}$$

式(1-18)是周期结构中阵点弹性散射波的相干涉条件。考虑到 $\theta + \varphi = \dfrac{\pi}{2}$,$k = \dfrac{2\pi}{\lambda}$,$|\boldsymbol{g}| = \dfrac{2\pi n}{d}$,这里 d 是衍射晶面间距,n 是正整数,式(1-18)改写后即布拉格方程:

$$2d\sin\theta = n\lambda \tag{1-19}$$

布拉格方程中整数 n 代表衍射级差,在衍射图谱上,从中心向外衍射强度逐渐变弱。从倒易空间角度来说则代表 g 矢量,从中心向外代表 g 矢量成倍增加。g 矢量与晶面间距相关,代表晶面。所以说,衍射图像代表的倒易变换与晶胞本身自相关。也就是说,我们得到的晶体衍射图像就是晶体周期性结构的傅里叶变换结果。实际上,倒易点阵概念不仅与 X 射线衍射物理在意义上具有一致性,类似的电子束衍射、晶体和波的相互作用等可同样如此描述。晶体结构可看成是周期性结构光栅,只有入射光在特定条件下才能产生强衍射,也就是在入射光的波矢量 k 等于倒易空间矢量 g 条件下才会产生强衍射。通过这一概念可深刻理解衍射现象的物理意义。

1.5 常见晶体结构

自然界中的晶体是千变万化的,它们的晶体结构各不相同。但根据对称性,可由单位晶胞中六个参数(a、b、c、α、β、γ)将晶体进行分类,将晶体划分成七种类型,即七个晶系。大多数晶体材料具有立方晶系和六方晶系,例如,在已知的数十种金属元素中,常温下,约有 90% 以上金属元素的晶体结构属于立方和六方晶系。

1.5.1 常见晶体结构

1. 体心立方晶格(body-centered cubic structure,bcc,图 1-18)

属于这种晶格的金属有 Fe($<912℃$,α-Fe)、Cr、Mo、W、V、β-Ti 等。

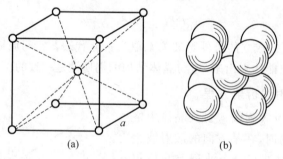

图 1-18 体心立方的晶胞

2. 面心立方晶格(face-centered cubic structure,fcc,图 1-19)

属于这种晶格的金属有 γ-Fe、Al、Cu、Ni、Au、Ag、Pb 等。

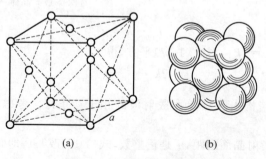

图 1-19 面心立方的晶胞

3. 密排六方晶格(hexagonal close-packed structure,hcp,图 1-20)

具有这种晶格的金属有 Mg、Zn、Be、Cd 等。

如前所述,简单地把晶体中的原子看成固定不动的刚性小球,这些小球按一定规律在空间紧密地排列的模型称为刚球模型。把晶体中的原子看成是空间中具体位置的一个质点,这样的晶体模型称为晶格模型,这些质点称为格点。刚球模型比较方便于分析和描述晶体中原子空间结构的定量特征,下面定义晶体结构的不同结构参数特征。

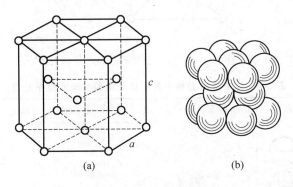

(a)　　　　　　　(b)

图 1-20　密排六方的晶胞

晶体结构的配位数:是指晶体结构中与任一原子最近邻并且等距的原子数。配位数越大,原子排列的紧密程度越高。体心立方晶格的配位数为 8,面心立方晶格和密排六方晶格的配位数都是 12。

晶体结构的致密度即晶胞中原子本身所占的体积分数。

$$致密度 = \frac{单位晶胞中原子所占有的体积}{单位晶胞的体积}$$

常见体心立方、面心立方和密排立方三种晶体结构的一些参数列在表 1-3 中。体心立方晶格致密度是 0.68,面心立方晶格和密排六方晶格的致密度都是 0.74。

表 1-3　三种典型晶格结构的数据

晶格类型	晶胞中的原子数	原子半径	配 位 数	致 密 度
体心立方	2	$\frac{\sqrt{3}}{4}a$	8	0.68
面心立方	4	$\frac{\sqrt{2}}{4}a$	12	0.74
密排六方	6	$\frac{1}{2}a$	12	0.74

晶面的原子密度:是指单位面积上的原子数,而晶向原子密度则是指其单位长度上的原子数。在各种晶格中,不同晶面和晶向上的原子密度都是不同的。例如,如图 1-21 所示的体心立方晶格中的主要晶面和晶向的原子密度列于表 1-4 中。

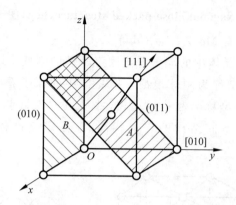

图 1-21　体心立方晶格中主要的晶面和晶向上的原子

表 1-4　体心立方晶格中各主要晶面和晶向的原子密度

晶面指数	晶面示意图	晶面原子密度(原子数/长度)	晶向指数	晶向原子密度(原子数/长度)
{100}		$\dfrac{\frac{1}{4}\times 4}{a^2}=\dfrac{1}{a^2}$	⟨100⟩	$\dfrac{\frac{1}{2}\times 2}{a}=\dfrac{1}{a}$
{110}		$\dfrac{\frac{1}{4}\times 4+1}{\sqrt{2}\,a^2}=\dfrac{1.4}{a^2}$	⟨110⟩	$\dfrac{\frac{1}{2}\times 2}{\sqrt{2}\,a}=\dfrac{0.7}{a}$
{111}		$\dfrac{\frac{1}{6}\times 3}{\frac{\sqrt{3}}{2}a^2}=\dfrac{0.58}{a^2}$	⟨111⟩	$\dfrac{\frac{1}{2}\times 2+1}{\sqrt{3}\,a}=\dfrac{1.16}{a}$

1.5.2　实际晶体的结构特征

1. 晶体的各向异性

晶体具有各向异性,沿着一个晶体的不同方向所测得的性能往往是不同的,表现出或大或小的差异,称为各向异性或异向性。晶体的异向性与内部的原子排列规律密切相关。由于晶体中不同晶面和晶向上的原子密度不同,因而晶体在不同方向上的性能显示出一定差异。晶体的各向异性不论在物理、化学或机械性能等方面都有所体现,诸如材料的弹性模量、断裂强度、屈服强度或电阻率、磁导率、线膨胀系数,以及在腐蚀环境中的溶解速度等方面都会表现出一定的异向性,这一特性在实际研究和工程上得到广泛应用。

实际材料通常是由大量的不同位向的小晶体组成的,称为多晶体,如图 1-22 所示。这些小晶体一般呈颗粒状,且具有不规则的外形,称为晶粒。晶粒与晶粒之间的界面称为晶界。多晶体材料一般不显示出各向异性,这是因为它包含大量彼此位向不同的晶粒,虽然每个晶粒具有异向性,但整块材料的性能则是它们性能的平均值,故表现为各向同性。

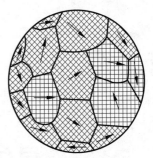

图 1-22　实际材料的多晶体结构

当材料受到应力形变或一些成型诱因作用时,多晶体中的晶粒等价方向在空间中趋于平行排列或表现出一定的取向性,这种情况下,多晶体也会表现出各向异性。如金属材料的加工形变造成的晶粒取向一致性,也就是所谓的织构现象。

2. 多晶型性

大部分晶体材料只有一种晶体结构,但也有一些材料具有两种或两种以上晶体结构。当外界条件(主要指温度和压力)改变时,元素的晶体结构可以发生转变,材料的晶体结构随外在条件变化而转变的现象称为多晶型性转变或同素异构转变。例如,铁在 912℃ 以下为体心立方结构,称为 α-Fe;在 912~1394℃ 则为面心立方结构,称为 γ-Fe;当温度超过 1394℃ 时,又变为体心立方结构,称为 δ-Fe。当材料的晶体结构发生改变时,性能往往也发生突变。钢铁材料之所以能通过热处理来改变性能,原因之一就是其具有多晶型转变现象。

第2章

晶体结构缺陷与运动

本章导读：

了解晶体结构中原子排列的不完整性所构成的晶体缺陷及其几何形态特征，晶体缺陷可分为点、线、面三类。它们的结构特性、分布和运动变化直接影响材料的性能。

理解位错的产生、增殖及运动的方式和位错结构相关，不同晶体结构中的位错结构和位错反应有其特殊性；位错和缺陷之间的相互作用可以定性或定量表达材料的强度及其形变问题。

掌握晶界和相界是晶粒之间或两相之间的过渡区，其结构特点或性质影响材料的性能。

实际晶体材料中的原子排列都是不完美的，总是不可避免地存在一些格点的空间排列出现某种不规则性或不完整性，晶体中这种原子排列的不完整性称为晶体结构缺陷。晶体缺陷（crystal defect）是指晶体内部结构完整性受到破坏的位置，表现为晶体结构中局部格点的排列偏离完美的周期性重复规律而出现错排的现象。晶体结构缺陷一般是由晶体生长过程无法避免的因素导致的，或是为改善材料性能而人为制造的结构瑕疵。晶体空间结构的微观缺陷根据其形态，大概可分为点缺陷、线缺陷、面缺陷，以及空洞和裂纹等体缺陷共四类。本章将讨论微观结构缺陷类型和性质，以及其对材料性能的影响。

2.1 点缺陷及其组态

2.1.1 点缺陷结构

晶体缺陷仅涉及原子尺寸范围的晶格缺陷，称为点缺陷，常见的点缺陷有三种，即空位、间隙原子和置换原子，如图 2-1 所示。

1. 空位

在实际晶体的晶格中，并不是每个格点都为原子所占据，总有少数格点位置原子缺失或是空着的，这就是空位。由于空位的出现，使其周围的原子偏离平衡位置，发生晶格畸变，所以说空位是

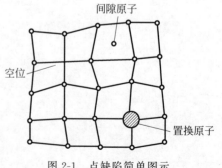

图 2-1 点缺陷简单图示

一种点缺陷。

2. 间隙原子

间隙原子就是处于晶格空隙中额外的原子。晶格中原子间的空隙是很小的,一个原子硬挤进去,必然使周围的原子偏离格点平衡位置,造成晶格畸变,因此间隙原子也是一种点缺陷。间隙原子有两种:一种是同类原子的间隙原子;另一种是异类原子的间隙原子。

3. 置换原子

异类原子溶入晶体时,这些异类杂质元素替代晶格中原来成分的格点位置,这种占据基体固有原子平衡位置的异类原子称为置换原子。由于置换原子的大小与基体原子不可能完全相同,故其周围邻近原子也将偏离其平衡位置,造成晶格畸变,因此置换原子也是一种点缺陷。

点缺陷会引起局部晶格畸变,大量的点缺陷会直接影响材料的性能,如使屈服强度升高、电阻增大、体积膨胀等。此外,点缺陷的存在,还将加速晶体中的扩散过程,从而影响与扩散有关的相变、热处理及高温条件下的塑性变形和断裂特性等。

2.1.2　点缺陷的能量和运动

点缺陷的存在,破坏了晶体结构中原子的规则排列,会造成缺陷附近一定范围的弹性晶格畸变,导致晶体的内能增高。所以认为点缺陷是有能量的,点缺陷的形成能由两部分构成。一是自由电子的运动由于点缺陷的存在而引起的能量改变。点缺陷和其他正常晶格不同而影响自由电子分布,或因产生多余的量子态而改变其能量状态。二是点缺陷和相邻格点上的原子或离子相互作用能的变化。作用能的大小,需要具体分析。空位的能量为负值,间隙原子的能量为正值,而置换原子的能量则是由置换原子和基体元素性质的差异决定正负。由于不同元素间的相互作用不同,所以作用能大小因元素类型的不同而有很大差异。例如,贵金属原子间相互作用能大,贵金属中间隙原子的形成能比空位形成能高得多;碱金属离子半径小,相互作用弱,碱金属间隙原子的形成能与空位形成能相当。

实验可测定点缺陷的形成能。表 2-1 给出部分金属晶体中空位形成能和空位发生迁移所需激活能的数值。

表 2-1　一些金属晶体中空位形成能 ΔE_f 和空位激活能 ΔE_m 实验值

金属晶体	Cu	Ag	Au	Al	Fe	Ni	Mg
ΔE_f/eV	1.1	1.1	0.98	0.65	1.5	1.36	0.8
ΔE_m/eV	0.9	0.86	0.83	0.62	1.1	1.47	0.5

根据点缺陷形成能的意义,为降低形成能,点缺陷往往形成一定组态,如点缺陷成对组合,可明显降低形成能。例如,晶体结构中两个间隙原子对分一个格点位置,如图 2-2 所示。两个空位占据相邻格点构成空位对,可减少断键数,降低局部畸变量,减小形成能。

2.1.3　热平衡点缺陷

晶格的热振动涨落可以使间隙原子和空位产生运动,也会引起它们的产生和复合。格点上的原子获得足够大的能量,就会脱离格点进入间隙成为间隙原子,原格点处留下空位。

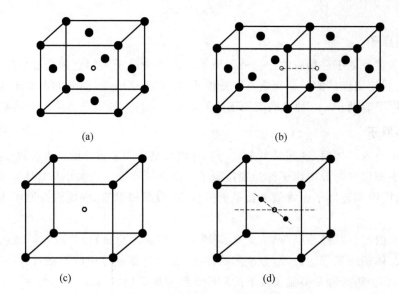

图 2-2　立方晶系中点缺陷结构

（a）面心立方中的间隙原子；（b）两个间隙原子对分组态；（c）体心立方中的空位；（d）双间隙原子结构

另外,间隙原子在晶格的热振动中持续获得激活能,会不断地作迁移运动,当间隙原子遇到空位时两者自然会复合而消失。一定温度下,经足够长时间的运动,它们的产生与复合会达到一个动态平衡且分布均匀,如此状态称为点缺陷在该温度下的热力学平衡。如晶体的温度发生改变,则原平衡被打破,在热运动中将产生新的平衡。

根据统计热力学规律,晶体中空位和间隙原子的平衡浓度分别为

$$N_V = N \exp\left(\frac{-\Delta E_f}{k_B T}\right) \qquad (2\text{-}1)$$

$$N_I = N \exp\left(\frac{-\Delta E_f^I}{k_B T}\right) \qquad (2\text{-}2)$$

其中,N 是晶体的原子总数或格点总数；N_V 和 N_I 分别为空位和间隙原子的浓度；ΔE_f 和 ΔE_f^I 分别为空位和间隙原子的形成能；k_B 为玻耳兹曼常量,其值为 $1.380\,65 \times 10^{-23}$ J·K^{-1}；T 是热力学温度。上式表明,点缺陷的浓度同其形成能与温度成指数关系,显示出温度对点缺陷浓度的强烈影响。表 2-2 给出了不同温度下铜晶体中的点缺陷浓度和形成能。可见,相对于空位,间隙原子的形成能更大,所以一般晶体中间隙原子的浓度很小,点缺陷主要是空位。间隙原子形成能高也表明,由格点原子借助于热振动迁移到间隙位置而产生等量空位和间隙原子形成点缺陷的方式比率很小,空位的产生方式主要是由格点上的原子迁移到晶界、位错或表面处等原因造成的。

表 2-2　铜晶体中点缺陷浓度和形成能与温度的关系

缺 陷 类 型	形成能/eV	不同温度下的缺陷平衡浓度		
		300K	800K	1300K
空位	~1	10^{-17}	$10^{-6.5}$	10^{-4}
间隙原子	~4	10^{-67}	10^{-25}	10^{-15}

晶体中的主要点缺陷是空位,空位在晶体中引起弹性畸变,会通过材料的晶格常数变化表现出来。简单地说,晶体中空位数量表现为格点数量增加,宏观上体现在晶体体积变化。以此为基础,可以测量晶体的长度 L 和晶格常数 a 随温度变化的斜率,根据下式可直接求出空位的浓度:

$$\frac{n}{N} = \frac{(L + \Delta L)^3}{L^3} - \frac{(a + \Delta a)^3}{a^3} \approx 3\left(\frac{\Delta L}{L} - \frac{\Delta a}{a}\right) \tag{2-3}$$

其中,N 为总原子数,n 为空位数量。

2.1.4 非平衡点缺陷

一般平衡状态晶体中点缺陷的浓度很小,通过一定手段可以在晶体中引入大量的非平衡点缺陷。例如,采用淬火、形变、辐照等途径可以在晶体中产生远远超过平衡浓度的非平衡点缺陷。

淬火是指将材料加热到高温单相区,保温一定时间后快速冷却到低温的过程。这样,高温条件下的高平衡浓度空位在冷却过程中来不及消失而保留下来,成为低温下非平衡空位或过饱和空位。

淬火方法在晶体中引入大量空位,通过研究其对性能和结构的影响,可了解点缺陷的性质和作用。例如,淬火金属存在一附加电阻,附加电阻 $\Delta\rho$ 和淬火温度 T_q 间满足如下关系:

$$\Delta\rho = A\exp\left(\frac{-\Delta E_f}{k_B T_q}\right) \tag{2-4}$$

其中,A 为常数,ΔE_f 是空位形成能。通过测量金属经不同温度淬火处理后的电阻率,可根据式(2-4)求得空位的形成能 ΔE_f。若知道空位对电阻的贡献率,比如纯铜中 1% 空位浓度引起的电阻率变化为 $1.5\mu\Omega \cdot cm$,则通过测量电阻变化,可以估算材料中的空位浓度大小。淬火作为材料热处理的常用手段,显然会引起高浓度过饱和空位等点缺陷,从而对材料后期热处理和性能有一定影响,例如,淬火空位对合金材料的时效起到促进作用。

材料中点缺陷产生另一个有效手段是辐照。在高能量粒子(中子、离子、电子等)轰击下,把正常格点处的原子从平衡位置撞出来,形成等量的间隙原子和空位。而且,离位原子仍具有较高的速度撞击其他原子,进一步形成空位和间隙原子,一个中子撞击可形成上百个空位和间隙原子对。高能粒子的作用,使材料局部出现高温,进一步促进点缺陷产生。另外,材料在塑性形变而产生大量位错的同时,也会产生大量的非平衡点缺陷。

2.1.5 点缺陷的运动

1. 点缺陷运动激活能

晶体中的原子以格点平衡位置为中心作永不停息的热振动。理论表明,尽管原子振动的频率和温度相关性不明显,但原子在格点附近的热振动强弱和温度相关。温度低,则振动弱,振幅小;温度高,则振动增强,振幅大。由于晶体中不同地方的原子热振动振幅表现出一定的起伏,即不同位置的原子热振动及其能量表现出涨落特征,从而给格点处的原子及点缺陷运动提供了能量。

图 2-3 展示了间隙原子的迁移过程,间隙原子从(a)运动到(c)的过程中,要经过(b)相对能量高的状态,即所谓的鞍点组态。也就是说,在这个运动过程中,间隙原子要有足够的能

量克服具有较高自由能鞍点组态的能量势垒,这个必须克服的势垒称为间隙原子迁移激活能。

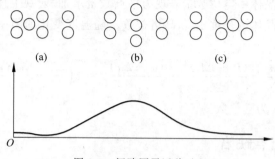

图 2-3　间隙原子迁移过程

同样可以理解空位在晶体中的运动,不过,空位的激活能要远大于间隙原子的激活能,两者之间相差可达到一个数量级。可见,间隙原子在晶体中的运动要比空位频繁得多。

根据热力学统计规律,点缺陷的迁移与否,取决于它们在热振动涨落中能否得到足够高的能量,点缺陷迁移概率 p 满足玻耳兹曼统计规律,即

$$p = \nu_0 \exp\left(\frac{-\Delta E_t}{k_B T}\right) \tag{2-5}$$

其中,ν_0 是晶格振动频率,ΔE_t 是点缺陷迁移激活能。可见,点缺陷的迁移概率或速度对温度很敏感,温度高,热振动剧烈,迁移速度快。

2. 点缺陷扩散的唯象理论

点缺陷在热振动的激发下,作无规则的热运动,如同气态分子的布朗运动一样。点缺陷的迁移造成晶体中的扩散现象,这是点缺陷扩散运动的物理基础。

早在 1855 年,阿道夫·菲克(Adolf Fick)研究了固体中成分存在浓度梯度,原子将从浓度高处向浓度低处扩散,扩散流密度 J 与元素的浓度梯度 $\partial C/\partial x$ 成正比,即

$$J = -D\frac{\partial C}{\partial x} \tag{2-6}$$

基于晶体中原子扩散类似于布朗运动,一般布朗运动扩散系数 D 可表达为

$$D = \frac{1}{6}\frac{l^2}{\tau} \tag{2-7}$$

其中,l 是原子一步独立运动的平均距离,τ 是经过这段距离需要的时间。

描述固体中原子扩散的方式主要有两种,即间隙机制和空位机制。

1) 间隙机制

在间隙固溶体中,尺寸小的溶质原子占据晶格间隙位置。在扩散过程中,间隙原子从晶格中的一个间隙位置迁移到另一个间隙位置。例如,钢中的 C、N 小尺寸元素处于晶格的间隙位置,一般认为它们的扩散是通过此机制迁移的。

例如,体心立方晶系中间隙原子的扩散系数为

$$D = \frac{1}{2}a_0^2 \nu_0 \exp\left(-\frac{\Delta E_t}{RT}\right) \tag{2-8}$$

面心立方因配位数比体心立方高一倍,间隙原子的扩散系数为

$$D = a_0^2 \nu_0 \exp\left(-\frac{\Delta E_t}{RT}\right) \tag{2-9}$$

其中，a_0 是晶格常数；ν_0 是原子的热振动频率；ΔE_t 是间隙原子迁移的激活能，相当于鞍点组态能量势垒；R 是气体常数，其值为 $8.314 \mathrm{J \cdot (mol \cdot K)^{-1}}$；$T$ 是热力学温度。

2）空位机制

晶体中存在着一定浓度的空位。这些空位的存在使原子的迁移更容易，故大多数情况下，原子扩散是借助于空位机制。置换元素的扩散就是空位机制扩散，空位机制的扩散系数为

$$D = \frac{1}{6} z a_0^2 \nu_0 \exp\left(-\frac{\Delta E_f + \Delta E_t}{RT}\right) \tag{2-10}$$

其中，a 为原子一次迁移的距离，z 为晶格配位数，ΔE_f 和 ΔE_t 分别为空位形成能和原子跃迁激活能。

3. 晶体中元素扩散的驱动力

有些情况下，晶体中的元素扩散呈现从低浓度向高浓度扩散，这种扩散称为上坡扩散（up hill）或逆向扩散。这种现象在相变过程尤为典型。从热力学分析可知，扩散的驱动力并不是浓度梯度，而是元素的化学势梯度。体系中某一元素的化学势定义为

$$\mu_i = \frac{\partial G}{\partial n_i} \tag{2-11}$$

相当于合金体系中该元素原子数量 n 的变化对体系自由能 G 的影响。元素会从化学势高的区域向低的区域扩散，即决定元素扩散方向的是元素的化学势梯度。自由能降低是元素扩散的驱动力。所以，不管是上坡扩散还是下坡扩散，决定体系组元扩散的基本因素是化学势梯度，其结果总是导致扩散组元的化学势梯度减小，直至化学势梯度为零的平衡状态。由此不仅能解释通常的浓度梯度扩散现象，也能解释上坡扩散等反常现象。

4. 实际材料中点缺陷的运动

实际晶体中的点缺陷是在不断地产生、迁移和复合的。特别是多晶材料中的空位、杂质元素等点缺陷的运动有其特殊性，微观结构层面上往往存在确定的扩散集聚地和扩散迁移通道。例如，间隙原子易于迁移到表面、晶界和位错等晶格缺陷处而消失，反之也容易跃迁进入晶体中成为间隙原子。不仅如此，晶界、相界、表面、位错等都可能是多数点缺陷的运动集聚地或运动路径，这是因为表面能、界面能或位错能低，有利于点缺陷运动。由此会导致杂质原子或合金元素分布得不均匀，这些地方出现了一些元素的富集或贫化，产生合金元素偏聚现象而明显影响材料的特性。

点缺陷研究的重要手段之一是退火处理。在相对较高温度下，点缺陷迁移速度高，通过复合和流入尾闾而消失，点缺陷浓度迅速下降而接近平衡浓度，此过程称为点缺陷的退火。利用分段退火测量相应的电阻率变化，可估计空位迁移激活能。

2.2　位错结构及其运动

位错（dislocation）是尺寸较长的一维结构缺陷，因此又称为线形位错或线缺陷。位错是晶体中某处有一列或若干列原子发生了有规律的错位现象，长度从几百至上万个原子间距，宽约几个原子间距范围内的原子偏离平衡位置。位错是一种极重要的晶体缺陷，对晶体

的生长、扩散、相变、形变与断裂以及其他物理和化学性质,具有比点位错更显著的影响。例如,金属的塑性变形主要是由位错运动引起的,所以阻碍位错运动是强化金属的主要途径。

2.2.1 位错结构

晶体中的位错有多种类型,其中最简单也是最基本的有刃位错和螺位错两种,如图 2-4 所示。

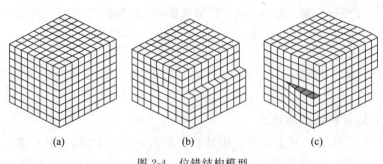

(a)   (b)   (c)

图 2-4 位错结构模型

(a) 完整晶体;(b) 刃位错;(c) 螺位错

1. 刃位错(edge dislocation)

当一个完整晶体某处多出半个原子面,该晶面像刀刃一样切入晶体,这个多余原子面的边缘就是刃型位错,简称刃位错。如图 2-5 所示,沿着半原子面的"刃边",晶格发生了很大的畸变,晶格畸变中心的联线就是刃位错的位错线(图 2-5 中画"⊥"处)。位错线并不是一个原子列,而是一个晶格畸变的"管道"。刃位错通常在切应力作用下,可在"刃边"接触的完整晶面之上左右滑移,这个完整的原子面称为位错的滑移面。半原子面在滑移面上部的称为正位错,用"⊥"表示;半原子面在滑移面下部的称为负位错,用"⊤"表示。

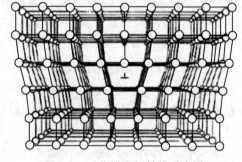

图 2-5 刃位错空间结构示意图

2. 螺位错(screw dislocation)

如图 2-6(a)所示,晶体右侧的上、下两部分发生了局部滑移,右边滑移区的原子相对移动了一个原子间距。在已滑移区和未滑移区之间,有一个很窄的过渡区,如图 2-6(b)投影图所示。在过渡区中,原子都偏离了格点平衡位置,使本来完整的原子面畸变成一串螺旋面,如图 2-6(c)所示,这就是螺型位错,简称螺位错。位错的螺旋面轴心处晶格畸变最大,轴心连线就是螺位错的位错线。螺位错也不是一个原子列,而是一个螺旋状的晶格畸变管道。

3. 混合位错

以上两种位错都是直线型的,它们在滑移时,位错线和滑移方向之间为垂直关系的是刃位错,平行关系的是螺位错。如果一个位错线在滑移面上是曲线,即位错线和滑移方向的关系既非平行也非垂直,此位错就是混合位错,如图 2-7 所示,混合位错结构是由部分刃位错和部分螺位错组合而成。

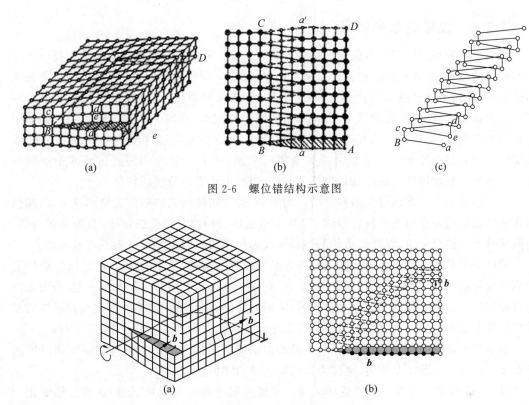

图 2-6　螺位错结构示意图

图 2-7　混合位错结构

2.2.2　位错密度

位错的多少一般用位错密度描述。位错密度一般定义为单位体积内所包含的位错线总长度：

$$\rho_V = \frac{L}{V} \ (\text{cm}^{-3}) \tag{2-12}$$

其中，L 是体积为 V 的晶体中位错线总长度。有时也用面密度表示：

$$\rho_s = \frac{N}{S} (\text{cm}^{-2}) \tag{2-13}$$

即单位表面积上位错的露头数。位错密度的具体数值与材料种类及其热处理和加工的状态相关。优质单晶硅中的位错密度可以小于 $100\,\text{cm}^{-3}$，而金属中的位错密度变化很大，为 $10^5 \sim 10^{12}\,\text{cm}^{-3}$。图 2-8 给出了金属在不同状态下的位错密度，在晶体结构相对完整的退火态，位错密度较低；而经塑性加工变形后，位错密度成数量级增加。

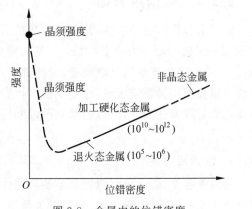

图 2-8　金属中的位错密度

2.2.3　位错的结构特征

将理想的完整晶体和含有位错的晶体作比较,可以发现位错具有特殊的结构特征。在含有位错的晶体中,从完整结构的任意格点出发,围绕一位错作闭合回路,将位错包含在该回路中间,回路不经过或切割位错。回路的每一步连接相邻格点,并保持在结构完整区域(好区)构成闭合回路,称为伯格斯(Burgers)回路。相应地,在同一结构的理想结构晶体中作相同的参考回路,在相同的方向上走相同的步骤,如此会发现这样的参考回路无法闭合,需要从终点到起点补加一个矢量才能构成闭合回路,这个矢量 b 称为此位错的伯格斯矢量。它体现了包含位错的晶体和理想晶体间的区别,用于表达位错的特征。

从位错结构图可看出刃位错和螺位错的区别,刃位错线与其伯格斯矢量相互垂直,螺位错线和其伯格斯矢量相互平行。如图 2-7 中混合位错结构的左侧是螺位错,右侧是刃位错,中间部分才是混合位错,混合位错的伯格斯矢量和位错线间的关系是既不平行也不垂直。

伯格斯矢量的大小和方向一般用晶格常数及晶格矢量表达,例如,$b=a$ 是指位错的伯格斯矢量和晶体[100]方向的基矢量相同。尽管一个位错的伯格斯矢量大小一定,但矢量方向可能相反。为确定其唯一性,人们规定伯格斯回路的方向,取的伯格斯回路与位错线成右手螺旋关系的方向为正方向,反向为负,并规定位错线正方向为离开纸面向外的方向。

伯格斯矢量作为位错结构的特征,位错的伯格斯矢量的大小和方向与伯格斯回路的选择无关。它存在以下几个性质,也称为伯格斯矢量的守恒性。

(1) 一个位错只有唯一的伯格斯矢量。位错的运动和形态变化,例如从刃位错变化为混合位错,其伯格斯矢量不变。

(2) 位错不能在晶体内部终止。位错只能在界面中止,或形成封闭位错环,或与其他位错相连。

(3) 在位错与位错相连条件下,离开连接节点的位错伯格斯矢量之和等于指向节点的位错伯格斯矢量之和。一个理想晶体结构不存在位错,即围绕任意格点不存在伯格斯矢量或伯格斯矢量为零。例如,有多条位错线和一格点相连,围绕这些位错线的伯格斯回路可以形成一个大的回路,总的伯格斯矢量应为零。即存在以下关系:

$$\sum_i \boldsymbol{b}_i = \boldsymbol{0} \qquad (2\text{-}14)$$

2.2.4　位错应力场

位错引起晶体有序性结构的破坏,在位错线附近引起晶格畸变,产生一定的附加能量。讨论这一问题一般分为两个区域:一是位错中心区域,位错核心的晶格结构和完整晶格结构完全不同,产生严重的晶格畸变,对此部分的处理需要考虑原子间的相互作用;二是相对远离位错核的位错影响区域,这是位错产生影响的主要部分。此区域位错的影响所构成的畸变认为是线弹性的,即位错的影响可以利用弹性应变处理,即借用弹性力学来处理弹性体畸变。

1. 位错应力场

为简单起见,假设研究的对象是各向同性连续介质,建立位错的连续介质模型。假设一刃位错在原点,位错线沿 z 轴,伯格斯矢量沿 x 轴方向。位错核心在 z 轴上,取一个内半径

为 r、外半径为 R 的无限长空心圆柱弹性体作为模型,不过沿径向在 xz 平面切开,上下相对移动距离 b,如图 2-9(a)所示。采用空心圆柱体模型的目的是避开位错核心非弹性应变区,因为该区域无法采用弹性力学处理。考虑位错引起坐标轴方向的位移量分别为 u、v 和 w,这样,x 方向位移量 $u_{(\theta=2\pi)}-u_{(\theta=0)}=b$,$z$ 轴方向的位移量 $w=0$,根据各向同性的连续介质弹性力学分析可得到应力场分布:

$$\sigma_{xx}=-D\frac{y(3x^2+y^2)}{(x^2+y^2)^2} \tag{2-15a}$$

$$\sigma_{yy}=D\frac{y(x^2-y^2)}{(x^2+y^2)^2} \tag{2-15b}$$

$$\sigma_{zz}=\nu(\sigma_{xx}+\sigma_{yy}) \tag{2-15c}$$

$$\tau_{xy}=\tau_{yx}=D\frac{x(x^2-y^2)}{(x^2+y^2)^2} \tag{2-15d}$$

其中,$D=\dfrac{Gb}{2\pi(1-\nu)}$,$\nu$ 为泊松比,G 为切变模量。式中应力 σ 的下标意义:第一个下标表示应力的作用面法向,第二个下标表示应力指向。其余的应力分量为零。图 2-9(b)和(c)分别为 zOx 平面的 σ_{xx} 和 zOy 平面的 σ_{yy} 的应力分布。

对于螺位错,位移量 $u=v=0$。得到的应力分量为

$$\sigma_{xz}=\sigma_{zx}=-\frac{Gby}{2\pi(x^2+y^2)} \tag{2-16}$$

$$\sigma_{yz}=\sigma_{zy}=\frac{Gbx}{2\pi(x^2+y^2)} \tag{2-17}$$

其他应力分量为零。螺位错只有切变应力分量,没有正应力。

2. 位错应变能

位错因在晶体中引起畸变而具有能量。根据前述,位错分为核心区和弹性影响区,相应地,位错能量也分为两部分,即位错的核心能量和核心外的弹性应变部分能量,后者称为应变能。根据晶格点阵模型估算,位错的核心能大约是应变能的 1/10。根据弹性力学,应变能大小是应力和应变积的一半。如果知道应力和应变分布,通过积分就可以求出应变能大小。位错的应变能就是位错形成所需要的功。

如图 2-9(a)所示刃位错结构,位错仅在 x 轴方向产生位移。所以,考虑沿 x 轴方向的应力分量,积分可得到刃位错的应变能为

$$\frac{Gb^2}{4\pi(1-\nu)}\ln\left(\frac{R}{r}\right) \tag{2-18}$$

同样可得螺位错的应变能为

$$\frac{Gb^2}{4\pi}\ln\left(\frac{R}{r}\right) \tag{2-19}$$

混合位错可分解为刃位错和螺位错两者之和,其伯格斯矢量可分解为刃位错和螺位错两部分:$\boldsymbol{b}=\boldsymbol{b}_e+\boldsymbol{b}_s$,混合位错的伯格斯矢量 $\boldsymbol{b}$ 与螺位错分量 $\boldsymbol{b}_s$ 间的夹角为 θ,与刃位错分量 $\boldsymbol{b}_e$ 间的夹角为 $90°-\theta$,则混合位错的应变能为分解位错应变能之和:

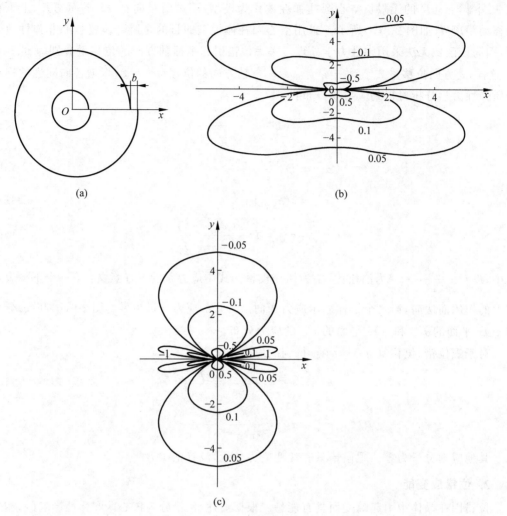

图 2-9 刃位错模型和应力场

（a）刃位错的连续介质模型；（b）刃位错 zOx 平面的 σ_{xx}；（c）zOy 平面的 σ_{yy} 的分布（x 和 y 单位是 b，应力单位是 G）

$$\frac{Gb^2}{4\pi(1-\nu)}\ln\left(\frac{R}{r}\right)(1-\nu\cos^2\theta) \tag{2-20}$$

由上式可以看出，位错的应变能与伯格斯矢量大小的平方成正比。考虑到泊松比 ν 大小一般取 0.3，由式（2-18）和式（2-19）可知，刃位错的应变能比螺位错大 50%。由于位错核心能量比应变能低一个数量级，所以位错能取决于应变能。一般晶体位错的应变能大小为数电子伏，比空位能高一个数量级。位错能量势必提高晶体的熵，减小自由能。所以从能量角度考虑，位错是热力学不稳定的缺陷。

由于位错应变能与 b^2 成比例，故伯格斯矢量也表示位错强度大小。位错会向能量小的方向转化，位错能与位错线长度成比例，所以位错有缩短的趋势。

单位长度位错的能量称为位错的线张力。刃位错的线张力 T 约为

$$T = \mu b^2 \tag{2-21}$$

考虑到位错受力滑移而发生弯曲，线张力会下降，一般取位错的线张力为

$$T = \mu b^2 / 2 \qquad\qquad (2\text{-}22)$$

3. 位错核心

位错核心的原子严重错排,无法采用连续介质的弹性体模型解决位错核的问题,需要考虑原子间的相互作用,一般采用点阵模型处理。广泛应用的点阵模型为派-纳(Peierls-Nabarro,P-N)模型。

假设刃位错滑移面将晶体隔开为上下两部分,如图 2-10(a)所示,上下层原子间相互作用使上半部分晶体内产生压应力,下半部分晶体内产生张应力。图 2-10(b)纵坐标为错排度 δ,横坐标为与位错线的距离。位错中心位置,上下原子在滑移方向上错开半个原子间距 $(b/2)$,位错中心的错排最大为 $b/2$。错排度随远离中心位置而逐渐变小,直至远处错排为零。位错核心附近错排占总量 1/2 的区域定义为位错宽度 W,此宽度大约是数个原子间距。位错的核心能基本集中在此区域。

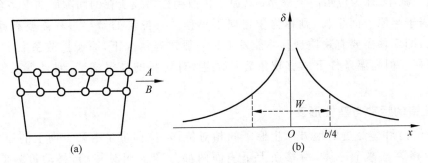

图 2-10　刃位错核心
(a) 刃位错的 P-N 模型;(b) 错排值沿滑移面的分布

2.2.5　位错运动

在切外力作用下位错是可以运动的,位错运动的难易程度反映材料强度的高低,位错运动是晶体材料塑性形变的根本原因。根据运动方向和滑移面的关系,位错运动可分为滑移和攀移两种。

1. 位错运动的概念

在切应力作用下,由于原子发生移动,位错位置随之而不断改变的过程称为位错运动。位错在含有伯格斯矢量所在平面上的运动称为位错滑移。由位错线和伯格斯矢量决定的滑移平面,称为位错的滑移面。图 2-11 为刃位错在切应力作用下在滑移面上滑移的示意图,位错滑移到晶体表面会留下伯格斯矢量大小的台阶,如图 2-11(c)所示。刃位错的伯格斯矢量与位错线垂直,刃位错有唯一的滑移面。螺位错的位错线与伯格斯矢量平行,所以通过位错线的所有晶面都可能成为其滑移面,螺位错的滑移运动可从一个晶面转移到另一个晶面,此过程称为位错的交滑移。

根据位错的结构可以看出,位错的运动仅是位错核的位置在格点间传递,如同相邻原子的接力运动,位错线上原子错排空间组态的依次传递构成位错的运动,原子本身仅有很小的位移,从非平衡位置回到平衡位置的过程,不存在物质迁移。

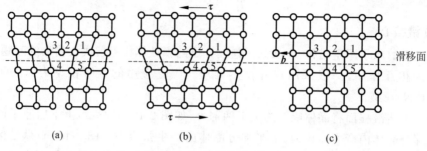

图 2-11　刃位错的滑移过程

　　刃位错还有一种运动形态,就是多余原子面在自己所在的平面上下运动现象,称为位错攀移。如图 2-12 所示,位错线上多余原子面上的原子扩散到周围空位或成为间隙原子,多余原子面在减小,称为位错向上攀移;若原子扩散到位错线所在的间隙而加入多余的半原子面,相当于半原子面生长,则称为位错向下攀移。刃位错的攀移过程需要有原子的离开或加入,即攀移需要有物质迁移才能发生。一般常温情况下,原子扩散系数小,位错很难产生攀移。但高温条件下攀移现象容易发生,对材料的高温蠕变、回复等现象起到明显作用。

2. 位错的运动与塑性形变

　　一个位错滑移经过的地方产生原子间相对位移,位移量是滑移方向上的原子间距。如位错滑移穿过整个晶体,滑移面上下表面两部分产生相对移动,移动量为伯格斯矢量大小。结果在材料表面产生台阶,如有 n 个相同的位错通过此滑移面,则在表面产生的台阶宽度为 nb,在微观观察上称之为滑移带,如图 2-13 所示。根据台阶的宽度就可以估算滑移出晶体的位错数量。可见,晶体的塑性形变就是由大量的位错滑移产生的。

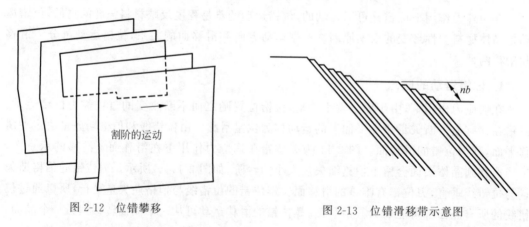

图 2-12　位错攀移　　　　　　　　图 2-13　位错滑移带示意图

　　晶体的塑性形变大小宏观上一般用应变表示。由于位错分布的不均匀和运动的不均匀性,使塑性形变也表现为一定程度的不均匀性。如从宏观平均效果估计,则可得到切应变和滑移量的关系。如图 2-14(a)为一长度为 L 的长方形晶体,在切应力作用下,如有一个位错扫过这个横截面积为 A 的晶体,则在表面产生台阶,台阶的宽度为位错的伯格斯矢量 b,对宏观产生切应变贡献为 b/L。如果有多个相同的位错滑移,则位错滑移平均经过的面积为

αA，这里 α 为分量系数。平均滑移量为 αb，对切应变贡献为 $\alpha b/L$。如果这些伯格斯矢量相同的位错总长度为 S，平均滑移距离为 d，则位错平均滑移量为 $\alpha b = \dfrac{Sd}{A}b$。相应的晶体切应变为

$$\gamma = \frac{\alpha b}{L} = \frac{Sd}{A}b\frac{1}{L} = \frac{S}{V}db = \rho_V db \tag{2-23}$$

其中，V 是晶体的体积，ρ_V 是相同位错的体密度。在位错平均滑移距离为 d 时，引起塑性切变量为 γ。

同样地，晶体的塑性弯曲变形应也看成是由位错特殊分布和不均匀滑移造成的，可简单认为是由许多个正刃位错构成弯曲，如图 2-14(b) 所示。假设长方形晶体形变后弯曲半径为 r，宽为 t。一个正刃位错引起上下相差一个原子间距，即宏观上表现为上下边长相差 b。如晶体产生弯曲的圆心角为 θ，则上下边长差为 $(r+t)\theta - r\theta = t\theta$，所以晶体中共有正刃位错的个数为 $t\theta/b$。则位错的面密度为

$$\rho_s = \frac{t\theta}{b}\frac{1}{tr\theta} = \frac{1}{rb} \tag{2-24}$$

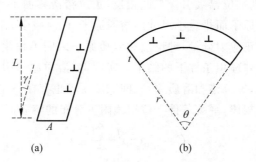

图 2-14　位错的运动与塑性形变
（a）横向伸长；（b）弯曲

当然，上面是简单的模型，由此可估算形变和位错运动的关系。实际晶体中含有位错、点缺陷、第二相质点和晶界等多种结构缺陷，而且一般密度都很高，它们之间不可避免地会产生作用。这些作用都会阻碍位错运动。利用此原理，给位错运动设置障碍，使塑性形变困难增大，这是强化材料的主要途径之一。

2.3　位错和缺陷相互作用

一般晶体中都有很高的缺陷密度，准确处理大量缺陷之间的作用是难以做到的。考虑到缺陷产生的应力场影响区域很小，因此可以通过讨论相邻缺陷间的相互作用，从理论上定性地理解位错和缺陷之间的相互作用与影响。

2.3.1　位错和点缺陷间的相互作用

间隙原子、溶质原子和空位等点缺陷引起局部晶格畸变而产生应力场，它们和相邻的位错应力场之间相互影响，产生引力或排斥力弹性作用。

下面采用连续介质模型分析位错和置换溶质原子间的相关作用。设坐标原点处有一正

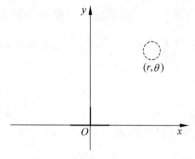

图 2-15　位错和溶质原子间相互作用

刃位错,在坐标点(r,θ)处有一溶质原子,如图 2-15 所示。将溶质原子看成是半径为$(1+\varepsilon)r_0$的小球,δ是错配度。位错和溶质原子之间作用能大小相当于把小球从远处放到(r,θ)点空位处所做的功,考虑各向同性小球在周围引起的应变垂直于表面,所以此过程只有位错应力场中的正应力做功。小球总应变为δr_0,相对于基体原子的体积变化 $\Delta V = 4\pi\delta r_0^3$,则位错应力场做功为$\sigma\Delta V$。根据刃位错应力场,可得位错对溶质原子相互作用能为

$$U = \frac{1+\nu}{1-\nu}\frac{\mu b\,\Delta V}{3\pi}\frac{\sin\theta}{r} \tag{2-25}$$

可以看出,位错对溶质原子相互作用能大小与溶质原子大小和位置有关。正位错上半部分是晶格压缩区,此区域如存在尺寸大于基体原子的溶质原子,则位错产生的晶格压缩会使其能量高于正常格点,所以大尺寸的溶质原子被位错排斥,而小于基体原子的溶质原子可以使格点的能量下降,则被位错吸引。与此相反,正位错滑移面下半部分是晶格膨胀区,位错会吸引大尺寸的溶质原子而排斥小尺寸的溶质原子,同时吸引间隙原子。

由于螺位错不存在正应力分量,理论上和溶质原子之间不发生弹性作用。这是将溶质原子看成是各向同性小球理想条件下的结果。实际上,溶质原子引起的晶格畸变会明显偏离球对称性。也就是说,螺位错和溶质原子、间隙原子等也存在一定的作用。

根据玻耳兹曼分布规律,平衡条件下位错线附近分布的溶质原子的浓度为

$$C = C_0\exp\left(-\frac{U}{k_BT}\right) \tag{2-26}$$

其中,C_0是基体中溶质原子的平均浓度,U是位错和溶质原子间相互作用能。

刃位错和溶质原子作用使溶质原子向位错集聚,形成一种关联的结构,称为科特雷尔气团(Cottrell atmosphere)结构。如此造成位错运动阻力增加,位错要么挣脱气团,要么和气团一起运动,位错运动需要更大的外应力,做额外的功。而螺位错和溶质原子的相互作用构成的结构叫作斯诺克气团(Snoek atmosphere),同样影响位错的移动。总之,由于位错和溶质原子间的相互作用,使溶质原子富集在位错线附近。当溶质原子的浓度超过溶解度时,位错线上就会发生新相沉淀。因此,新相沉淀往往是在位错及其他缺陷处优先析出,因为这些地方溶质浓度高,新相形成能低。

同样,空位和间隙原子也受到位错的吸引或排斥作用而影响其分布,甚至从位错中心产生或消失,位错成为点缺陷产生的源泉或尾闾。位错、间隙原子、空位在一定条件下也可以互相转化。如塑性形变产生位错滑移,则正负刃位错相遇消失,成为一列空位或被填隙原子填充。在远离晶界的地方,过饱和的空位集聚形成大片空位坍塌而产生位错环,而靠近晶界处的空位会消失于晶界。

2.3.2　位错间的相互作用

1. 位错间相互作用模型

这里仍然采用简单的模型处理,了解位错间相互作用形态。如图 2-16(a)所示两个正位

错,一个在原点,另一个在坐标(x,y)处,它们的伯格斯矢量分别为$\boldsymbol{b}_1$、$\boldsymbol{b}_2$。坐标(x,y)处位错受到原点处位错的应力场作用,两个应力分量分别为

$$F_x = b_2\sigma_{yx} = \frac{Gb_1b_2}{2\pi(1-\nu)}\frac{x(x^2-y^2)}{(x^2+y^2)^2} \tag{2-27}$$

$$F_y = b_2\sigma_{xx} = \frac{Gb_1b_2}{2\pi(1-\nu)}\frac{y(3x^2+y^2)}{(x^2+y^2)^2} \tag{2-28}$$

结果表明,应力分量σ_{yx}使位错$\boldsymbol{b}_2$受到的力F_x和x方向一致,起到滑移力作用。可以看出,如$x^2-y^2>0$,则两位错间为排斥力;如$x^2-y^2<0$,则两位错间为吸引力。即两个相同正位错间的作用与它们之间的相对位置相关。在特殊条件下,$x=0$,$F_x=0$,即位错上下排列为稳定结构,因为位错偏离此位置就会受力而回到原位置。在$x=y$条件下同样$F_x=0$,此情况下位错排列为不稳定结构,因为位错偏离此位置就会受到排斥力而远离。如两刃位错一正一负,则在$x=0$方向排列不稳定,而在$x=y$方向排列稳定。符号相反的两个位错依靠弹性作用在45°方向束缚在一起,此结构称为位错偶极子。

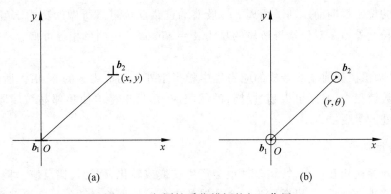

图 2-16　相同性质位错间的相互作用
(a) 平行滑移面上两刃位错的相互作用;(b) 平行螺位错的相互作用

σ_{xx}分量使位错$\boldsymbol{b}_2$受到的力F_y和y方向一致,为排斥力,起到攀移力作用。攀移力的方向与位置相关。即$\boldsymbol{b}_2$位于$\boldsymbol{b}_1$滑移面上方,受到的攀移力向上;$\boldsymbol{b}_2$位于$\boldsymbol{b}_1$滑移面下方,受到的攀移力向下。如两位错符号相反,则此分量作用力为吸引力。

图 2-16(b)中两个平行的螺位错$\boldsymbol{b}_1$、$\boldsymbol{b}_2$间相互作用的分析与上面相似,原点处位错的应力场为

$$\sigma_{\theta z} = \frac{Gb_1}{2\pi r} \tag{2-29}$$

$\boldsymbol{b}_2$受到的作用力为

$$F_r = b_2\sigma_{\theta z} = \frac{Gb_1b_2}{2\pi r} \tag{2-30}$$

$\boldsymbol{b}_2$受到$\boldsymbol{b}_1$的作用力在两位错连线方向上并指向外,即伯格斯矢量方向一致的两个螺位错间的相互作用力为斥力,而伯格斯矢量方向相反的两个螺位错间的相互作用力为引力。

一个螺位错和一个刃位错间不存在相互作用,因为它们之间的应力场没有使对方受力的分量。而混合位错则要分解为刃位错和螺位错后分别讨论。

2. 位错塞积

晶体产生塑性形变情况下,往往在同一滑移面上有大量相同的位错被迫堆积在一个障碍物前,形成位错塞积,如图 2-17 所示。这些塞积位错是同性质位错,甚至来源于同一位错源,具有相同的伯格斯矢量。理论分析表明,位错塞积群的长度(垂直于位错线方向上的宽度)与位错总数成正比,同外加的应力成反比。

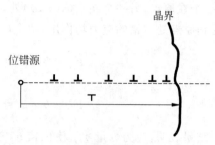

图 2-17 在晶界前的位错塞积群结构示意图

位错塞积的重要效应是在塞积的前端产生应力集中。这样的应力集中源于位错塞积前端障碍物的阻力,另外也源于外力构成的滑移力,每个位错都有大小正比于 $F = \tau b$ 的滑移力。由于此位错间的排斥力作用,对塞积位错群前端的位错而言,因多种力的叠加,会产生很大的局部应力。

根据虚功原理,可简单估算此局部应力大小:假设集中应力 τ' 仅作用于最前端位错,N 个位错组成的位错群向前运动了距离 δx,最前端位错反抗阻碍所做的功为 $\tau' b \delta x$。沿位错线方向单位长度外力 τ 对位错群所做的功为 $w = N\tau\delta x$。由两者相等可得

$$\tau' = N\tau \tag{2-31}$$

即 N 个位错塞积在其前端所造成的应力集中相当于外加切应力 τ 的 N 倍。所以位错群前端局部应力数值很大,甚至可以超过材料的屈服应力,后果是迫使相邻晶粒屈服形变,或在障碍物界面处产生裂纹。

3. 位错反应

位错之间存在相互作用,特定条件也会产生转变或转化,称为位错反应。例如一个位错分解为两个位错,或两个位错合成为一个位错的现象。根据伯格斯矢量守恒定律,位错反应前后伯格斯矢量和不变。在材料形变过程中位错反应是常见的现象,后面在特殊位错结构中将进一步叙述。

位错反应能否自发产生,取决于反应前后位错的总能量变化,如总能量下降,则反应可以自发进行,这是热力学定律所决定的。

2.4 位错的产生及观察

从热力学角度来看,晶体中的位错结构因晶格畸变而具有能量,所以位错结构是不稳定的。在实际晶体材料中往往都含有一定密度的位错。本节将介绍晶体中位错的来源及其变化和控制问题。

2.4.1 位错的产生和消失

理论分析表明,位错能大,是不能靠热激活产生和迁移的。所以,位错不会在晶体中随机产生,只能在一些具备条件的地方生成,而位错的运动也必须是在受到应力作用并达到临界切变应力条件下才能开动。

实际晶体中位错产生的主要来源如下。

凝固结晶过程中,不断生长的晶核相遇时,相邻的小晶粒一般会存在晶体取向差异。即使差异很小,在它们生长成为一个大的晶粒时,也会在交界面产生一系列刃位错。例如熔体的枝状结晶,由温度梯度、成分偏析或机械扰动等引起应力,在晶体中形成位错网状结构。结晶过程中,如成分偏析严重或杂质分凝明显,会造成晶体生长前后成分不同,点阵常数也有一定差异。则在点阵常数变化中,会产生一定的刃位错以补偿由点阵常数差异引起的内应力。

由熔体中生长的材料,在高温下具有高密度空位;而冷却到常温状态下热平衡空位的密度明显减少,是因为大量的过饱和空位集聚成空位片,继而坍塌形成位错环,或者空位消失在晶界或其他缺陷处。

晶体生长过程中,如结晶面存在位错,或初始籽晶含有位错,那么,由于位错不会在晶体内部消失,所以位错会在在晶体中连续生长。例如晶体薄膜材料的外延生长,基底材料在表面露头的位错会连续生长到外延层中去。另外,如基体和外延层之间存在晶格失配,外延层中会生成一定的刃位错以补偿由晶格常数差异构成的界面应力,严重情况下会导致外延膜出现裂纹。

晶体中沉淀析出物或夹杂物附近存在较大的畸变应力,也会导致位错的产生。工程上,为改善材料性能,往往通过扩散方法向晶体近表面扩散一种间隙元素,此时也会因产生内应力而形成位错。

位错作为不稳定的结构缺陷,一旦在晶体中形成就很难消失。即使是热处理也只是使位错排列有序,密度有一定程度降低。

为了生长出比较完整的低密度晶体,首先是采用无缺陷的籽晶作为生长源;其次是采用合适的工艺条件,避免生长过程产生位错。在半导体工业中,常采用同质外延,由于晶格完全匹配,可以制备出高质量外延膜材料。在基体材料和外延层间存在晶格不匹配条件下,往往是在基体材料上预制缓冲层以逐步释放由晶格失配造成的应力,降低位错密度,提高外延膜生长质量。

2.4.2 位错增殖

晶体在应力作用下产生塑性形变,晶体中的位错受到切应力的作用而滑移出晶体,消失在表面或晶界,在表面或界面形成滑移线,但同时晶体中的位错密度却呈数量级的增加。一般地,塑性形变和疲劳状态下材料中的位错密度增加十分显著。这表明在塑性形变过程中,位错以某种方式在不断地增殖。

常见的位错增殖方式主要有被实验观测所证实的弗兰克-里德(Frank-Read)机制。如图 2-18 所示,晶体中一段长度为 l 的刃位错两端被诸如质点或位错网节点之类障碍物固定或钉扎不动,位错在滑移面上因受到滑移力作用产生运动。如受到的应力场均匀,则单位长度位错受到的切应力大小为 $F=\tau b$。在位错两端固定情况下,位错线发生弯曲。位错线各处受到垂直滑移力作用而不断沿外法线方向弯曲,直到自身相遇。由于在相遇点的两小段位错垂直于原刃位错,因一正一负相遇复合而消失。这样使原来的一条位错分为两个位错。内部位错在应力作用下回复到原来刃位错形态,并继续重复以上的分裂过程,如此反复会产生大量的位错环。外面的位错环会在应力作用下不断向外扩展,直至整体滑移到晶体外。

大量的位错滑移出表面,表面就会产生宏观台阶,形成可以观测到的滑移线,造成晶体宏观变形。

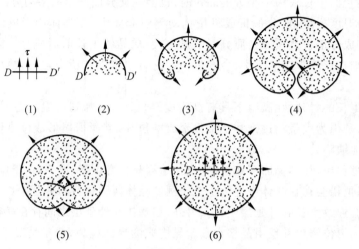

(1) (2) (3) (4)

(5) (6)

图 2-18 弗兰克-里德位错源及其增值示意图

显然,外加应力场对位错产生的作用力只有达到一定临界值条件下才能产生位错增殖。下面简单分析一下位错增殖所需的应力大小。如图 2-19 所示,假设滑移面上一小段长度为 $R\delta\theta$ 的位错,R 是位错弯曲半径,$\delta\theta$ 是该段位错对应的圆心角。受到的滑移力 F_t 和位错的线张力 T 达到平衡,则

$$F_t R\delta\theta = 2T\sin\frac{\delta\theta}{2} \qquad (2\text{-}32)$$

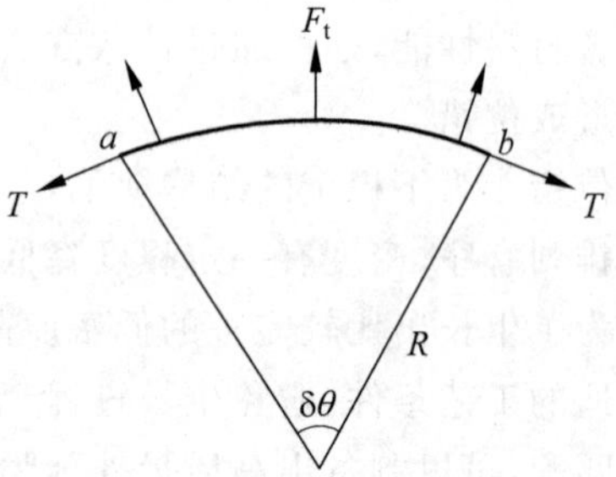

考虑 $\delta\theta$ 很小,所以

图 2-19 滑移力作用下的一段弧形位错平衡

$$F_t = \frac{T}{R}$$

由 $F_t = b\tau$,$T = \frac{1}{2}Gb^2$,代入上式得到

$$\tau = \frac{Gb}{2R} \qquad (2\text{-}33)$$

即弯曲的弧形位错受力达到平衡时,外加的应力大小与位错弯曲的曲率半径成反比,曲率半径变小,则所需的平衡切应力变大。曲率最小时,应力最大。因此,由以上弗兰克-里德位错增殖机制分析可知,随着受到的应力逐渐增大,位错的弯曲愈发明显。当弯曲达到半圆时所受到的应力最大,此后进一步弯曲,因弯曲半径开始变大,所需应力会随之减小。因此使弗兰克-里德位错源何时开始增殖,取决于外应力能否使位错弯曲到半圆形态,即临界应力为

$$\tau = \frac{Gb}{2R} = \frac{Gb}{l} \qquad (2\text{-}34)$$

也就是说,位错滑移驱动力大小等于作用在滑移面上沿伯格斯矢量方向的分切应力分量和位错强度的积,也就是单位长度位错线滑移单位距离所做的功。

位错增殖还有其他机制,如图 2-20(a)所示点源机制,刃位错一个端点固定,另一端在切应力作用下绕固定端转动在滑移面上形成卷曲线。卷曲环数足够高情况下,同样可以产生大量的位错滑移效果。如为螺位错或混合位错,则形成螺旋线结构。另外还有位错的交滑移增殖机制,如图 2-20(b)所示。螺位错如产生交滑移,则会自行提供钉扎点。当产生交滑移时,螺位错会在交滑移面上留下两段刃位错,因其无法随螺位错在新的滑移面上运动而成为增殖源。

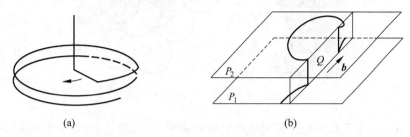

(a)   (b)

图 2-20 　(a)位错点源和(b)交滑移增殖机制

2.5　常见晶体中的特殊位错结构

本节介绍常见晶体结构中的位错结构形态和特性。

2.5.1　面心立方晶体中的位错

1. 面心立方晶体中的位错

面心立方结构初基矢量为 $\frac{1}{2}\langle 110\rangle$,次短的点阵矢量为 $\langle 100\rangle$,以它们作为位错伯格斯矢量的位错强度 b^2 分别为 $a^2/2$ 和 a^2,这里 a 为晶格常数。因为位错能和伯格斯矢量大小的平方成正比,显然具有伯格斯矢量为初基矢量的位错比其他点阵矢量的位错稳定。

根据前面内容我们知道,伯格斯矢量小的位错容易滑移。因为伯格斯矢量小的位错在面间距最大的晶面上滑移,点阵阻力小。对面心立方晶体来说,位错在 $\{111\}$ 面上沿 $\langle 110\rangle$ 方向滑移阻力最小,所以 $\langle 110\rangle\{111\}$ 滑移系是面心结构晶体中位错的最可能滑移系。显微观察到的面心立方晶体中位错基本上是以 $\frac{1}{2}\langle 110\rangle$ 为主,也有一些伯格斯矢量为 $\langle 100\rangle$ 的位错,但未观察到后者产生滑移现象,原因在于其点阵阻力较大而难以开动。

位错的特征是具有不变的伯格斯矢量。如伯格斯矢量的大小和晶体结构的点阵初基矢量相等,这样的位错称为全位错。晶体中的全位错还可能进一步分解为伯格斯矢量小于点阵初基矢量的位错,这种位错称为偏位错或不全位错。后面将进一步探讨。

2. 面心立方晶体中的层错结构

面心立方晶体的原子密排面是 $\{111\}$ 面,根据原子排列周期性,该晶面上原子的排列投影在(111)面上,每隔 2 层结构晶面完全重复。如图 2-21 所示,如果三层晶面分别命名为 A、B 和 C,则面心立方晶格结构(111)晶面堆垛顺序是 $\cdots ABCABCABC\cdots$。

如果正常的堆垛顺序被破坏,堆垛顺序中多出一层 $\cdots ABCA\underline{C}BCABC\cdots$,或少一层 $\cdots$

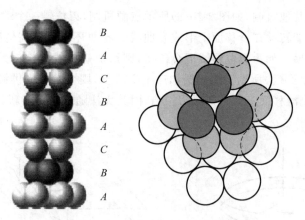

图 2-21   面心立方{111}面的堆垛顺序

$ABCA\,|\,CABC\cdots$，此类晶格缺陷称为堆垛层错或简称为层错。前者在正常堆垛顺序中多出一层的结构叫作插入型层错，后者少一层的结构叫作抽出型层错。

从晶体结构格点原子来看，堆垛层错并没有破坏近邻原子间的相互关系，仅破坏了次近邻原子间关系。层错结构破坏了晶体结构的完整性，也是一种晶格缺陷，势必会引起能量的上升，这种与层错相关的单位面积能量称为层错能。表 2-3 给出了常见的几种金属的层错能估算值，显然，层错能相对较小。

表 2-3   常见面心立方晶体结构中的层错能

晶　　体	Ag	Al	Cu	Ni₃Mn	FeCrNi
层错能/(10^{-7}J·cm^{-2})	25	200	40	20	15

如果层错不贯穿整个晶体，而是正常晶面结构中多出半个原子面或少半个原子面（相对于正常堆垛区，层错面多一个或少一个原子面）形态，可见层错是一种刃位错，如图 2-22(a)所示。如果同样采用伯格斯矢量描述此结构，面心立方结构的{111}面层错具有伯格斯矢量为 $\dfrac{1}{3}\langle 111\rangle$，伯格斯矢量小于初基矢量，该类位错称为弗兰克（Frank）偏位错。为区别插入型层错和抽出型层错，前者称为正弗兰克偏位错，后者称为负弗兰克偏位错。图 2-22(a)所示为负弗兰克偏位错。

由于面心立方结构的堆垛形态，相邻原子格点相互错开，显然弗兰克偏位错无法滑移。它们只能通过吸收或放出点缺陷在其所在的晶面作攀移运动。

面心立方晶体结构中另外一种偏位错是具有伯格斯矢量为 $\dfrac{1}{6}\langle 112\rangle$，称为肖克利（Shockley）偏位错，如图 2-22(b)所示。肖克利偏位错同样是(111)晶面堆垛层错，只是伯格斯矢量和前述弗兰克偏位错不同。晶体的一部分相对于其他部分移动了 $\dfrac{1}{6}\langle 112\rangle$。使 A 层以上原子相对于 C 层作滑移，滑移中止在晶体内部，这样就在局部地区形成层错。即本来是晶体堆垛结构中 A 晶面上的周期排列过渡为 B 晶面结构，从而带动部分晶体相对于其余部分发生了移动。也就是说，肖克利偏位错没有半原子面结构，而是同一晶面中晶格的周期性排列发生变化。根据位错线和伯格斯矢量的关系，肖克利偏位错一般是混合位错。该位

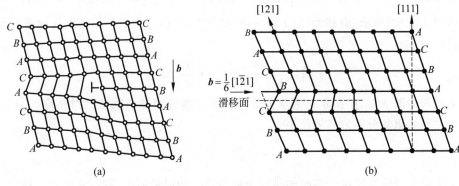

图 2-22 面心立方晶体中的偏位错

(a) 负弗兰克偏位错；(b) 肖克利偏位错

错可在其所在的(111)面上滑移,但不能作攀移运动。

3. 面心立方晶体中的位错反应

根据位错反应的条件,即满足伯格斯矢量守恒和热力学条件,面心立方体结构中的全位错可以分解为偏位错。例如,$\frac{1}{2}\langle 110 \rangle$全位错在$\{111\}$面上分解为两个肖克利偏位错:

$$\frac{1}{2}[\bar{1}10] \rightarrow \frac{1}{6}[\bar{2}11] + \frac{1}{6}[\bar{1}2\bar{1}]$$

显然,位错分解满足伯格斯矢量守恒。另外,从位错能角度考虑,位错分解使能量下降 1/6,所以此位错分解是可能的。

分解后的伯格斯矢量$\frac{1}{6}[\bar{2}11]$和$\frac{1}{6}[\bar{1}2\bar{1}]$的夹角是 π/3,所以两偏位错伯格斯矢量的锐角关系决定了它们之间存在排斥力作用。而两偏位错之间的层错结构的表面张力有收缩的趋势,使两偏位错相互靠近。两者之间达到平衡时,两偏位错间的平衡距离称为扩展位错宽度。此宽度和层错能成反比,和位错强度成正比。

在切用力作用下,扩展位错凭借层错结构维系整体作滑移运动,原子的相对运动分两步走,如图 2-23 所示,第一个偏位错经过时,把晶面 B 过渡到晶面 C,第二个偏位错经过时,把晶面 C 过渡到另一晶面 B。总的效果和全位错的一步移动相当。

由于扩展位错有一定的宽度,所以扩展位错交滑移运动困难,而且会成为其他位错运动的阻力。扩展位错的层错区具有与周围基体不同的晶体结构(比如,fcc 中层错区属 hcp)。为保持热力学平衡,溶质原子在层错区的浓度与正常结构基体中的浓度不同,有的原

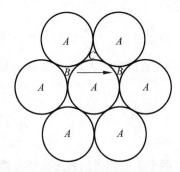

图 2-23 扩展位错滑移时原子面动作

子偏聚于层错区,可减小表面能,使层错区宽度增大,难于交滑移,从而提高合金强度。这种由位错和溶质原子间的化学交互作用导致溶质原子在层错区偏聚,构成了所谓"铃木(Suzuki)气团"。

扩展螺位错在外力作用下可产生交滑移,首先必须束集合并成全位错,即位错扩展的逆过程。如图 2-24(a)所示,滑移面$(11\bar{1})$上的扩展位错,滑移过程中一部分束集构成长度为l的全位错:

$$\frac{1}{6}[112] + \frac{1}{6}[\bar{1}21] \rightarrow \frac{1}{2}[011]$$

束集过程如图 2-24(b)所示。束集的全位错因交滑移而转移到新的滑移面(111)上,如图 2-24(c)所示,重新分解为扩展位错:

$$\frac{1}{2}[011] \rightarrow \frac{1}{6}[121] + \frac{1}{6}[21\bar{1}]$$

偏位错束集时需克服偏位错间的排斥力而做功。如层错能小,则位错扩展宽度大,造成束集困难。热激活有利于偏位错束集,所以高温有利于螺位错交滑移层。位错能不同的晶体在塑性变形后表现出形变强化能力的差异。

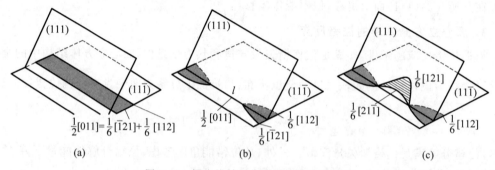

图 2-24 螺位错扩展位错的束集和交滑移

面心立方体中另外一种位错反应的例子是洛默-科特雷尔(Lomer-Cottrell)位错。指两个$\frac{1}{2}\langle110\rangle$位错在相互交叉的$\{111\}$面的交线上相遇形成一个不动位错。如此位错组态因不能移动,成为其他位错滑移的障碍,被认为是面心立方金属塑性形变加工硬化现象的重要因素之一。

如$\frac{1}{2}[10\bar{1}] + \frac{1}{2}[011] \rightarrow \frac{1}{2}[110]$。位错$\frac{1}{2}\langle110\rangle$是以(001)为滑移面的刃位错。但(001)上点阵阻力大,无法滑移。如果原来的两个全位错都是扩展位错:

$$\frac{1}{2}[10\bar{1}] \rightarrow \frac{1}{6}[11\bar{2}] + \frac{1}{6}[2\bar{1}\bar{1}]$$

$$\frac{1}{2}[011] \rightarrow \frac{1}{6}[112] + \frac{1}{6}[\bar{1}21]$$

两个扩展位错的领先位错在滑移面交界线处相遇产生反应:

$$\frac{1}{6}[2\bar{1}\bar{1}] + \frac{1}{6}[\bar{1}21] \rightarrow \frac{1}{6}[110]$$

如图 2-25 所示。$\frac{1}{6}\langle110\rangle$位错滑移面为(001),无法滑移,该位错称为压杆位错。而与此关联的另外两个偏位错也难以运动,致使整个位错组态都不能移动。

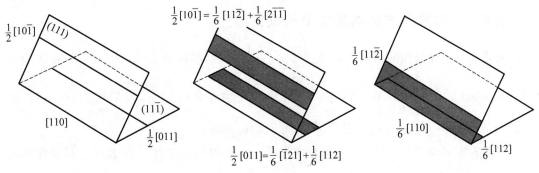

图 2-25　Lomer-Cottrell 位错的形成

2.5.2　体心立方体晶体中的位错

体心立方晶体中最短的点阵矢量是 $\frac{1}{2}\langle111\rangle$,实际观测到的体心立方晶体中的位错的伯格斯矢量几乎全部是 $\frac{1}{2}\langle111\rangle$;也观察到 $\langle100\rangle$ 位错,是不动位错。体心立方晶体中的滑移面并不单一,和 $\langle111\rangle$ 方向相交的晶面 $\{110\}$、$\{112\}$ 和 $\{123\}$ 都是密排面,仅在高速低温条件下才表现为 $\{110\}$ 单一滑移面。滑移线通常表现为波浪形,就是由螺位错频繁在这些晶面上交滑移所致。

体心立方材料存在低温脆性问题,即一定低温下发生韧脆性转变。这个现象可以从位错反应角度解释。因为 $\frac{1}{2}\langle111\rangle$ 位错在 $\{110\}$ 面上滑移,两个 $\frac{1}{2}\langle111\rangle$ 位错在相交的滑移面上相遇反应,将生成一个不易滑动的刃位错 $\langle100\rangle$。如图 2-26 所示的位错反应:$\frac{1}{2}[\bar{1}11]+\frac{1}{2}[111]\rightarrow[001]$,在 (001) 面生成了一个难以滑动的位错 $[001]$,同时伴随位错能量下降 1/3。随着这样的位错反应不断进行,不动位错的积累会在体心立方晶体中造成裂纹形核。

体心立方结构的有序合金材料中,$\frac{1}{2}\langle111\rangle$ 不再是点阵矢量,$\frac{1}{2}\langle111\rangle$ 位错也就成为不全位错。与此相联系的结构是所谓的反相畴结构,是个特殊的面缺陷。如图 2-27 中 AB 是反相畴界,即两个 $\frac{1}{2}\langle111\rangle$ 位错 A 和位错 B 中间为反相畴,这样的位错结构即所谓的超位错结构。

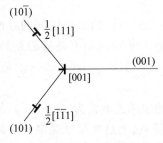

图 2-26　位错反应引起裂纹形核

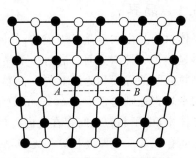

图 2-27　有序结构中的超位错

2.5.3　密排六方结构晶体中的位错

密排六方晶体结构的初基矢量为$\langle 0001\rangle$、$\frac{1}{3}\langle 11\bar{2}0\rangle$,其次是$\frac{1}{3}\langle 11\bar{2}3\rangle$。所以稳定的全位错有$\langle 0001\rangle$、$\frac{1}{3}\langle 11\bar{2}0\rangle$和$\frac{1}{3}\langle 11\bar{2}3\rangle$。滑移方向主要是$\langle 11\bar{2}0\rangle$,滑移面为$\{0001\}$。对$c/a<1$的密排六方晶体结构来说,$\{10\bar{1}0\}$是有利的滑移面。

密排六方晶体在$\{0001\}$面上的堆垛次序是$\cdots ABABA\cdots$,如图 2-28 所示。层错能小的情况下,全位错$\frac{1}{3}\langle 11\bar{2}0\rangle$可分解为两个肖克利偏位错:

$$\frac{1}{3}[11\bar{2}0]\rightarrow\frac{1}{3}[10\bar{1}0]+\frac{1}{3}[01\bar{1}0]$$

两个偏位错之间为层错结构。

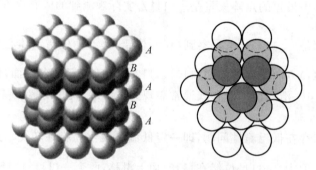

图 2-28　密排六方晶体的堆垛顺序

2.6　晶界和相界

晶体中的面缺陷主要有两种,即晶界和相界。前者是相同晶体结构晶粒间的界面,后者是不同晶体结构晶粒间的界面。晶界又可根据其结构分为大角晶界和小角晶界或亚晶界。另外,2.5 节所述的有序结构中因两边有序性相反而构成的反相畴界,也是一种特殊的面缺陷。

2.6.1　晶界

多晶体材料是由大量晶粒组成的,晶体结构相同而位向不同的晶粒之间的界面称为晶界。晶界显然是一种内界面。有时一个晶粒内部又由若干个位向稍有差异的亚晶粒组成,相邻亚晶粒之间的界面称为亚晶界。晶粒的平均直径通常在 0.015~0.25mm 范围内,而亚晶粒的平均直径则通常为 0.001mm 数量级。

多晶体中,由于晶粒之间存在位向差(相邻晶粒间的位向差通常为 30°~40°),故不同位向晶粒之间存在着一定厚度且原子无规则排列的过渡层,这个过渡层就是晶界。晶界处的原子排列极不规则,晶格畸变严重,能量高,所以晶界与晶粒内部相比会表现出许多不同的特性。例如,晶界在常温下的强度和硬度较高,但高温下则较低。晶界的熔点也明显偏低,晶界处原子扩散速度快,晶界容易被腐蚀等。晶界对晶粒的塑性变形起阻碍作用,所以晶粒越细,晶界越多,塑性变形抗力越大,金属的硬度、强度就越高,这就是所谓的细晶强化。

1. 晶界结构

根据相邻晶粒之间位向差 θ 的大小,可将晶界分为两类。①小角度晶界——相邻晶粒的位向差小于 15°的晶界。亚晶界也属小角度晶界,一般小于 2°。亚晶界实际上是由一系列刃位错构成,如图 2-29(a)所示,即一个晶粒内部,原子排列的位向并不完全一致,由数个晶格位向差小于 2°的小区域构成。②大角度晶界——相邻晶粒的位向差大于 15°的晶界,如图 2-29(b)所示,多晶体中 90%以上的晶界属于此类。

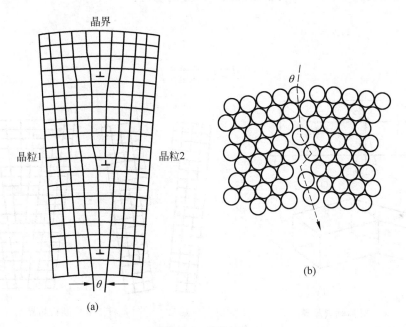

图 2-29　晶界结构
(a) 小角度晶界;(b) 大角度晶界

2. 小角度晶界结构

当晶界两侧的晶粒位向差很小时,晶界基本上由位错组成。按照相邻晶粒之间位向差形式的不同,可将小角度晶界分为倾斜晶界、扭转晶界和重合晶界等。下面通过模型来描述它们的结构。

(1) 对称倾斜晶界

对称倾斜晶界是把晶界两侧晶体以相同角度相互倾斜的结果,如图 2-30 所示。对称倾斜晶界的结构如图 2-31 所示,晶界上大部分原子基本上仍处于正常格点位置,只是相隔一定间距,正常的格点位置不再能同时满足两边晶粒结构周期对称性的要求,于是生成一个刃位错,这样对称倾斜晶界是由一系列伯格斯矢量为 b 的相互平行的刃位错排列而成。实际上,此种小角度晶界在高温蠕变过程中轻度变形并经适当温度退火后,位错运动相互作用会导致重新排列而形成低能位错墙结构。位错墙使两侧晶体产生小的位向差,位错排列越密,位向差越大。位错的间距 D 与伯格斯矢量大小 b 之间的关系为

$$D = \frac{b}{2\sin\dfrac{\theta}{2}} \qquad\qquad (2\text{-}35)$$

当 θ 很小时，$\theta \approx b/D$。

（2）不对称倾斜晶界

如果图 2-30 中的倾斜晶界界面绕 x 轴方向转了一个小角度 φ，此时两晶粒之间的位向差仍为 θ，但相邻晶粒在晶界面两边是不对称的，因此，称为不对称倾斜晶界。它有两个自由度 θ 和 φ。该晶界结构可看成是由两组伯格斯矢量相互垂直的刃位错交错排列而构成的，各自的位错间距 D_1 和 D_2 可根据几何关系分别求得：

$$D_1 = \frac{b_1}{\theta\sin\varphi} \qquad\qquad (2\text{-}36\text{a})$$

$$D_2 = \frac{b_2}{\theta\sin\varphi} \qquad\qquad (2\text{-}36\text{b})$$

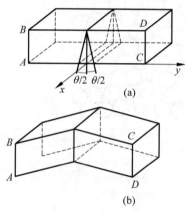

图 2-30 对称倾斜晶界

（a）倾斜前；（b）倾斜后

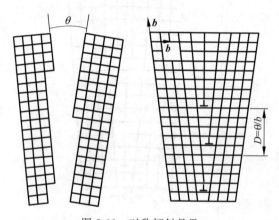

图 2-31 对称倾斜晶界

（3）扭转晶界

扭转晶界是小角度晶界的又一类型。它可看成是两部分晶体绕某一轴在共同晶面上相对扭转一个 θ 角所构成的，扭转轴垂直于这一共同晶面。该晶界的结构可看成是由相互交叉的螺位错组成的。

纯扭转晶界和倾斜晶界均是小角度晶界的简单情况，两者不同之处在于倾斜晶界形成时转轴在晶界内，晶界面平行于公共晶轴；而扭转晶界的转轴则垂直于晶界，晶界面垂直于公共晶轴。一般情况下，小角度晶界都可看成是由两部分晶体绕某一轴旋转一角度而形成的，只不过其转轴既不平行于晶界也不垂直于晶界。这样的任意小角度晶界可看作是由一系列刃位错、螺位错或混合位错的网络构成的，这已被实验所证实。

晶界的结构并不是非晶层，一般认为是晶体间的过渡层。晶界的过渡点阵理论认为，晶界相当于两个基本未受到扰动的晶体间的配合面，取向转变在数个原子层内完成。所以，晶界的结构和性质以及其方位取决于两边的晶体取向差。晶粒间的过渡层构成的晶界结构一般是由位错作适当排列构成的小角度晶界（相邻晶粒位向差小于 $15°$）。刃位错可以弥补两侧晶体间的取向差，即一系列位错可以构成小角度晶界。小角度晶界认为是位错过渡构成的晶界，晶界的错配集中于位错核心区域附近，称为晶界的坏区；相邻位错之间的其他地方晶格结构完整，称为晶界的好区。

3. 大角度晶界结构

当相邻两晶粒位向接近 15°时，晶界上位错的间距达到 $4b$，位错的坏区间隔已经很小。如果位向差大于 15°时，位错核心构成的坏区相连，显然不能再把晶界看成是位错组态，这样的晶界称为大角度晶界。一般认为大角度晶界的原子排列处于混乱状态，如图 2-29(b)所示。由于大角度晶界的结构要比小角度晶界复杂得多，目前对大角度晶界结构的了解还远不如小角度晶界那么清楚。有人认为大角度晶界的结构接近于如图 2-32 所示的模型。

随着场离子显微镜、高分辨电子显微镜等手段对大角度晶界进行的大量研究，有人提出了大角度晶界重合点阵理论。所谓晶界重合位置点阵理论，就是把晶粒的点阵结构想象延伸到晶界以外，由相邻晶粒的点阵重合位置所构成的点阵称为重合位置点阵。很显然，晶界面上重合位置的点阵密度越高，晶界面上原子分布的有序性就越好，界面能越低。因此，相邻晶粒取向关系趋于获得高密度重合位置点阵，晶界结构趋于与密排重合位置点阵一致。

研究发现，相邻两晶粒绕某一旋转轴转到一定位置时，两晶粒中一些原子的位置是对称的，此时晶界上的一些原子为两晶粒格点所共有，这就是重合位置点阵晶界。如图 2-33 所示，在二维正方点阵中，当两个相邻晶粒的位向差是 37°时（相当于晶粒 2 相对晶粒 1 绕某固定轴旋转 37°），若两晶粒的点阵彼此向对方延伸，则其中一些格点将出现有规律的相互重合。在图 2-33 中，每 5 个原子中有一个重合位置，故重合位置点阵密度为 1/5 或称为 1/5 重合位置点阵。又如，两个立方相晶体绕公共轴⟨111⟩转 70.5°情况下，重合位置密度为 1/3；而转 38.2°角度下，重合位置密度仅为 1/7。显然，由于晶体结构以及所选旋转轴与转动角度的不同，可以出现不同重合位置密度的重合点阵。表 2-4 列出了立方晶系金属中重要的重合位置点阵。

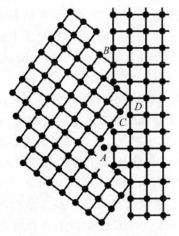

图 2-32　大角度晶界模型

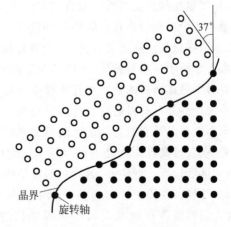

图 2-33　相邻晶粒位向差为 37°时，存在 1/5 的重合阵点

表 2-4　立方晶系金属中重要的重合位置点阵

晶 体 结 构	旋 转 轴	转动角度/(°)	重合位置密度
体心立方	[100]	36.9	1/5
	[110]	70.5	1/3
	[110]	38.9	1/9
	[110]	50.5	1/11
	[111]	60.0	1/3
	[111]	38.2	1/7
面心立方	[100]	36.9	1/5
	[110]	38.9	1/9
	[111]	60.0	1/7
	[111]	38.2	1/7

　　根据晶界重合点阵理论,在大角度晶界结构中存在一定数量重合点阵的原子。显然,晶界上重合位置越多,即晶界上越多的原子为两个晶粒所共有,原子排列的畸变程度越小,晶界能也相应越低。然而从表 2-4 得知,不同晶体结构具有重合点阵的特殊位向是有限的。所以,重合位置点阵模型尚不能解释两晶粒处于任意位向差的晶界结构。

4. 孪晶界

　　孪晶是指一个晶体的两部分(或两个晶体)沿一个公共晶面构成镜面对称的位向关系。晶体中的这个特殊结构称为"孪晶",公共晶面称为孪晶界。

　　图 2-34 所示为立方晶系晶体通过切变产生孪晶的几何模型。面心立方晶体的孪晶面是{111}面,孪晶部分可认为是基体部分以(111)为镜面的反映。体心立方晶体的孪晶面是{112}面。

　　共格孪晶的孪晶界就是孪晶面,在孪晶面上的原子同属于两个晶体点阵的格点,由于此格点为两个晶体共有,两晶体之间晶格完全匹配,这样的共格孪晶晶界能很低(约为一般晶界的 1/10)。如孪晶中止于晶内,则共格孪晶界在显微镜下显示为直线形态,与层错相似。从晶界向晶内生长的孪晶前端部分界面一般是不重合的非共格孪晶界,近邻原子关系也遭到破坏,其能量与晶界能相近。重合位置点阵晶界的极端例子是共格孪晶界。共格孪晶界面上的原子完全由重合位置点阵组成,同属于两侧晶格格点。例如面心立方{111}面上的孪晶,其堆垛顺序以某一晶面镜面 *B* 完全对称排列,…*ABCABACBA*…。与层错相似,格点上只是次近邻原子关系被破坏,所以孪晶界面能和层错能一致。

　　晶界对多晶体材料的物理和化学性质有着重要的影响,材料的强度和断裂等力学行为以及一些物理性能与材料的晶界性质密切相关。因此,建立合理的晶界理论模型,对研究晶界的结构和性质以及它们与性能之间的关系有重要意义。自早期有人提出晶界的非晶薄膜假设以来,众多研究者先后提出许多模型,诸如 O 点阵理论与重合点阵模型、晶界位错模型、多面体堆垛模型。近年来,通过对晶界结构的计算机模拟,人们对晶界的认识有了更深入的了解。同时,现代先进的实验研究手段和方法的运用,也大大加深了对晶界结构的认识,帮助人们理解各种物理现象与晶界结构之间的关系,这反过来也推动了晶界理论的发展。

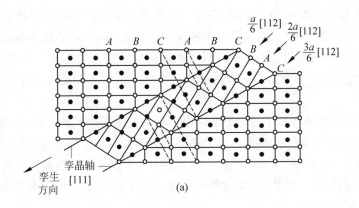

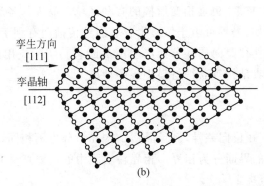

图 2-34 立方晶系晶体通过切变产生孪晶的几何模型

(a) 面心立方；(b) 体心立方

5. 晶界能

晶界上原子排列的不规则造成严重的晶格畸变,使系统的自由能增高,增加的这一部分能量就是晶界能。晶界能定义为形成单位面积晶界系统自由能的变化,等于界面区单位面积的能量减去无界面时该区单位面积的能量。

晶界能相当于晶粒的表面张力,有减小表面积和转动取向而达到平衡的趋势。显然在一定温度下,晶界能 E 与晶界两边邻近晶粒的取向相关。例如,三角晶界处相当于三个共点力的平衡,如三个晶界能分别为 E_1、E_2 和 E_3,则

$$\frac{E_1}{\sin\theta_1} = \frac{E_2}{\sin\theta_2} = \frac{E_3}{\sin\theta_3} \tag{2-37}$$

实验证明,晶界能随两侧晶粒取向差的增大而增大,但随角度 θ 的增大而逐渐趋于饱和,而在某些重合点阵明显的取向上,晶界能下降。至于小角晶界的能量估算,可通过单位长度晶界上的位错能估计。

由于晶界区的特殊结构,溶质原子或杂质原子容易在晶界富集,这种现象称为晶界内吸附现象。内吸附的动力主要来源于,溶质原子在晶界所引起的晶格畸变小于在晶内的畸变量。实验结果表明,晶界富集溶质的浓度比晶内高 $1\sim3$ 个数量级。溶质原子在晶界的浓度在平衡条件下服从玻耳兹曼分布规律,表述为

$$C = C_0 \exp\left(\frac{\Delta U}{k_0 T}\right) \tag{2-38}$$

其中,C_0 是溶质原子在晶内的平均浓度,ΔU 是溶质原子在晶内和晶界的畸变能量差。相对地,小角晶界晶格错配度小,对溶质原子的吸附作用弱,溶质原子在小角晶界的富集一般是从溶质原子和位错间的相互作用来分析。如果微量杂质元素富集于晶界,就可能严重弱化晶界,使晶界呈脆性。例如,α-Fe 合金钢中的有害元素 P、S 等在晶界的富集会严重影响晶界强度。

相对晶内而言,晶界区原子的无序性使原子沿晶界运动或扩散更容易。实验证明,原子在晶界扩散的激活能明显小于在晶内扩散的激活能。晶界两边畸变能不同,如弯曲的晶界,原子会从畸变能高的凸起的一边向凹面一边迁移,从而引起晶界移动。这是晶粒长大和再结晶过程中常见的现象。而且,温度的升高有利于晶界移动,第二相质点和杂质富集对晶界的移动有明显的阻碍作用。

晶界影响溶质原子的扩散,也是相变形核的有利区域。晶界与各类缺陷存在相互作用,直接影响材料的性能,例如,晶界可阻止位错滑移和裂纹传播而有利于材料的强度提高。应力腐蚀断裂过程中,晶界往往是薄弱环节而产生沿晶断裂。实际应用的多晶体材料可通过控制晶粒度大小、改善晶界结构等获得材料理想的性能。

2.6.2 相界

如相邻的晶粒不仅存在位向差异,而且晶格结构和组分也不相同,即相邻的晶粒为两个相,这样两个不同相之间的界面称为相界。相界在实践中的重要意义并不亚于晶界,对于相变及多相合金的性能有直接影响。

按照原子排列方式,相界可分为三类:共格、半共格和非共格关系。共格相界就是界面原子完全处在两相结构的格点上,如图 2-35(a)所示。由于两相晶格很难完全匹配,所以常伴有晶格畸变,如图 2-35(b)所示。此现象常常出现在新相形成的初期,在第二相尺寸很小的情况下为共格关系。随着新相的长大,晶格畸变能增大到界面能难以承受的条件时,会产生刃位错以弥补晶格失配,共格状态则转变为半共格状态,如图 2-35(c)所示。例如二次析

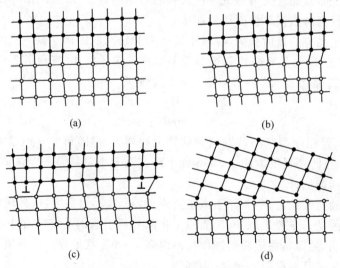

图 2-35 相界的不同结构

(a)、(b) 共格;(c) 半共格;(d) 非共格

出相和母相之间的相界结构、材料外延生长中的相界结构,都是比较常见的半共格相界。如两相晶格完全失配,晶格常数差异大,则两相间不存在共格关系,即非共格关系,如图 2-35(d)所示。

相界能往往以与晶界能同样的方式估算和测定。共格界面上具有近似相同的原子排列方式。例如晶体结构相同的两相,点阵参数或取向夹角 θ 有少量(小于 10%)差异,如果要求完全共格排列,晶体中就要产生很大的弹性畸变。如果沿着界面引入平行的位错排列,则可以使畸变能大为减少。如图 2-36 所示的两简单立方晶体,晶格错配度为 δ,沿水平方向点阵平移 b。在这种情况下,可以用伯格

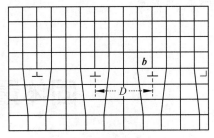

图 2-36　刃位错形成的相界

斯矢量为 b 的刃位错(位错线沿 z 轴,伯格斯矢量沿 x 轴方向)来容纳这种差异,只要其间距 D 满足下列关系:

$$D = \frac{b}{\delta} \tag{2-39}$$

随着 δ 的增加,位错密度会越来越大。当 δ 超过 10% 后,相界就不再看成是位错排列,而是类似于大角度晶界,此时的相界转化为非共格关系。

相界的位错模型也可以推广到更一般的情形:尽管两侧的晶体结构并不相同,但可以通过适当的均匀形变及旋转相重合。例如,钢中奥氏体和马氏体的相界就可以分解为螺位错的行列。这种相界模型对于研究马氏体型相变可能很重要,因为将马氏体型相变的过程与位错行列的运动相联系起来,将有助于理解相变的原子微迁移过程,但这种模型是否确实,尚有待于进一步试验的检验。

晶体的表面相当于特殊的相界。由于表面原子结构周期性的突然断裂而形成悬键结构,晶体表面一般具有较高的表面能。为降低表面因结构周期性破坏所产生的高表面自由能,表面原子结构会重组构成与晶内不同的周期性结构,称为表面重构现象,同时为降低表面能,表面会产生吸附现象。理论上,不同晶体结构的晶面结构也不相同,所以表面能也不同,一般地,晶体表面主要是由低表面能的面组成。而偏离低表面能取向的部分表面由台阶连接。相对于晶界能或相界能,表面能更大。

第3章

固体量子理论基础

本章导读：

了解量子理论建立基于经典物理无法解释的微观粒子的运动规律、量子概念及量子力学理论体系是逐步形成的；

掌握薛定谔方程解的数学表达形式和经典物理波函数形式等价，其物理意义和概率的意义相当；

理解由薛定谔方程的解得到微观粒子的动量、能量等物理量的大小可能取值是不连续的、量子化的，可能取值的概率则是一定的；

了解量子理论的结果和经典原子结构理论、价键理论相符合而显示出其正确性的一面。

3.1 材料特性与微观粒子行为

众所周知,材料的性质是由其化学成分决定的,直接构成材料的大量原子决定并保持材料的特征和性质,而差异性主要来源于原子种类及原子的排列组合方式。这些体积和质量微小的原子在空间排列是有间隙的,而且在不断地作热运动。材料中大量微粒或原子的热运动宏观上反映了其能量大小。原子的能量及其状态体现于原子的热运动,所以材料中大量原子的热运动规律决定材料的热学性能,这也是理解材料热学性能的理论基础。材料中大量原子及其状态并不是一成不变的,在一定物理条件下会发生变化或转化,造成物质状态、性能和特征的改变,这种改变与原子本身状态及其变化相关。例如,原子排列方式的改变会改变材料的特征和性能；原子失去电子形成离子和导电电子,改变材料的电学性质。原子运动状态的改变伴随着能量状态的变化,会吸收或放出能量。所以从微观角度来说,材料的特征和性能主要取决于构成原子的种类和排列方式,而材料性能的变化则与原子状态的变化相关。

相对于固体材料中原子迁移的困难性,与原子热振动或能量状态的改变相关的声子、电子和光子,却可以在材料体内运动和传播,甚至与体外发生交换,这些微观粒子或准粒子的产生和湮灭及其运动过程直接影响材料的性能。可以说,电子、声子和光子的行为与材料的物理性能直接相关。电子、声子和光子之间也不是相互独立的,它们之间存在相互依存和相互作用的关系。所以,材料物理研究主要关注电子、声子和光子等微观粒子或准粒子的运动行为,这是理解材料物理性能和现象的理论基础。

许多实验证明,材料表现出来的一些现象或性质是经典牛顿定律难以解释的,更准确地说,影响和决定材料性能的原子运动或状态变化无法利用经典物理理论去诠释,诸如热容量随温度变化、光电效应、半导体导电行为。于是在一个世纪以前,量子理论应运而生,量子理论准确描述了声子、电子和光子等微观粒子的运动行为,完美诠释了许多物理现象。量子理论诞生不仅使物理学进入了一个新时代,也造就了新材料和信息时代的到来。这些都是现代材料不断发展带来的成果,现代材料的发展深深地植根于近代物理理论,而描述微观粒子运动行为的量子理论则是根本和基础。

3.2 量子观点的形成

量子力学的诞生可以说是物理学史上最具划时代意义的大事。在此以前的物理学统称为经典物理学,其后称为近代物理学。所谓近代物理学,一般可理解为需要用量子力学和相对论解释的物理学。20 世纪物理学取得的两个最大的进展是相对论和量子理论。相对论的建立从根本上改变了人们原有的空间和时间概念,指明了牛顿力学的适用范围(即物理的运动速度 $v \ll c$)。而量子力学的建立,开辟了人们认识微观世界的道路,并由此开创了物理学的新时代。

在 19 世纪末期,学界一方面认为物理学理论的发展到了相当完善的阶段,但另一方面又在科学实验面前遇到了不少难以解释的问题,对许多科学实验现象经典物理理论无法解释。针对这些经典理论无法解释的物理现象,探索这些现象的假想理论不断产生和系统化,终于诞生了量子理论。现代物理研究表明,宏观物体是由大量微观粒子组成的,经典理论无法解释的物理现象就是微观现象的宏观表现。事实上,物质世界的许多宏观现象的研究也立足于量子理论,一切宏观理论都可以由微观量子理论在一定近似条件下导出。量子理论的发展表明,经典物理理论不能解释的宏观现象需要量子理论去诠释,一些量子理论处理的微观粒子运动行为也显现出许多宏观现象,如超导、半导体的导电行为等。

3.2.1 早期的量子理论假说

19 世纪末和 20 世纪初,一些物理学家为解释经典物理学难以解决的科学实验结果,诸如黑体辐射、卢瑟福的散射实验、光电效应,先后提出了多种假设。这些假设构成了早期的量子理论观点。应当说,这些假设已经接近了问题的物理本质,但其中所蕴含的重要科学原理当时尚未被揭示。不管如何,这些假设很好地或部分地解释了一些具体实验现象,以下是一些比较著名的假设。

1. 普朗克量子论

黑体辐射实验结果给出的辐射能量和辐射频率的关系显示,辐射能量并非单调地随频率上升。低频下辐射能量随频率的上升而提高,在某频率附近辐射有极大值;随后,随频率的提高辐射能量下降。为解释黑体辐射实验结果,普朗克(Planck)大胆假设,物体辐射某一频率 ν 的能量只能以 $h\nu$ 为单位吸收或发射它,这里 h 是一个普适常数(称为普朗克常量,$h = 6.625\ 59 \times 10^{-34} \text{J} \cdot \text{s}$)。即物体吸收或发射电磁波只能以一个最小的能量单元即"量子"(quantum)的方式进行,每个"量子"的能量为

$$E = h\nu \tag{3-1}$$

这一假设将具有一定频率 ν 的电磁波和一般认为只有粒子才具有的属性能量 E 联系在一起。从经典理论来看,这种能量不连续的概念是难以理解的。由此从理论上导出黑体辐射公式,即著名的普朗克公式:

$$E_\nu \mathrm{d}\nu = \frac{C_1 \nu^3 \mathrm{d}\nu}{\mathrm{e}^{C_2 \nu / T} - 1} \tag{3-2}$$

其中,辐射能量 E_ν 是频率 ν 的函数,C_1、C_2 是常数。该公式在全波段范围内与实验观测结果惊人得符合。尽管当时没有给出合理的解释,但人们相信,此结果必定包含着十分重要的物理理论。

2. 爱因斯坦的光量子论

另一个著名的实验是光电效应。单色光照射洁净的物体表面,在满足一定条件下,会有电子从表面逸出,即光电子。经典物理一般认为在照射光强度达到一定值,足以克服材料的功函数时,电子才能从表面脱出,与光的频率无关。事实上并非如此,光电子的产生与光强无关,而与入射光频率紧密相关。只有在入射光的频率大于某一确定值的情况下才有电子逸出现象发生。1905 年,爱因斯坦(Einstein)提出了光量子(light quantum)概念,解释了光电效应现象。他认为,辐射光就是由光量子组成的,每个光量子(光子)的能量 E 与辐射频率 ν 的关系是

$$E = h\nu \tag{3-3}$$

他还根据相对论给出了光动量和能量的关系:

$$p = E/c \tag{3-4}$$

指出光子的动量与辐射波长 λ 有下列关系:

$$p = \frac{h}{\lambda} \tag{3-5}$$

由式(3-3)和式(3-5)可以看出,普朗克常量 h 在微观现象中具有重要地位。能量 E 和动量 p 的量子化通过 h 这个很小但不为零的常量表示出来。在宏观现象中,E 和 p 很大,$h \to 0$,因此 E 和 p 是连续的。所以,凡是 h 起重要作用的现象都可称为量子现象。

采用光量子概念后,光电效应的困难就立即迎刃而解了:当光照射到金属表面时,一个光子的能量可以立即被金属中的自由电子吸收。只有当入射光子的频率足够大时(即光子的能量 $h\nu$ 足够大时),才能使电子克服金属表面的逸出功 A。而逸出电子的动能为

$$\frac{1}{2}mv^2 = h\nu - A \tag{3-6}$$

可以看出,当 $\nu < \nu_0 = A/h$ 时,电子吸收的能量不足以克服金属表面的势垒而逃逸,因而观测不到光电子,这个 ν_0 即光电效应的临界频率。即光电子逃逸出来时的动能只与照射光的频率 ν 相关,而与照射光的强度无关。光量子概念及理论在 1923 年的康普顿散射实验中得到了直接证实。爱因斯坦因此而获得 1922 年度的诺贝尔物理学奖。

随后普朗克提出的能量不连续的概念引起物理学家的普遍注意。一些人开始用它来思考经典物理学碰到的其他疑难问题。例如,爱因斯坦与德拜(Debye)将能量不连续的概念应用于固体中的原子振动,成功地解释了当温度 $T \to 0\mathrm{K}$ 时固体比热趋于零的现象。

3. 玻尔的量子论

1911 年,卢瑟福根据 α 粒子对原子散射中出现大角度偏转现象,提出了原子的"有核模型":原子的正电荷以及几乎全部质量都集中在原子中心很小的区域原子核中(半径小于 10^{-12} cm),电子则类似于行星绕太阳那样围绕原子核旋转。此模型可以很好地解释 α 粒子的大角度偏转问题。但由此却引出了两大难题。①原子的大小问题。即在经典物理的框架中来考虑卢瑟福模型,找不到一个合理的特征长度。②原子的稳定性问题。即电子围绕原子核旋转的圆周运动是加速运动,按经典电动力学观点,加速运动的电子将不断辐射能量而减速,如此,电子轨道半径会不断缩小,最终将掉到原子核上,即出现所谓的"原子坍塌"。但事实表明,原子稳定地存在于物质世界中。如何解决这一尖锐的矛盾呢? 1912 年,年轻的丹麦物理学家玻尔(N. Bohr)来到了卢瑟福实验室,深深为此矛盾所吸引。他感到原子世界中必须摒弃经典物理理论,需要采用全新的观念解决这一矛盾。他意识到普朗克常量 h 对解决原子结构问题的重要性,终于在 1913 年提出了原子量子论中极为重要的两个假设性概念。

(1) 原子能够且只能够稳定地处于能量分立($E_1, E_2, \cdots$)的系列状态中。这些状态称为定态(stationary state)。

(2) 原子能量的任何变化,包括吸收或发射电磁辐射,只能在两个定态之间以跃迁(transition)的方式进行。原子在两个定态 E_n 和 E_m 之间跃迁时,发射或吸收的辐射波频率 ν 由下式给出:

$$h\nu = E_n - E_m \tag{3-7}$$

也就是说,玻尔量子论的核心思想有两条:一是原子具有分立能量的定态概念,二是两个定态之间的量子跃迁概念和频率条件。玻尔的重要贡献在于把原子辐射的频率与两个定态能量之差联系起来,这就抓住了原子光谱组合规则的本质,将原子所谓的光谱项与原子的分立定态能量联系在一起,其物理意义十分明了。

玻尔在他的理论中开始只是简单地考虑原子中电子作圆周轨道运动,电子只具有一个自由度;给出电子的角动量 J 的量子化条件,即作圆轨道运动的电子的角动量 J 只能是 $\hbar$ 的整数倍:

$$J = n\hbar, \quad n = 1, 2, \cdots \tag{3-8}$$

其中,$\hbar = h/2\pi = 1.0545 \times 10^{-24}$ J·s 是量子力学中常用的符号,亦称为约化普朗克常量或修正的普朗克常量。后来,德国物理学家索末菲(Arnold Sommerfeld)将玻尔的量子化条件推广到多自由度体系的周期运动中去,提出了推广的量子化条件:

$$\oint p \, \mathrm{d}q = nh \tag{3-9}$$

其中,q 是广义坐标,p 是广义动量。回路积分是沿运动轨道积分一周,n 是正整数,称为量子数。由此比较容易求出体系的分立能级。

玻尔的量子论首次打开了认识原子结构的大门,取得了很大成功。当然,这些早期的量子理论有它的局限性和问题。例如,玻尔理论只能解释最简单的氢原子光谱规律,对于更复杂的原子的光谱,就遇到了困难;玻尔理论只能处理周期运动的微观粒子,而不能处理像散射这样的束缚态问题。实际上,这些早期的量子理论,多少带有人为性质,是在物理本质还不清楚的条件下所提出的大胆假设。从理论上讲,能量量子化等概念与经典力学是不相容的,但这一切都极大地推动了早期量子论向系统理论发展,量子力学就是在克服早期量子论的局限性中建立起来的。

3.2.2 经典物理和固体量子理论研究对象和方法的区别

固体量子理论所讨论的对象和研究方法显然和经典物理有明显区别,主要表现在以下几方面。

(1)研究对象不同。经典物理的研究对象是单体,无论我们将其视为质点、刚体,甚至流体,基于牛顿定律的经典物理理论处理的是单体问题。而以量子理论、固体物理为核心内容的量子固体理论,研究对象是固体材料中微观粒子的运动行为,面对的是数量巨大的微观粒子运动的多体问题,而且认为微观粒子是不可区分的。

(2)研究对象的尺度不同。经典物理研究的是宏观尺度的物体运动行为,一般重力是不可忽视的。固体量子理论研究的是固体中的微观粒子运动行为,是原子和亚原子尺度的粒子,主要关注与原子及其变化密切相关的电子、声子和光子等微观粒子或准粒子行为,因为它们是影响物质性质的关键。事实上,作为材料科学的理论基础,微观角度也主要关注微观结构与这些常见微观粒子行为的相关性,它们的运动行为足以解释材料所展现的丰富特性,例如,原子振动与物质的热学性质相关,电子运动与电学性质相关,光子产生和消失与光学性质相关。微观粒子运动行为涉及的空间尺度在 Å 级,粒子能量是以 eV 为单位,系统的粒子数量则在 10^{23} 数量级。

(3)研究方法不同。众所周知,研究经典物体运动运用的是牛顿运动定律,虽然相对论概念解决了天体物理的宇宙运动问题,但仍是以经典牛顿运动定律为基础。而面对构成物质的大量微观粒子体系,薛定谔方程是解决多粒子体系问题的物理基础,而量子统计规律则是处理多粒子体系的数学方法。

显然,对复杂的多粒子体系运动方程的解析是困难的。为此,在统计理论基础上的数学处理方法会进一步采用简化或近似。尽管简化和近似一定程度上偏离了问题的本质特征,但很大程度上有效地解决了所面对的物理问题。尤其是随着计算机技术的发展,基于基础理论发展了源于第一性原理的相关商业软件,令人信服地给出了一个面对具体问题的解决方案,虽然面对的对象忽略了问题的复杂性和某些特性,但至少某种程度上给出了一个清晰的物理图像,从而可定性地讨论由此引起的材料物理性质变化。

3.3 波粒二相性——物质波及其物理意义

3.3.1 德布罗意物质波

在普朗克和爱因斯坦的光量子论、玻尔的原子论启发下,德布罗意(de Broglie)通过几何光学和质点力学类比,即光的运动遵循光程最短原理(费马(Fermat)原理)和经典力学中质点的运动遵循力学最小作用原理(莫泊丢原理),认为光的运动和粒子运动具有某些相似性,大胆提出物质波假设。

(1)实物(静质量 m 不为零的)粒子和光一样,也具有波动性,即具有粒子-波动两重性,两者必有某种确定的关系相联系,而普朗克常量 h 必定出现在其中。

(2)与具有一定质量和动量的物质粒子相联系的波(称为"物质波")的频率和波长分别

为 $\nu = \dfrac{E}{h}$ 或 $\lambda = \dfrac{h}{p}$，等式左边为频率或波长，对应波动性；右边与能量或动量相关，对应粒子性。此即德布罗意公式。

德布罗意物质波的提出，把物质存在的两种形式——实物粒子和光的理论统一起来，可以更深刻地去理解微观粒子的能量不连续性。

德布罗意将原子定态与驻波联系起来，即将能量量子化的问题与有限空间中驻波波长（或频率）的分立性联系起来；从物质波的驻波条件比较自然地得出了量子化条件；解释了原子的能量分立问题。

例如，氢原子中作稳定圆轨道运动的电子，它的德布罗意波的一种波形图示为图 3-1 中的虚线形态。形成驻波条件的要求是波绕原子传播一周后应光滑地衔接起来，否则相叠合的波将会由于干涉而相消，这就对电子运动轨道有所限制，即轨道的圆周长应该为波长的整数倍：

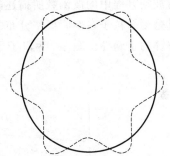

图 3-1　电子作圆轨道运动示意图

$$2\pi a = n\lambda, \quad n = 1, 2, \cdots \quad \text{或} \quad \lambda = \frac{2\pi a}{n}$$

再利用德布罗意关系 $\lambda = \dfrac{h}{p}$，可得电子的角动量为

$$J = rp = \frac{nh}{2\pi} = n\hbar \tag{3-10}$$

这正是玻尔的量子化条件。而氢原子中电子的量子化能量为

$$E_n = \frac{J^2 a^2}{2m} = \frac{n^2 a^2 \hbar^2}{2m}, \quad n = 1, 2, \cdots \tag{3-11}$$

量子数 n 相当于电子的轨道数。

物质波假设提出后，自然会产生疑问：物质粒子既然是波，那为什么人们在过去长期实践中把它们看成经典粒子并没有犯什么错误？

这可以从人类对客观世界的认识尺度不断深入的过程来看待这一问题。德布罗意认为：物质粒子的波动性与光有相似之处，由于 h 是一个很小的量，实物粒子的波长实际上是很短的。在一般宏观条件下，波动性不会表现出来（粒子性是主要问题），所以用经典力学来处理是恰当的。但到了微观粒子如原子世界中（原子大小～1Å），物质粒子的波动性便会明显地表现出来，此时，正如几何光学不能用来处理光的干涉与衍射现象一样，经典力学也就无能为力了。德布罗意假说的正确性，在 1927 年被戴维孙（Davisson）和革末（Germer）所做的电子衍射实验所证实。

人们对物质粒子波动性的理解，对微观粒子波动-粒子两重性矛盾的认识也是一个渐进趋同的过程。比如对电子的认识，曾经经历过一场激烈的争论。

早期包括薛定谔、德布罗意等认为：电子波是电子的某种实际结构，即电子被看成是在三维空间连续分布的某种物质波包，因而呈现出干涉与衍射现象。波包的大小即电子的大小，波包的群速度即电子的运动速度。这种看法明显碰到了难以克服的困难，因为物质波包必然要扩散，或者说随着时间的推移电子将越来越"胖"，这显然与实验是矛盾的。错误的根源在于夸大了电子波动性的一面，而忽视了粒子性一面。与此相反的另一种看法认为，电子的波动性是由于存在大量的电子分布于空间而形成的疏密波。这种看法也与实验矛盾，因为实验显示单个电子也具有波动性。其错误根源在于夸大了电子粒子性的一面，而忽略了粒子波动性的一面。正确的认识应是：电子是具有粒子和波动两重性的统一体，电子既是粒子，也是波，但是这个波不再是经典意义的波，粒子也不是经典概念的粒子。这是微观粒子运动所表现出来的特殊性质。

如何认识物质波的物理意义？玻恩(Born)在1926年提出的概率波概念，将粒子性与波动性统一起来，更准确地把握了物理本质问题。他认为，德布罗意提出的"物质波"或"薛定谔波动方程中的波函数所描述的"，并不像经典波那样代表什么真实的物理量的波动，只不过是刻画粒子在空间概率分布的概率波而已。电子衍射实验很好地说明了玻恩关于物质波解释的正确性。图3-2为电子衍射(电子双缝衍射实验)示意图。

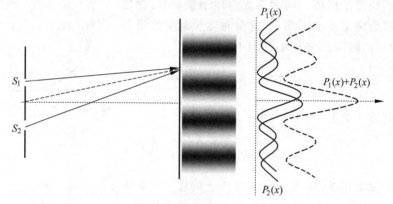

图 3-2　电子双缝衍射及其强度分布

实验结果显示出如下规律。

(1) 如果入射电子束流的强度大，即单位时间内有很多电子通过双缝，在照片上很快出现强弱分布的衍射图样。

(2) 如果入射电子流强度很小，电子几乎是一个一个地通过双缝，照片上开始出现的是一个一个的点子，显示出电子的微粒性。这些点子在照片上的位置并不都是重合在一起的，看起来似乎是毫无规则地散布着。但随着时间的延长，点子数目逐渐增多，它们在照片上的分布就形成了衍射图样，显示出电子的波动性。

以上事实说明，同一实验中所显示出的电子的波动性是许多电子的统计结果，或者是一个电子在大量的相同实验中的统计结果。电子所呈现出来的粒子性，即经典粒子概念中"原子性"或"颗粒性"，就是具有一定的质量 m、电荷 e 等客观属性，但抛弃了经典概念中粒子的运动有确切轨道这一概念。电子所呈现出来的波动性，是指波动性中最本质的特征，即波的叠加性，从而摈弃了经典物质波意义上认为波是实际物理量在空间分布的概念。

可见，宏观世界的经典物理理论之所以不适用微观粒子的运动规律，原因在于经典理论没有考虑到其波动性的一面。或者说，由于宏观物质的尺寸因素远大于原子尺度，其波动性一面可以不计。微观世界粒子的波动性显著地显现出来，致使粒子表现出位置不确定性，因此，用确切轨道的概念描述微观粒子是不合适的，取而代之的是使用概率概念描述微观粒子在空间出现的可能性，并利用概率概念描述微观粒子的运动及其物理量大小。在理解微观粒子运动规律时，不再把微观粒子看成是客观存在于某一具体位置的经典实物粒子，也不能看成是在空间传播的纯粹的经典物质波。

3.3.2 波函数及其性质

既然微观粒子具有波动性的一面,那么它的运动规律就可以用波函数的数学形式描述。如电子衍射实验中衍射波波幅用波函数 $\psi(r)$ 描述,则衍射花样的强度分布用 $|\psi(r)|^2$ 描述。这里波的强度 $|\psi(r)|^2$ 的意义与经典波的强度有着本质不同,它表示电子出现在点 r 附近概率的大小。准确地说,$|\psi(r)|^2 \mathrm{d}x\mathrm{d}y\mathrm{d}z$ 代表在 r 点附近体积元 $\mathrm{d}x\mathrm{d}y\mathrm{d}z$ 中找到粒子的概率。这就是玻恩提出的物质波函数的概率诠释,是量子力学的基本原理之一。电子呈现出来的波动性反映了微观客体运动的一种统计规律性,因此称为概率波,波函数 $\psi(r)$ 也称为概率波幅。所以,如果知道了微观体系的波函数,就可以得到粒子在空间某一点出现的概率大小。波函数表述微观粒子的状态即量子状态(简称状态或态),这种描述状态的方式与经典力学中描述质点状态的方式完全不同,因此波函数在量子力学中具有十分重要的意义。

根据粒子的客观物理性质要求,波函数具有以下性质。

1) 归一性

根据波函数的概率诠释,自然要求粒子在整个空间中概率之和为 1,即要求 $\psi(r)$ 满足下列条件:

$$\int_{\text{全}} |\psi(r)|^2 \mathrm{d}^3 r = 1 \tag{3-12}$$

其中,$\mathrm{d}^3 r \equiv \mathrm{d}x\mathrm{d}y\mathrm{d}z$,称为波函数的归一化条件。

2) 波函数的常数因子不定性

对于概率分布来说,重要的是相对概率分布,即 $c\psi(r)$ 与 $\psi(r)$ 所描述的概率波是完全一样的,波函数相差一个常数并不影响其空间相对概率分布。所以,波函数有一个常数因子的不定性,这与经典波具有本质差别。

3) 波函数的相角不定性

如果波函数 $\psi(r)$ 是归一化的波函数,则 $e^{i\alpha}\psi(r)$(α 为实数)也是归一化的,即 $e^{i\alpha}\psi(r)$ 与 $\psi(r)$ 所描述的是同一个概率波,只是相差一个相角。

4) 多粒子的波函数

对于 N 个粒子体系(设每个粒子有 3 个自由度),它的波函数表示成

$$\psi(r_1, r_2, r_3, \cdots, r_N) \tag{3-13}$$

代表粒子 1 出现在 $(r_1, r_1+\mathrm{d}r_1)$,粒子 2 出现在 $(r_2, r_2+\mathrm{d}r_2)$,$\cdots$,粒子 N 出现在 $(r_N, r_N+\mathrm{d}r_N)$ 处的波函数,其中 $r_1(x_1,y_1,z_1), r_2(x_2,y_2,z_2), \cdots, r_N(x_N,y_N,z_N)$ 分别表示各粒子的坐标。函数归一化条件为

$$\int_{\text{全}} |\psi(r_1, r_2, \cdots, r_N)|^2 \mathrm{d}^3 r_1 \mathrm{d}^3 r_2, \cdots, \mathrm{d}^3 r_N = 1 \tag{3-14}$$

多粒子体系波函数的物理意义进一步表明:物质粒子的波动性并不是在三维空间中某种真实的物理量的波动现象,而是多维的位形空间中的概率波。例如两个粒子的体系,相当于波函数是 6 维空间中的概率波。尽管微观粒子运动函数的数学表达和经典波函数相似,但仅此而已,物理意义完全不同。

3.3.3 量子力学建立

量子力学理论是在 1922—1927 年这段时间中建立起来的。几乎同时提出两个彼此等价的理论——薛定谔(Schrödinger)的波动力学和海森伯(Heisenberg)的矩阵力学。其中,波动力学来源于德布罗意物质波思想。

1. 薛定谔的波动力学

德布罗意在研究力学与光学的相似性后,提出了粒子-波动两重性是微观客体的普遍性质。薛定谔进一步推广了物质波的概念,找到了一个量子体系的物质波运动方程——薛定谔方程。

波动力学中的薛定谔方程是一个二阶偏微分方程。而研究体系的分立能级问题表现为在一定边界条件下解微分方程的本征值问题。薛定谔方程是波动力学的核心,在近代物理中的地位犹如牛顿第二定律在经典力学中的地位。薛定谔的波动方程成功地解决了谐振子、转子、氢原子能级分立、光谱线频率和强度等实验现象。

2. 海森伯的矩阵力学

海森伯、玻恩、约当(Jordan)等一方面继承了早期量子论中合理的内核,如分立能级、定态、量子跃迁、频率条件等概念;另一方面,摒弃了一些没有实验根据的如轨道等传统概念。他们建立了矩阵力学,其特点是:从物理上可观测量出发,赋予每个物理量以一个矩阵,它们的代数运算规则遵守不可对易的乘法代数理论。量子体系的各力学量(矩阵)之间的关系(矩阵方程),形式上与经典力学相似,但运算规则不同。

波动力学与矩阵力学是对同一种物理规律的两种不同表述。事实上,量子理论还可以更为普遍地表述出来,这是后来狄拉克(Dirac)的工作。由于波动力学使用的数学工具——偏微分方程人们较为熟悉,初学者容易掌握,所以量子力学的大多数应用都采用波动力学形式。

3.4 不确定性原理

1927 年,海森伯提出了一个亚原子尺寸微观粒子的基本原理,有关无法确定粒子绝对准确运动行为的一个普遍规律——不确定性原理。

由于微观粒子具有粒子-波动两重性,从而无法准确确定其位置、动量和能量等力学量,即微观粒子的力学量往往不能或无法确定其具体值。所谓不确定性原理,描述的是位置和动量、能量和时间等共轭量之间的变化关系。

不确定性原理的第一个表述是,不能同时确定一个粒子的准确位置和在该位置动量的准确大小。如果一个粒子的位置不确定度为 Δx,动量的不确定度为 Δp,则不确定性原理表达为

$$\Delta x \Delta p \geqslant \hbar \tag{3-15}$$

不确定性原理的另一表述是,不能同时确定一个粒子的准确能量和具有该能量大小所持续的时间。如果一个粒子的能量不确定度为 ΔE,时间不确定度为 Δt,则不确定性原理表达为

$$\Delta E \Delta t \geqslant \hbar \qquad (3\text{-}16)$$

不确定性原理也可理解为两个力学量同时观测结果的误差关系。我们无法同时确定一个电子的准确位置及其动量大小,也无法确定具体某一时刻的能量大小,所以量子力学利用概率来描述电子出现在某处、具有某一确定能量的可能性大小等。不确定性原理是针对微观粒子运动提出的一条基本原理,由于 $\hbar$ 很小,不确定性原理也仅对微观粒子有意义。不确定性原理是微观粒子的波动和粒子两重性的体现,是微观粒子的本质属性,与物理量的测量方法无关。

微观世界中粒子的波动性,致使我们无法准确确定粒子的位置及其他力学量。因此,我们使用概率的概念描述微观粒子在空间某个位置出现的可能性,处于某一力学量数值的可能性。也就是说,微观粒子的瞬时位置无法确定,但它在空间的分布规律是一定的,即空间某处出现的概率一定。同样地,微观粒子的力学量的大小,也用确定值的概率来描述。粒子的动量、能量等物理量的大小可能有许多取值,而处于某一确定值的概率是一定的,或者说粒子物理量的平均值一定。这种概率概念的描述方法常用薛定谔方程来表达。

3.5 薛定谔方程

3.5.1 薛定谔方程及力学量

微观粒子的量子态用波函数 $\psi(\boldsymbol{r},t)$ 来描述。当 $\psi(\boldsymbol{r},t)$ 确定后,粒子的任何一个力学量的平均值,以及其可能取值的概率分布就都完全确定下来。因此,量子力学的核心问题就是要获取描述体系的波函数 $\psi(\boldsymbol{r},t)$,以及确定波函数随时间的演化规律。这个问题是由薛定谔于 1926 年提出的波动方程圆满解决的。

需要强调的是,薛定谔方程作为量子力学最基本的方程,是量子力学的一个基本假定,并不能从更根本的假定来证明它。实际上量子力学就是建立在一系列假设的基础上,它的正确性只能靠实验来检验。事实上,包括前面提到的实验现象在内的许多涉及电子和光子等的实验和理论,都验证了薛定谔方程的正确性。薛定谔方程揭示了微观世界中物质运动的基本规律。

首先以自由粒子为例,其能量与动量的关系为

$$E = \frac{p^2}{2m} \qquad (3\text{-}17)$$

其中,m 是粒子质量。按照德布罗意关系,与粒子运动相联系的波的角频率 ω 和波矢 $\boldsymbol{k}\left(|\boldsymbol{k}| = \dfrac{2\pi}{\lambda}\right)$ 由下式给出:

$$\omega = \frac{E}{\hbar}, \quad k = \frac{p}{\hbar} \qquad (3\text{-}18)$$

具有一定能量 E 和动量 $\boldsymbol{p}$ 的粒子的自由运动的平面单色波表达为

$$\psi(\boldsymbol{r},t) = A\mathrm{e}^{\mathrm{i}(\boldsymbol{k}\cdot\boldsymbol{r}-\omega t)} = A\mathrm{e}^{\mathrm{i}(\boldsymbol{p}\cdot\boldsymbol{r}-Et)/\hbar} \qquad (3\text{-}19)$$

波函数表达为虚指数形式,从数学角度满足了波函数的物理意义。因为波函数与其复共轭函数之积 $\psi\psi^*$ 正好是实数,表达波的强度,也正好代表概率的物理意义。

既然微观粒子的运动状态表达为波函数 $\psi(\boldsymbol{r},t)$,并且波函数指数中包含了能量、动量

等因子,所以粒子所具有的能量、动量等物理量完全可以通过对相应的波函数微分来求得。由波函数(式(3-19))得到以下数学关系:

$$i\hbar\frac{\partial}{\partial t}\psi = E\psi$$

$$-i\hbar\nabla\psi = \boldsymbol{p}\psi$$

所以,如果粒子运动状态采用波函数表达的话,则通过一定的微分算式可以得到粒子的能量和动量。这些数学关系给出了以下物理意义:粒子运动利用波函数表达时,其经典意义的能量、动量等物理量可以利用数学微分算符替代,即所谓的力学量算符:

$$E \rightarrow i\hbar\frac{\partial}{\partial t}, \quad \boldsymbol{p} \rightarrow \hat{p} = -i\hbar\nabla \tag{3-20}$$

这些力学量算符作用于波函数上,得到相应的物理量。利用式(3-20)替换式(3-17)并作用于波函数,可得

$$i\hbar\frac{\partial}{\partial t}\psi(\boldsymbol{r},t) = -\frac{\hbar^2}{2m}\nabla^2\psi(\boldsymbol{r},t) \tag{3-21}$$

上式即自由粒子运动的薛定谔方程。方程(3-19)中 $\psi(\boldsymbol{r},t)$ 是一个单色平面波,而一般自由粒子状态的波函数看成是许多不同动量单色平面波的叠加,即具有波包的形式:

$$\psi(\boldsymbol{r},t) = \frac{1}{(2\pi\hbar)^{3/2}}\int\varphi(\boldsymbol{p})e^{i(\boldsymbol{p}\cdot\boldsymbol{r}-Et)/\hbar}\,d^3\boldsymbol{p} \tag{3-22}$$

进一步考虑在一定势场 $U(\boldsymbol{r})$ 中运动的粒子,按照经典粒子的能量关系式:

$$E = \frac{p^2}{2m} + U(\boldsymbol{r}) \tag{3-23}$$

上式利用式(3-20)替换并作用于波函数上,即得

$$i\hbar\frac{\partial}{\partial t}\psi(\boldsymbol{r},t) = \left[-\frac{\hbar^2}{2m}\nabla^2 + U(\boldsymbol{r})\right]\psi(\boldsymbol{r},t) \tag{3-24}$$

这就是薛定谔波动方程的更一般表达。

对于一个自由运动的粒子,当描述它的波函数 $\psi(\boldsymbol{r})$ 给定后,如果测量其位置,则粒子出现在 $\boldsymbol{r}$ 点的概率密度为 $|\psi(\boldsymbol{r})|^2$。如果测量其动量,则测得动量为 $\boldsymbol{p}$ 的概率密度为 $|\varphi(\boldsymbol{p})|^2$。$\varphi(\boldsymbol{p})$ 和 $\psi(\boldsymbol{r})$ 之间为傅里叶(Fourier)变换关系。根据微观粒子运动的不确定性原理,粒子所处的位置和动量无法同时确定,所以微观粒子的状态要么用 $\psi(\boldsymbol{r})$ 描述,要么用 $\varphi(\boldsymbol{p})$ 描述,即说它们彼此间有确定的变换关系,彼此完全等价,或者说它们描述的都是同一个量子态,也相当于数学上同一个矢量采用不同的坐标系来表示,这就是所谓的表象概念。表象就是量子力学中态和力学量的具体表示方式,我们称 $\psi(\boldsymbol{r})$ 是坐标表象的态函数,而 $\varphi(\boldsymbol{p})$ 为动量表象的态函数。

3.5.2 薛定谔方程物理意义讨论

1. 定域概率守恒

在一般低能状态下,实物粒子没有产生和湮灭现象,所以在随时间演化的过程中,粒子数目保持不变(即粒子数守恒)。描述粒子运动的薛定谔方程是非相对论量子力学的基本方程。

对于一个粒子来说,在全空间中找到它的概率的总和不随时间改变,即

$$\frac{d}{dt} \int_{-\infty}^{\infty} | \psi(\boldsymbol{r},t) |^2 d^3\boldsymbol{r} = 0 \tag{3-25}$$

令

$$\rho(\boldsymbol{r},t) = \psi^*(\boldsymbol{r},t)\psi(\boldsymbol{r},t) \tag{3-26}$$

如果 ρ 表示概率密度，j 表示概率流(粒子流)密度，则在封闭区域粒子的总概率(或粒子数)变化等于在单位时间内的增量，其微分表达式为

$$\frac{\partial}{\partial t}\rho + \boldsymbol{\nabla} \cdot \boldsymbol{j} = 0 \tag{3-27}$$

这种形式与流体力学中的连续性方程相同。

这里的概率守恒具有定域的性质。若粒子在空间某处出现的概率减小了，则必然在另一些区域的概率增加了(总概率不变)，并且伴随着流动来实现这种变化。连续性就意味着某种流的存在。

2. 初值问题

由于薛定谔方程只含时间的一次微商，只要在初始时刻($t=0$)体系的状态 $\psi(\boldsymbol{r},0)$ 给定，则以后任何时刻 t 的状态 $\psi(\boldsymbol{r},t)$ 原则上就完全确定了。换而言之，薛定谔方程给出了波函数(量子态)随时间演化的因果关系。对于自由粒子，可以严格求解。

自由粒子状态 $\psi(\boldsymbol{r},t)$ 可以用平面单色波 $\varphi(\boldsymbol{p})$ 展开，而 $\varphi(\boldsymbol{p})$ 可由初态 $\psi(\boldsymbol{r},0)$ 确定：

$$\psi(\boldsymbol{r},0) = \frac{1}{(2\pi\hbar)^{3/2}} \int \varphi(\boldsymbol{p}) e^{i\boldsymbol{p}\cdot\boldsymbol{r}/\hbar} d^3\boldsymbol{p} \tag{3-28}$$

其中，$\varphi(\boldsymbol{p})$ 正是 $\psi(\boldsymbol{r},0)$ 的傅里叶级数展开的波幅，上式的逆变换为

$$\varphi(\boldsymbol{p}) = \frac{1}{(2\pi\hbar)^{3/2}} \int \psi(\boldsymbol{r},t) e^{-i\boldsymbol{p}\cdot\boldsymbol{r}/\hbar} d^3\boldsymbol{r} \tag{3-29}$$

将式(3-28)代入式(3-22)，得

$$\psi(\boldsymbol{r},t) = \frac{1}{(2\pi\hbar)^3} \int d^3\boldsymbol{r}' \int d^3\boldsymbol{p}\, e^{i\boldsymbol{p}\cdot(\boldsymbol{r}-\boldsymbol{r}')/\hbar - iEt/\hbar} \cdot \psi(\boldsymbol{r},0) \tag{3-30}$$

这样，体系的初始状态 $\psi(\boldsymbol{r},0)$ 完全决定了以后任何时刻 t 的状态 $\psi(\boldsymbol{r},t)$。

3. 不含时间的薛定谔方程

一般情况下，从初态 $\psi(\boldsymbol{r},0)$ 去求解末态 $\psi(\boldsymbol{r},t)$ 是不容易的，往往要采用近似方法求解。以下讨论一个十分重要的特殊情况：假设势能 U 不显含时间 t(经典力学中，在这种势场中粒子的机械能是守恒量)。

此时，薛定谔方程(3-21)可以用分离变量法求其特解。

令特解为

$$\psi(\boldsymbol{r},t) = \psi(\boldsymbol{r})f(t) \tag{3-31}$$

代入薛定谔方程(3-21)中，可得

$$\frac{i\hbar}{f(t)} \frac{df}{dt} = \frac{1}{\psi(\boldsymbol{r})}\left[-\frac{\hbar^2}{2m}\nabla^2 + U(\boldsymbol{r}) \right]\psi(\boldsymbol{r}) = E \tag{3-32}$$

等式右边 E 是既不依赖于 t 也不依赖于 $\boldsymbol{r}$ 的常数，于是

$$\frac{d}{dt}\ln f(t) = -\frac{iE}{\hbar} \tag{3-33}$$

故

$$f(t) \sim e^{-iEt/\hbar} \tag{3-34}$$

因此,特解 $\psi(\boldsymbol{r}, t)$ 可表示为

$$\psi(\boldsymbol{r}, t) = \psi_E(\boldsymbol{r}) e^{-iEt/\hbar} \tag{3-35}$$

由式(3-32), $\psi_E(\boldsymbol{r})$ 满足下列方程:

$$\left[-\frac{\hbar^2}{2m} \nabla^2 + U(\boldsymbol{r}) \right] \psi_E(\boldsymbol{r}) = E\psi_E(\boldsymbol{r}) \tag{3-36}$$

形式如式(3-35)的波函数所描述的量子态称为定态,方程(3-36)称为不含时间的薛定谔方程或定态薛定谔方程。$\psi_E(\boldsymbol{r})$ 为能量本征函数,E 为该状态的本征值。处于定态下的粒子具有如下特征:

(1) 粒子的概率密度 ρ 及概率流 $\boldsymbol{j}$ 不随时间改变;

(2) 任何力学量(不显含 t)的平均值不随时间变化;

(3) 任何力学量(不显含 t)取各种可能测量值(本征值)的概率也不随时间改变。

薛定谔方程更普遍的表达式(3-24)可表达为

$$i\hbar \frac{\partial}{\partial t} \psi = \hat{H}\psi \tag{3-37}$$

其中,$\hat{H}$ 是体系的哈密顿(Hamilton)算符。对于在势场 $U(\boldsymbol{r})$ 中运动的一个粒子而言,

$$\hat{H} = -\frac{\hbar^2}{2m} \nabla^2 + U(\boldsymbol{r}) \tag{3-38}$$

当不显含 t 时,方程(3-37)可以分离变量。此时,不含时间的薛定谔方程为

$$\hat{H}\psi = E\psi \tag{3-39}$$

从数学上讲,对于任何 E,薛定谔方程一般都有解。但并非对于一切 E 及其所得出的函数解 $\psi(\boldsymbol{r})$ 都满足物理要求,只有满足物理条件所解得的波函数才有意义。这些物理条件包括:满足波函数的统计诠释、具体物理条件(如束缚态边界条件)等。

3.6 薛定谔方程应用举例

讨论微观粒子在一定的势场或保守场中运动,求解系统的定态波函数和能谱是常见的实际问题。而求解这类问题可以归结为求解定态薛定谔方程。在束缚态边界条件下,具有确定能量值所对应的解 $\psi(\boldsymbol{r})$ 才具有物理意义。我们通常称这些能量值为体系的能量本征值,而相应的解波函数 $\psi(\boldsymbol{r})$ 称为能量本征函数。所以,定态薛定谔方程实际上就是势场中粒子的能量本征方程。

3.6.1 简单的例子

下面我们通过几个例子,来看看如何具体求解定态薛定谔方程。

例 3.1 自由电子的运动:自由电子在恒定为零的势场中运动,动量为 $\boldsymbol{p} = m_e \boldsymbol{v}$,能量为 $E = \boldsymbol{p}^2/2m_e$,其中 m_e 是电子的质量。如考虑电子沿 x 正方向作一维运动,相应的薛定谔方程为

$$i\hbar\frac{\partial}{\partial t}\psi(x,t)=\hat{H}\psi(x,t)=-\frac{\hbar^2}{2m_e}\frac{\partial^2}{\partial^2 x}\psi(x,t) \qquad (3\text{-}40)$$

分离变量,取 $\psi(x,t)=\varphi(x)f(t)$,代入上式

$$i\hbar\frac{\partial}{\partial t}f(t)/f(t)=\frac{\hbar^2}{2m_e}\frac{\partial^2}{\partial^2 x}\varphi(x)/\varphi(x)=E \qquad (3\text{-}41)$$

这样,式(3-41)可组成两个方程,分别求解。

第一个方程为

$$i\hbar\frac{\partial}{\partial t}f(t)/f(t)=E \qquad (3\text{-}42)$$

该方程的解是三角函数形式,

$$f(t)=\mathrm{e}^{i\frac{E}{\hbar}t}=\mathrm{e}^{i\omega t}=\mathrm{e}^{2\pi i\nu} \qquad (3\text{-}43)$$

其中,$E=\hbar\omega=h\nu$,是电子的能量;ν 是频率。

第二个方程为

$$-\frac{\hbar^2}{2m_e}\frac{\partial^2\varphi(x)}{\partial x^2}=E\varphi(x) \qquad (3\text{-}44)$$

该微分方程标准解的形式为 $\varphi(x)=A\mathrm{e}^{ikx}+B\mathrm{e}^{-ikx}$。指数的正负号代表电子的正反两个运动方向。考虑单电子的运动方向为 x 正方向,所以取解的形式为

$$\varphi(x)=A\mathrm{e}^{ikx} \qquad (3\text{-}45)$$

式(3-45)代入式(3-44),得到自由电子的运动函数

$$\psi(x,t)=A\mathrm{e}^{ikx} \qquad (3\text{-}46)$$

这里,

$$k^2=\frac{2m_e E}{\hbar^2}$$

$$E=\frac{\hbar^2 k^2}{2m_e}=\frac{p^2}{2m_e} \qquad (3\text{-}47)$$

由 $p=h/\lambda$,得

$$k=\frac{2\pi}{\lambda} \qquad (3\text{-}48)$$

其中,k 是波矢量。$|\psi|^2=A^2$ 表示波函数振幅的大小,表示电子出现在运动方向上某处 x 的概率大小,显然电子一维自由运动出现的概率处处相等。如考虑三维空间,则电子运动波函数表达为 $\psi(r,t)=A\mathrm{e}^{i(k\cdot r-\omega t)}$。

例 3.2　粒子在一维无限深势阱中运动,一维无限深方势阱如图 3-3 所示:

$$U(x)=\begin{cases}0, & \text当 0<x<L \\ \infty, & \text当 x\leqslant 0 \text或 x\geqslant L\end{cases} \qquad (3\text{-}49)$$

在势阱内部运动粒子的 $\hat{H}$ 算符为

$$\hat{H}=\frac{p^2}{2m_e}+U(x)=-\frac{\hbar^2}{2m_e}\frac{\mathrm{d}^2}{\mathrm{d}x^2} \qquad (3\text{-}50)$$

于是本征方程为

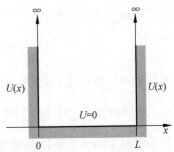

图 3-3　一维无限深势阱中的粒子运动

$$\hat{H}\psi(x) = E\psi(x)$$

即

$$-\frac{\hbar^2}{2m_e}\frac{\mathrm{d}^2}{\mathrm{d}x^2}\psi = E\psi \tag{3-51}$$

上式可写为

$$\frac{\mathrm{d}^2}{\mathrm{d}x^2}\psi(x) + \frac{2mE}{\hbar^2}\psi(x) = 0 \tag{3-52}$$

这是一个二阶常系数微分方程,其通解可取为

$$\psi(x) = A\sin\left(\sqrt{\frac{2mE}{\hbar^2}}x\right) + B\cos\left(\sqrt{\frac{2mE}{\hbar^2}}x\right) \tag{3-53}$$

其中,A、B 是待定常数。由于势阱壁无限高,粒子不能通过势阱壁。按照波函数的统计诠释,要求在势阱壁处及阱壁外波函数为 0。即边界条件为

$$\psi(0) = 0, \quad \psi(L) = 0 \tag{3-54}$$

将式(3-54)代入式(3-53):

由 $\psi(0) = 0$,得 $B = 0$;

由 $\psi(L) = 0$,得 $A\sin\left(\sqrt{\frac{2mE}{\hbar^2}}L\right) = 0$。

其中,$A \neq 0$,否则 $\psi(x) = 0$ 无意义,于是有

$$\sqrt{\frac{2mE}{\hbar^2}}L = n\pi, \quad n = 1, 2, \cdots \tag{3-55}$$

这里,n 取正整数,若 $n = 0$,则 $E = 0$,得 $\psi \equiv 0$,无物理意义;若 n 取负整数,给不出新的波函数。于是,由式(3-55)可得能量本征值表达为

$$E = \frac{n^2\pi^2\hbar^2}{2mL^2}, \quad n = 1, 2, \cdots \tag{3-56}$$

相应的本征函数为

$$\psi_n(x) = A\sin\left(\frac{n\pi}{L}x\right) \tag{3-57}$$

利用归一化条件 $\int_0^L \psi(x)\psi(x)^* \mathrm{d}x = 1$,可得

$$A = \sqrt{\frac{2}{L}}$$

于是归一化的定态波函数为

$$\psi_n(x) = \sqrt{\frac{2}{L}}\sin\left(\frac{n\pi}{L}x\right) \tag{3-58}$$

对以上结果进一步讨论,如下所述。

(1) 被限制在无限深方势阱中的粒子的最低能量(能级)为 $E = \frac{\pi^2\hbar^2}{2mL^2} \neq 0$。一般地,在给定势场中粒子运动的最低能量状态称为基态,基态能量称为"零点能"。由此可以看出,无限深方势阱中粒子的基态能量(零点能)大于零,而不是等于零。这是一个有普遍意义的

重要结果。这与经典粒子不同,经典粒子能量最低的状态是停在势阱中不动,其能量为零。这是微观粒子波粒二象性的体现。

(2) $E_n \propto n^2$,表明能级分布是不均匀的,能量越高,密度越小。相邻能级间距 $\Delta E \approx \dfrac{n\pi^2}{2mL^2}\dfrac{\hbar^2}{}$ 随之变大。当 $n \to \infty$,$\dfrac{\Delta E_n}{E_n} \approx \dfrac{2}{n} \to 0$,即 n 很大时,能级差异变小,可视为准连续的。

(3) 由波函数可画出在 $n=1,2,3$ 的能量本征函数以及粒子的位置分布概率密度 $|\psi_n|^2$,如图 3-4 所示。

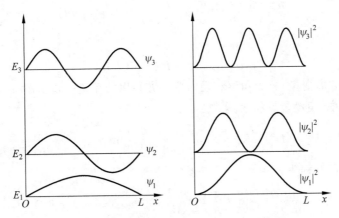

图 3-4　无限深势阱中的波函数和能量示意图

除端点($x=0,L$)外,基态($n=1$)波函数无节点($|\psi_n|^2=0$ 的点),粒子分布并不均匀,势阱中心粒子出现概率最高;第一激发态($n=2$)有一个节点,粒子分布有两个高概率位置;第二激发态($n=3$)有两个节点,粒子分布最高概率有三个位置;以此类推,第 k 个激发态($n=k+1$)有 k 个节点,有 k 个位置粒子概率分布高。

以上内容给出了一维确定势能函数及定态下的薛定谔方程解,给出了粒子分布的概率表达式,结果显示微观粒子的空间分布和经典物理意义完全不同。下面介绍薛定谔方程可唯一严格求解的氢原子问题,通过解实际的原子问题,了解有物理意义的结论。

3.6.2　库仑场与氢原子

氢原子是最简单的原子,它的薛定谔方程可以严格求解。下面将具体给出氢原子薛定谔方程解的过程,并给出氢原子的波函数与能级(这里叙述薛定谔方程解的过程,更详细数学解析过程可参考曾谨言编著的《量子力学》)。与自由运动的电子不同,这里考虑一个孤立的氢原子,氢原子由原子核和一个核外电子组成,原子核与电子之间的库仑作用能为

$$V(r) = -\frac{e^2}{r} \tag{3-59}$$

电子的质量为 m_e,中心力场为 $V(r)$,哈密顿量为

$$H = \frac{\boldsymbol{p}^2}{2m_e} + V(r) = -\frac{\hbar^2}{2m_e}\nabla^2 + V(r) \tag{3-60}$$

能量本征方程为

$$\left[-\frac{\hbar^2}{2m_e}\nabla^2 + V(r)\right]\psi = E\psi \tag{3-61}$$

中心力场中运动粒子的首要特征是角动量守恒。引入角动量算符：

$$\hat{\boldsymbol{L}} = \hat{\boldsymbol{r}} \times \hat{\boldsymbol{p}} \tag{3-62}$$

考虑到中心力场的球对称性特点，选用球坐标系解方程比较方便，利用

$$\nabla^2 = \frac{1}{r^2} \frac{\partial}{\partial r} r^2 \frac{\partial}{\partial r} - \frac{\hat{L}^2}{\hbar^2 r^2} \tag{3-63}$$

方程(3-61)可以化为

$$-\frac{\hbar^2}{2m_e} \left(\frac{1}{r^2} \frac{\partial}{\partial r} r^2 \frac{\partial}{\partial r} - \frac{\hat{L}^2}{\hbar^2 r^2} \right) \psi = \left[E - V(r) \right] \psi \tag{3-64}$$

令

$$\psi(r, \theta, \varphi) = R(r) Y(\theta, \varphi) \tag{3-65}$$

可将方程(3-64)分离变量，分为角度和径向两个方程以便于进一步求解。

在球坐标系中，角动量算符表达式为

$$\hat{L}^2 = \hat{L}_x^2 + \hat{L}_y^2 + \hat{L}_z^2 = -\hbar^2 \left[\frac{1}{\sin\theta} \frac{\partial}{\partial\theta} \left(\sin\theta \frac{\partial}{\partial\theta} \right) + \frac{1}{\sin^2\theta} \frac{\partial^2}{\partial\varphi^2} \right] \tag{3-66}$$

对应的角度薛定谔方程为

$$-\hbar^2 \left[\frac{1}{\sin\theta} \frac{\partial}{\partial\theta} \left(\sin\theta \frac{\partial}{\partial\theta} \right) + \frac{1}{\sin^2\theta} \frac{\partial^2}{\partial\varphi^2} \right] Y(\theta, \varphi) = L^2 Y(\theta, \varphi) \tag{3-67}$$

该方程的解称为球谐函数，是个特殊方程，解的表达式为

$$Y_{lm}(\theta, \varphi) = (-1)^m \sqrt{\frac{(2l+1) \cdot (l-m)!}{2(m+l)!}} P_l^m(\cos\theta) e^{im\varphi} \tag{3-68}$$

函数(3-68)是角动量方程的解，其中 $P_m^l(\cos\theta)$ 称为连带勒让德多项式。根据算符表达式，可以求得角动量本征值：

$$\hat{L}^2 Y = l(l+1)\hbar^2 Y, \quad l = 0, 1, 2, 3, \cdots \text{ 称为角量子数} \tag{3-69}$$

$$\hat{L}_z Y = m\hbar Y, \quad m = \pm l \text{ 称为磁量子数} \tag{3-70}$$

角动量本征值表达式代入式(3-65)可得径向方程如下：

$$\frac{1}{r^2} \frac{d}{dr} \left(r^2 \frac{dR}{dr} \right) + \left[\frac{2m_e}{\hbar^2} (E - V(r)) - \frac{l(l+1)}{r^2} \right] R = 0 \tag{3-71}$$

求解方程(3-71)，先做以下代换以方便解方程，令

$$R(r) = \frac{u(r)}{r} \tag{3-72}$$

代入式(3-71)得

$$u'' + \left[\frac{2m_e}{\hbar^2} (E - V(r)) - \frac{l(l+1)}{r^2} \right] u = 0, \quad r \geqslant 0 \tag{3-73}$$

因为束缚态波函数有限，所以要求

$$u(r) \xrightarrow{r \to 0} 0 \text{（且快于 } r \to 0\text{）} \tag{3-74}$$

这是方程(3-73)的一个定解条件。

$u(r)$ 的归一化条件可写成

$$\int_0^\infty |u(r)|^2 \mathrm{d}r = \int_0^\infty |R(r)|^2 r^2 \mathrm{d}r = 1 \qquad (3\text{-}75)$$

这是径向波函数 $R(r)$ 的归一化条件。由势场表达式(3-59),径向方程(3-73)可改写为

$$u'' + \left[\frac{2m_e}{\hbar^2}\left(E + \frac{e^2}{r}\right) - \frac{l(l+1)}{r^2} \right] u = 0 \qquad (3\text{-}76)$$

最终可以得到归一化的径向方程的解为

$$R_{nl}(r) = N_{nl} \mathrm{e}^{-\frac{1}{2}\xi} \xi^l F(-n+l+1, 2(l+1), \xi) \qquad (3\text{-}77)$$

其中,F 是个特殊函数,是径向方程在 $\xi = 0$ 的临域解,称为合流超几何函数;$\xi = \dfrac{2r}{na_0}$,这里 $a_0 = \dfrac{\hbar^2}{m_e e^2} = 0.526 \times 10^{-8}\,\mathrm{cm}$ 称为玻尔半径,相当于氢原子半径;归一化常数 N_{nl} 为

$$N_{nl} = \frac{2}{a_0^{3/2} n^2 (2l+1)!} \sqrt{\frac{(n+1)!}{(n-l-1)!}}, \quad n = 1, 2, \cdots \qquad (3\text{-}78)$$

基于上述束缚态波函数有限的边界条件,可得到氢原子的能量本征值只能取下列数值:

$$E_n = -\frac{1}{n^2}\frac{e^2}{2a_0} = -\frac{m_e e^4}{2}\frac{1}{\hbar^2}\frac{1}{n^2}, \quad n = 1, 2, \cdots \qquad (3\text{-}79)$$

E_n 是不连续的,这是束缚态边界条件下求解薛定谔方程的必然结果。

根据以上解析的角度波函数和径向波函数结果,可得氢原子束缚态波函数为

$$\psi_{nlm}(r, \theta, \varphi) = R_{nl}(r) Y_{lm}(\theta, \varphi) \qquad (3\text{-}80)$$

其中,$n = 1, 2, \cdots$;$l = 0, 1, 2, \cdots$;$m = 0, \pm 1, \pm 2, \cdots$。

这就是氢原子核外电子运动的薛定谔方程的严格解。几个低能级的径向波函数为

$$n = 1(\text{基态}), \quad R_{10}(r) = \frac{2}{a_0^{3/2}} \mathrm{e}^{-\frac{r}{a_0}}$$

$$n = 2, \quad R_{20}(r) = \frac{1}{\sqrt{2}\, a_0^{3/2}}\left(1 - \frac{r}{2a_0}\right) \mathrm{e}^{-\frac{r}{2a_0}}$$

$$R_{21}(r) = \frac{1}{2\sqrt{6}\, a_0^{3/2}} \frac{r}{a_0} \mathrm{e}^{-\frac{r}{2a_0}}$$

氢原子中电子的基态($n = 1, l = 0$)波函数为

$$\psi_{100} = \frac{1}{\sqrt{\pi}} \frac{1}{a_0^{3/2}} \mathrm{e}^{-r/a_0} \qquad (3\text{-}81a)$$

$$\psi_{200} = \frac{1}{\sqrt{2\pi}} \frac{1}{a_0^{3/2}}\left(1 - \frac{r}{2a_0}\right) \mathrm{e}^{-r/2a_0} \qquad (3\text{-}81b)$$

基态波函数是球对称的,表明电子在基态的分布是球对称的,电子沿原子核外半径分布概率由方程(3-81a)表达为 $|\psi_{100}|^2$。如此可得到如图 3-5(a)所示的分布规律。其中,最大可能分布概率在半径 $r = a_0$ 处,和玻尔半径相同。对于 $n = 2, l = 0$ 状态 ψ_{200},核外电子分布规律如图 3-5(b)所示,电子分布是非球对称的,同样有个最大分布半径,相当于第二轨道半径。由此可以理解过去我们所了解的关于核外电子运动的经典描述,诸如电子壳层、电子云之类概念有一定的理论意义。

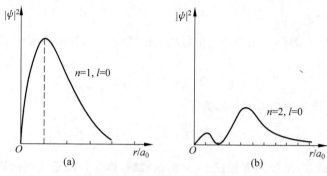

图 3-5 氢原子核外电子分布概率

（a）基态；（b）第一激发态

基态的电子能量 $E_1 = -\dfrac{m_e e^4}{2\hbar^2}$ 不为零，并且基态能量不简并，但激发态（$n>1$）能量简并，第 n 个能级的简并度为 $\sum\limits_{l=0}^{n-1}(2l+1)=n^2$。

考虑电子自旋，由薛定谔方程的严格解得到孤立的氢原子核外电子运动波函数，描述电子运动状态有四个参数或量子数：

主量子数 $n=1,2,3,\cdots$，代表原子的壳层；

轨道量子数 $l=n-1,n-2,\cdots,1,0$，也称为角量子数，代表支壳层；

磁量子数 $m=\pm l,\pm(l-1),\pm1,0$，反映空间取向；

自旋量子数 $s=\pm1$，反映自旋方向。

表 3-1 给出上述原子核外电子运动的量子参数。

表 3-1　原子核外电子运动的量子参数

主量子数 n	轨道量子数 l	磁量子数 m	总轨道量子数		自旋量子数 s	容纳电子数
1	0	0	$1s$	1		2
2	0	0	$2s$	4		8
	1	$-1,0,1$	$2p$			
3	0	0	$3s$	9	$+1$ -1	18
	1	$-1,0,1$	$3p$			
	2	$-2,-1,0,1,2$	$3d$			
n	$0,1,2,\cdots,n-1$	$0,\pm1,\pm2,\cdots,\pm l$	$\sum\limits_0^{n-1}(2l+1)$	n^2		$2n^2$

可以看出，根据量子力学理论，确定原子核外电子运动状态需要四个量子数（n,l,m,s）。主量子数 $n=1,2,3,\cdots$，表示电子沿原子半径分布概率最大值序数，对应原子的壳层，壳层多少反映原子的大小。轨道量子数 $l=0,1,2,\cdots,n-1$，取值决定于主量子数，表示支壳层，亦是与电子分布函数相关的量子数，反映电子概率分布的对称性。磁量子数 $m=\pm l$，$\pm(l-1),\cdots,\pm1,0$，反映轨道的空间取向，是轨道量子数的空间投影，取值数量反映相同能量电子的简并度，与电子轨道运动的磁矩相关。自旋量子数 $s=\pm1$，表示电子自旋运动方向，可表征自旋磁矩。

上面是单电子氢原子薛定谔波动方程解的结果,如考虑核外电子有两个自旋态以及泡利不相容原理,显然核外电子的分布不存在两个相同的状态,或核外运动的任两个电子的量子数不完全相同,这决定了核外电子在可能能态上的分布。

3.7　经典价键理论及其意义

3.7.1　元素周期表和原子轨道理论的合理性

原子是构成物质的最小单元,构成物质的元素在物理和化学性质的根本区别在于原子结构,所以元素的电子结构是材料物理性质的关键。根据卢瑟福散射实验结果提出的模型,原子是由带正电荷的原子核和带负电荷的核外电子构成的,原子序数等于原子所带的电子数。元素(element)是具有相同核电荷的同一类原子的总称,共 116 种,核电荷数是划分元素的依据。

原子核外电子的静质量是 9.1×10^{-28} g,带电量为 1.6×10^{-19} C。原子核是由多种基本粒子构成的,其中质量相当的质子和中子占原子质量的主要部分。原子核带有与核外电子数及带电量相同的正电粒子,即质子。质子的质量与氢原子核相当,是电子的 1836 倍。与质子质量相当的不带电的粒子是中子,核内的质子数和中子数之和称为原子的质量数。原子量的度量是以 ^{12}C 原子量的 1/12 为标准。周期表中同一位置的原子,往往原子序数相同但具有不同的原子量,是因为所含的中子数不同,称为同位素。原子核内还有其他粒子,如介子、中微子等,因尚未看到这些粒子对元素性质的影响,所以材料物理一般不作讨论。

经典理论认为原子核外电子运动有确定的轨道,从内到外用 K、L、M、$\cdots$ 表示第一、第二、第三壳层等。这些壳层又可分为支壳层或亚层,分别表示为 s、p、d、f 等。第一壳层只有一个支壳层 s,第二壳层有两个支壳层 s 和 p,第三层有 s、p、d 三个支壳层,以此类推。s、p、d、f 各支壳层分别有 1、3、5、7 个轨道,每个轨道可以容纳自旋方向相反的两个电子。这样的区分虽然不符合量子理论的精髓,但并不和量子理论的解析结果相矛盾,由量子力学解析氢原子的结果可理解这一点。最低能量态波函数为球对称函数,核外电子分布概率和 $|\psi_{100}|^2$ 成比例。根据概率函数可知,电子在核外沿径向分布最大概率位于 $r = a_0$ 处。即原子中的电子在玻尔半径处出现的概率最大,此即经典壳层半径的物理意义,这和经典理论的电子轨道、电子云和电子壳层意义一致。

由上可以看出,经典的轨道理论有其正确的一面,比较形象地描述了核外电子的运动,和量子理论并不矛盾。当然,经典理论把微观世界的核外电子运动利用经典物理运动规律加以描述,从物理本质角度是错误的,即核外电子的运动没有固定确切的轨道。许多实验现象证明,作为微观粒子的电子运动规律,经典理论是无法解释的,而量子理论利用概率的概念很好地解释了这些物理现象和规律。

3.7.2　经典晶体结合的基本价键理论

物质是由大量原子构成的,而原子间的相互作用方式和强弱决定了材料的性能和类型。大量的原子堆积构成宏观物质,相邻原子间产生相互作用,这种作用可分为异性电荷间的库仑吸引力及满足泡利不相容原理要求的同性电荷间的库仑排斥力。吸引和排斥作用的总和在相互作用能量最小值时达到平衡,处于平衡距离 r_0 处原子受到的总作用力为零,势能最低,如图 3-6 所示。当原子间距 $r<r_0$ 时表现为排斥力,当 $r>r_0$ 时表现为吸引力。

我们知道,晶体的性质取决于原子间的结合。原子结合成晶体的键合类型可分为以下五种:

(1) 离子键结合:以离子形式结合的晶体称为离子晶体。离子键也称为极性键、异极键或电价键,是带异类电荷的离子间的静电吸引结果。物质的化学稳定性取决于外层电子结构的组态,例如,惰性气体的化学性质不活泼,是由于其外层的电子完全填满壳层,这种外层电子结构是特别稳定的组态。NaCl 晶体是由 Na^+ 和 Cl^- 结合而成的。离子化合物稳定是由于原子通过失去或得到一个或几个电子构成满壳层,NaCl 化合物中的 Na^+ 具有氖的电子组态,Cl^- 具有氩的电子组态。引力是异类离子间的库仑引力,斥力来自同类离子间的库仑斥力及泡利不相容原理,为了能够稳定地组合成晶体,正负离子交替排列,每一类离子都是以异类离子为最近邻,泡利不相容原理产生的斥力是短程力,只有电子态交叠时才出现。离子化合物 A_xB_y 对晶体结构的唯一限制是 A 和 B 型离子的最近邻数与化合比 $x : y$ 成反比,正负离子的相对大小对晶体结构也有影响。这些特点限制了离子晶体的密积堆方式。

(2) 共价键结合:以共价键结合的晶体称为共价晶体,是以每个原子贡献一个电子组成共价键而形成的,共价键中的两个电子是自旋反平行的,共价键具有饱和性和方向性,一个原子只能与周围一定数目的原子组成共价键。若原子外层电子不到半满(少于 4 个),都可形成共价键;若原子的价电子数大于 4,只有 $8-Z$ 个电子才能形成共价键(Z 为价电子数)。所谓方向性是指原子只能在价电子出现概率最大的方向形成共价键。

(3) 金属键结合:金属晶体中的原子价电子脱离母体原子形成自由电子,自由电子与正原子实之间通过库仑作用而结合,如同原子实淹没在自由电子气体之中,如图 3-7 所示。金属结合倾向于原子按最紧密的方式排列,对原子的排列方向无要求,因此金属较容易发生形变,原子间可相互移动,有很好的塑性。金属原子的构造特点是围绕原子核运动的最外层电子数少,通常只有 1~2 个,很容易摆脱原子核的束缚而变成自由电子。原子失去电子后便成为正离子,正离子又按一定几何方式规则地排列起来,而脱离了原子束缚的那些价电子都以自由电子的形式在离子间自由运动,它们为整个金属所共有,这种共有化的自由电子称为"自由电子云"。金属晶体就是依靠各正离子与共有的自由电子云间的相互引力而结合起来的,这种引力与离子和离子间,以及电子和电子间的斥力相平衡,使金属晶体处于稳定状态。

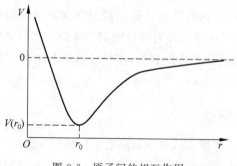

图 3-6　原子间的相互作用

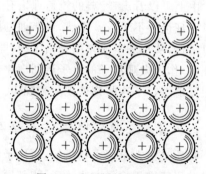

图 3-7　金属键结构示意图

金属具有优良的导电性、导热性、塑性,并富有光泽。金属的这些特性是由金属原子的内部结构以及原子间的结合方式所决定的。如何用金属键来解释金属所具有的特性呢? 金属中的自由电子在外电场作用下,会沿着电场方向作定向运动,形成电流,从而使金属具有优良的导电性。自由电子的运动和正离子的振动可以传递热能,因而使金属具有良好的导热性。当金属发生塑性变形(即晶体中原子发生相对位移)后,正离子与自由电子间仍能保持金属键结合,金属可以塑性变形而不破坏,使金属显示出良好的塑性。金属具有光泽是因为,金属晶体中的自由电子能吸收可见光的能量并跳到较高能级;当它重新跳回到原来低能级时,把吸收的可见光的能量又辐射出来,宏观上就表现为金属光泽。

(4) 范德瓦耳斯(van der Waals)作用:范德瓦耳斯作用发生在本来就具有稳定组态的原子与分子之间,由范德瓦耳斯作用结合而成的晶体称为分子晶体。惰性气体元素的原子,由于瞬间正负电荷的中心不重合,因此存在瞬间的电偶极矩,对于这种作用经过量子力学和统计物理的详细计算,吸引作用占优势,瞬间偶极矩之间的吸引作用称为范德瓦耳斯作用。这种作用是短程作用,斥力来源于泡利不相容原理,很多惰性气体晶体都是由这种作用组成的。

(5) 氢键结合:以氢键结合的晶体称为氢键晶体。氢有许多独具的特点,和范德瓦耳斯作用相近,也可以说氢键是另一种分子间作用力。其结合力主要是依靠氢原子与电负性很大而原子半径较小的两个原子结合成 X—H—Y 形式。氢键晶体的结合能也比较低,氢键具有饱和性和方向性。

第4章

晶格振动与热学性质

本章导读:

理解材料的热学性能本质来源于原子热振动。

理解原子热振动的经典理论和量子理论及其数学处理过程,将晶格振动看成是量子化的声子,并作为多粒子体系遵循一定的统计分布规律,根据统计理论获得固体的热容表达式。

理解热容表达式近似处理的爱因斯坦模型和德拜模型的前提条件和结论,理解这些模型能够准确表达固体热容随温度变化规律的物理本质。

掌握固体热膨胀来源于晶格振动的非谐振效应的理论,不同材料因原子间作用大小不同而具有不同的热膨胀系数的原因。

晶体中的原子或离子以格点作为平衡位置作微振动,称为晶体振动。对材料的热学性质本质的研究是从晶体振动的解释开始的,晶格振动理论不仅可以用来解释固体的热学性质、相变等问题,也是研究固体物理性质、解释许多物理特性的基础。由玻恩(Born)建立的晶格振动系统理论,是最早发展的固体物理理论。

4.1 原子的运动能量和比热容经典理论

4.1.1 固体中原子的振动和能量

材料储存能量的特性是由材料本身成分和结构决定的。从原子或分子角度来看,材料的能量与组成材料的原子或分子个体能量相关。从单个原子来说,我们可以用坐标(x, y, z)表达某一个原子的位置并描述其运动。直角坐标系中一个独立的原子可以在3个方向自由运动,我们说这个原子有3个自由度。而大量的原子构成的固体物质,可简单地看成是多原子体系。原子或分子的运动可以分为平移、旋转和振动三类,后两个运动方式是指原子之间或分子内原子之间的运动。单原子只有平移运动,有3个自由度;双原子构成的分子则有3个整体平移自由度、2个转动自由度(不改变原子位置的轴向转动除外)和1个轴向原子间距离变化的振动自由度,所以双原子分子共有6个自由度。进一步考虑由N个原子构成的一维原子链,则这个原子链有3个平移自由度,2个转动自由度和$N-1$个振动自由度,共有$N+4$个自由度。在N很大的条件下,可简单地认为一维原子链的自由度为N

个。例如考虑由 N 个原子构成三维空间结构的材料，因构成材料的原子数目 N 很大（大多数材料原子密度在 $10^{21} \mathrm{cm}^{-3}$ 数量级），总自由度主要是 $3N$ 个振动自由度，所以说，原子振动是材料内能的主要形式。

4.1.2 比热容的经典理论及其困难

物质受热时温度会升高，不同物质升高相同温度所需要的热量是不一样的，或不同的物质升温的难易程度不同，这主要是由物质的本质结构决定的。单位物质温度升高 1K 所需要的能量称为热容量。热容量是原子热运动的能量随温度而变化的一个物理量。数学形式表示为

$$C = \frac{\Delta Q}{\Delta T} \tag{4-1}$$

分子运动论的经典统计理论指出，在温度足够高的条件下，原子运动每一个自由度对内能的贡献的平均值为 $k_{\mathrm{B}} T / 2$，k_{B} 是玻耳兹曼常量，这就是能量均分原理（principle of equipartition）。考虑到原子的振动包括动能和势能两部分，它们每个自由度对内能的贡献都是 $k_{\mathrm{B}} T / 2$。如固体中有 N 个原子，则平均总能量为 $\bar{E} = 3 N k_{\mathrm{B}} T$。所以单位物质的比热容大小为

$$C = \frac{\partial \bar{E}}{\partial T} = 3 N k_{\mathrm{B}} = 3R = 24.9 \mathrm{J} \cdot (\mathrm{mol} \cdot \mathrm{K})^{-1} \tag{4-2}$$

即热容是一个与温度无关的常数，这个结论即经典的杜隆-珀蒂（Dulong-Petit）定律。

固体的比热容在高温条件下基本上是一个与材料性质和温度无关的常数，满足杜隆-珀蒂定律。但在低温条件下和实验结果不相符，实验发现，温度很低时，等容热容 C_V 下降很快。在 $T \rightarrow 0$ 时，C_V 以 T^3 关系趋近于零，如图 4-1 所示。比热容在低温下趋于零的特征是经典理论一直无法解释的难题。

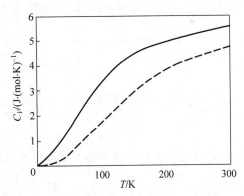

图 4-1 Ge(实线)、Si(虚线)在低温端热容量随温度变化

4.2 一维单原子链

固体是由大量原子组成的，原子又由价电子和离子组成，所以固体可看成是由大量电子和离子组成的双粒子体系，存在电子之间、离子之间以及电子与离子之间复杂的相互作用，这种复杂的多体问题显然是无法严格求解的。考虑到电子与离子的质量和运动状态差异显著，近似地把电子的运动与离子运动看成是同一个体系中的两个系统分别考虑，即变成晶格周期结构势场中运动的多电子问题和原子实围绕平衡位置振动的问题，这一近似称为绝热近似。实验表明，晶格振动是物质内能的主要形式，电子体系对内能的贡献很小（低两个数量级）。这样，热容的问题就可以看成是原子振动的问题，晶格振动理论就是在这个近似的

基础上建立起来的。本节将探讨晶格振动的数学处理过程。

为简化问题,我们从一维原子链出发研究原子的振动性质,然后推广到三维结构探讨晶体的振动性质。

考虑由 N 个相同的原子组成的一维晶格,如图 4-2 所示,相邻原子间的平衡距离为 a,第 j 个原子的平衡位置用 x_j^0 表示,它偏离平衡位置的位移用 $\mathrm{d}x_j$ 表示,第 j 个原子的瞬时位置为

$$x_j = x_j^0 + \mathrm{d}x_j \tag{4-3}$$

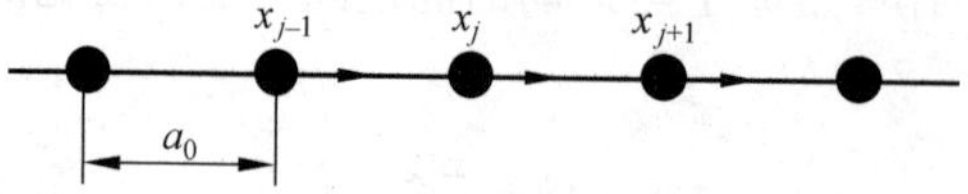

图 4-2 一维原子链模型

原子间的相互作用势能设为 $u(x_{ij})$,如果只考虑原子间的二体相互作用,则晶体总的相互作用能为

$$U = \frac{1}{2}\sum_{ij}^{N} u(x_{ij}) \tag{4-4}$$

其中,$x_{ij} = x_j - x_i = x_{ij}^0 + \mathrm{d}x_{ij}$ 是第 i、j 个原子的相对距离,这里 x_{ij}^0 是两原子的平衡间距,$\mathrm{d}x_{ij} = \mathrm{d}x_j - \mathrm{d}x_i$ 是 i、j 两原子的相对位移。原子在平衡位置附近作微振动,相邻原子的相对位移要比其平衡距离小得多,可将原子间相互作用能 $u(x_{ij})$ 做泰勒级数展开:

$$u(x_{ij}) = u(x_{ij}^0 + \mathrm{d}x_{ij}) = u(x_{ij}^0) + \frac{\partial u}{\partial x_{ij}}\mathrm{d}x_{ij} + \frac{\partial^2 u}{\partial x_{ij}^2}\mathrm{d}x_{ij}^2 + \cdots \tag{4-5}$$

所以

$$U = \frac{1}{2}\sum_{i \neq j} u(x_{ij}) = \frac{1}{2}\sum_{i \neq j} u(x_{ij}^0) + \frac{1}{2}\sum_{i \neq j}\frac{\partial u}{\partial x_{ij}}\bigg|_{x=x_{ij}^0}\mathrm{d}x_{ij} + \frac{1}{4}\sum_{i \neq j}\frac{\partial^2 u}{\partial x_{ij}^2}\bigg|_{x=x_{ij}^0}\mathrm{d}x_{ij}^2 + \cdots \tag{4-6}$$

式(4-6)右边第一项是各原子处于平衡位置时的总相互作用能,用 U_0 表示,是 U 的极小值:

$$U_0 = \frac{1}{2}\sum_{i \neq j} u(x_{ij}^0) \tag{4-7}$$

第二项是 $\mathrm{d}x_{ij}$ 的线性项,系数 $\sum_{i \neq j}\frac{\partial u}{\partial x_{ij}}\bigg|_{x=x_{ij}^0}$ 表示平衡位置势能的一次导数或所有其他原子作用在第 i 个原子的合力。因平衡位置的势能为极值,所以此系数为零。则式(4-6)表达为

$$U = U_0 + \frac{1}{4}\sum_{i \neq j}\frac{\partial^2 u}{\partial x_{ij}^2}\bigg|_{x=x_{ij}^0}\mathrm{d}x_{ij}^2 + \cdots = U_0 + \frac{1}{2}\sum_{i \neq j}\beta_{ij}\mathrm{d}x_{ij}^2 + \cdots \tag{4-8}$$

其中,

$$\beta_{ij} = \frac{1}{2}\frac{\partial^2 u}{\partial x_{ij}^2}\bigg|_{x=x_{ij}^0} \tag{4-9}$$

这里,β_{ij} 称为回复力系数。

若 U 的展开式(4-6)中,仅保留到平方项,忽略 x 的高次项,有

$$U = U_0 + \frac{1}{2}\sum_{i \neq j}\beta_{ij}\mathrm{d}x_{ij}^2 \tag{4-10}$$

这种近似称为简谐近似。根据牛顿第二定律,第 n 个原子的运动方程为

$$m\frac{\mathrm{d}^2 x_n}{\mathrm{d}t^2}=\frac{\partial U}{\partial x_n}=\sum_i \beta_{in}(x_i-x_n) \tag{4-11}$$

其中,m 为原子的质量。如果只考虑最近邻的原子相互作用,即上式中只保留 $i=n+1$,$n-1$ 两项,考虑相邻原子间回复力系数 β 相同,则运动方程(4-11)可简单表达为

$$m\frac{\mathrm{d}^2 x_n}{\mathrm{d}t^2}=\beta(x_{n+1}+x_{n-1}-2x_n) \tag{4-12}$$

这是简谐振动理想模型下原子的振动方程。

4.2.1　周期性边界条件

晶体中每个原子都有形如式(4-10)的运动方程,但实际上晶体是有限大的,处在一维晶格两端或晶体表面的原子所受到的作用显然与内部原子不同,使运动方程问题复杂化。为简化问题,引入边界条件,即所谓的周期性边界条件,又称为玻恩-冯卡门(Born-von Karman)边界条件,也是晶格振动有解的束缚边界条件。即考虑晶体空间结构的周期性,晶格格点上的原子所处的环境相同,这样总会有运动情况相同的原子。设想由 N 个原子组成的有限晶体之外还有许多个完全相同的晶体,互相平移堆积充满整个空间,每个有限晶体块内原子的运动情况应当是相同的。这个条件应用于一维晶格,可简单表示为

$$u_n=u_{N+n}\quad\text{或}\quad u_1=u_{N+1} \tag{4-13}$$

晶格结构格点上每个原子都是等价的,都满足形式相同的运动方程,这样做就避免了要考虑表面原子的特殊性。考虑到实际晶体中原子数目 N 很大,表面原子数目相对很少,如此处理问题的结果不会对晶体中原子的振动整体性质产生明显的影响。

4.2.2　格波

由于晶体中每一个原子具有相同的运动方程(4-12),这样,方程的数目和原子数相同。方程(4-12)的标准解可表达为波的形式:

$$x_n=A\mathrm{e}^{-\mathrm{i}(\omega t-naq)} \tag{4-14}$$

其中,A 为振幅;ω 为角频率;q 称为波矢,q 与波长 λ 的关系为 $q=2\pi/\lambda$;naq 为第 n 个原子振动的位相。如果第 n 个原子和第 n' 个原子的位相差为 2π 的整数倍:$(n-n')aq=2l\pi$,这里 l 为整数,则相当于这两个原子振动位移相同,位相相等。可见,晶体中各原子振动相互之间存在固定的相位关系,角频率 ω 的振动波为平面波,也称为格波。格波的矢量波长为 $\lambda=\dfrac{2\pi}{q}$,波速度(相速度)为 $v_\mathrm{p}=\dfrac{\omega}{q}$。

将式(4-14)代入式(4-12),容易求得 ω 与 q 的关系为

$$\omega^2=\frac{2\beta}{m}(1-\cos qa) \tag{4-15}$$

式(4-15)称为 $\omega\sim q$ 的色散关系。对式(4-15)作如下讨论。

(1) 晶体结构的周期性决定波矢量的取值,需满足 $(n-n')aq=2l\pi$ 或 $na-n'a=l\lambda$。式(4-14)波函数所描述的原子围绕平衡位置的振动是以波的形式在晶体中传播的,是晶体中原子在平衡位置振动受到周围原子制约作用所产生的一种集体运动形式。

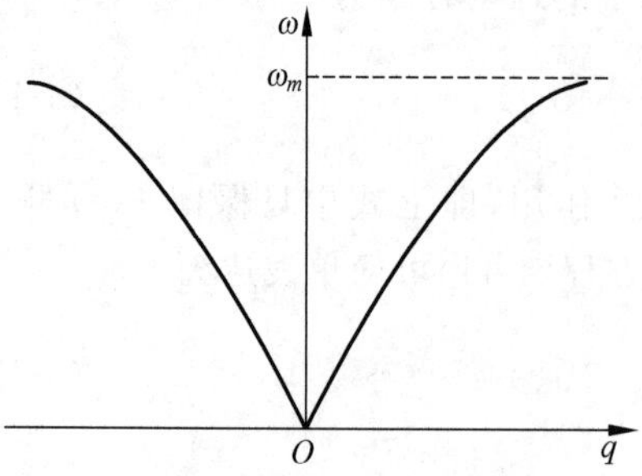

图 4-3 一维单原子晶格振动色散关系

（2）图 4-3 给出了式（4-15）格波频率与波矢色散关系图解。由于 ω 是 q 的周期函数，周期性为 $2\pi/a$，因此，只考虑一个周期内的振动频谱就可以代表所有的振动关系。所以 q 取值可限制在 $-\dfrac{\pi}{a} \leqslant q < \dfrac{\pi}{a}$ 这个周期范围内，这恰好是第一布里渊区的大小范围。

（3）由色散关系可得到格波的速度（相速度）：

$$v_{\mathrm{p}} = \frac{\omega}{q} = \sqrt{\frac{\beta}{m}}\,\frac{\sin\dfrac{qa}{2}}{\dfrac{qa}{2}} \tag{4-16}$$

格波的速度不是常数，表明晶体结构中原子点阵结构的不连续性，这和弹性简谐振动类似。在 $q = \pm\dfrac{\pi}{a}$ 时 ω 有最大值 $2\left(\dfrac{\beta}{m}\right)^{1/2}$；只有 $q \to 0$ 时，波速趋于常数 $v_{\mathrm{p}} = \dfrac{\omega}{q} = a\sqrt{\dfrac{\beta}{m}}$。这是因为当波长很长时，一个波长范围包含许多个原子，相邻原子的位相差很小，原子的不连续效应很小，格波接近于连续介质中的弹性波。

群速度为

$$v_{\mathrm{g}} = \frac{\mathrm{d}\omega}{\mathrm{d}q} = a\sqrt{\frac{\beta}{m}}\cos\frac{qa}{2} \tag{4-17}$$

同样由于原子的不连续性，格波的群速度不等于其相速度。仅当 $q \to 0$ 时，$v_{\mathrm{p}} = v_{\mathrm{g}} = a\sqrt{\dfrac{\beta}{m}}$，体现出弹性波的特征。在布里渊区边界上，$q = \pm\pi/a$，$v_{\mathrm{g}} = 0$，这表明波矢位于布里渊区边界时，格波不能继续传播。此时相邻原子的振动位相相反，即 $\dfrac{x_{n+1}}{x_n} = \mathrm{e}^{iqa} = \mathrm{e}^{i\pi} = -1$，波长为 $2a$，是一种驻波形态。

（4）原子的位移 x_n 应满足周期性边界条件，由式（4-13）要求：

$$\mathrm{e}^{iNaq} = 1 \tag{4-18}$$

由上式可得到：$qNa = 2\pi l$，这里 l 为任意整数。所以，波矢 q 的取值不是任意的，只能取

$$q = \frac{2l\pi}{Na} \tag{4-19}$$

即满足边界条件的波矢只能取一些分立的值，或者说波矢是量子化的，相邻波矢间距为 $\Delta q = \dfrac{2\pi}{Na}$。

考虑到周期性边界限制，把 q 限定在第一布里渊区内，所以 l 的取值也限制在

$$-\frac{N}{2} \leqslant l < \frac{N}{2} \tag{4-20}$$

即对 N 个原子组成的一维原子链，振动波矢量 q 共有 N 个不同的值，或者说有 N 个独立的振动模式或 N 个独立的格波。第一布里渊区的波矢能给出全部的独立状态，对于简单格子结构，独立状态数等于原子数。

4.3 一维复式晶格振动

4.3.1 一维双复式晶格振动色散关系

若一维原子链是由质量不等的两个原子相间排列而成,则原子的振动又会出现新的特征。这里考虑由两种不同原子构成的一维复式格子,相邻同种原子的距离为 $2a$(相当于复式格子的晶格常数),如图 4-4 所示。

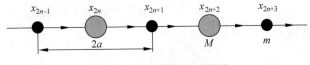

图 4-4 一维双原子复式晶格

质量为 m 的原子位于$\cdots,2n-1,2n+1,2n+3,\cdots$的格点上,质量为 M 的原子位于$\cdots,2n-2,2n,2n+2,\cdots$的格点上。且假设 $M>m$,类似于方程(4-12),得到运动方程为

$$\begin{cases} m\dfrac{\mathrm{d}^2 x_{2n+1}}{\mathrm{d}t^2} = \beta(x_{2n+2} + x_{2n} - 2x_{2n+1}) \\ M\dfrac{\mathrm{d}^2 x_{2n+2}}{\mathrm{d}t^2} = \beta(x_{2n+3} + x_{2n+1} - 2x_{2n+2}) \end{cases} \tag{4-21}$$

若一维复式原子链有 N 个原胞,则有 $2N$ 个方程,方程数等于晶体的自由度数。对于这组方程,仍然采用类似于式(4-14)的试探解,有

$$\begin{cases} x_{2n+1} = A\mathrm{e}^{\mathrm{i}[q(2n+1)a - \omega t]} \\ x_{2n+2} = B\mathrm{e}^{\mathrm{i}[q(2n+2)a - \omega t]} \end{cases} \tag{4-22}$$

即认为同种原子的振幅相同,只存在位相差别,不同原子的振幅可以不同。把式(4-22)代入式(4-21)中,可得

$$\begin{cases} (2\beta - m\omega^2)A - 2\beta\cos(qa)B = 0 \\ -2\beta\cos(qa)A + (2\beta - M\omega^2)B = 0 \end{cases} \tag{4-23}$$

这是一组齐次方程。若 A、B 有非零解,则其系数行列式为零,即

$$\begin{vmatrix} 2\beta - m\omega^2 & -2\beta\cos(qa) \\ -2\beta\cos(qa) & 2\beta - M\omega^2 \end{vmatrix} = 0 \tag{4-24}$$

由此可得出

$$\begin{cases} \omega_+^2 = \dfrac{\beta}{mM}\left\{(m+M) + [m^2 + M^2 + 2mM\cos(2qa)]^{1/2}\right\} \\ \omega_-^2 = \dfrac{\beta}{mM}\left\{(m+M) - [m^2 + M^2 + 2mM\cos(2qa)]^{1/2}\right\} \end{cases} \tag{4-25}$$

上式即一维双原子晶格振动格波的色散关系,有两种不同的色散关系。

4.3.2 声学波与光学波

式(4-25)给出了一维双原子晶格振动格波的色散关系,分为两支,图解的曲线如图 4-5

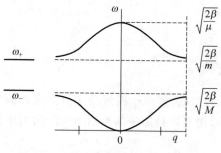

图 4-5 一维双原子晶格振动色散关系

所示。频率较高的一支叫作光学支,频率用 ω_+ 表示;频率较低的一支叫作声学支,频率用 ω_- 表示。它们的频率都是波矢 q 的周期函数,周期性为 $2\pi/2a=\pi/a$。同样,考虑一个周期内的振动频谱就可以代表所有的振动关系,q 取值可限制在 $-\dfrac{\pi}{2a}\leqslant q<\dfrac{\pi}{2a}$ 这个周期范围内,也就是第一布里渊区范围。

从图 4-5 中可以看出,两支格波的最大频率和最小频率及相应的波矢分别为

$$\omega_{+\max}=\sqrt{\frac{2\beta}{\mu}},\quad q=0 \tag{4-26a}$$

$$\omega_{+\min}=\sqrt{\frac{2\beta}{m}},\quad q=\pm\frac{\pi}{2a} \tag{4-26b}$$

$$\omega_{-\max}=\sqrt{\frac{2\beta}{M}},\quad q=\pm\frac{\pi}{2a} \tag{4-26c}$$

$$\omega_{-\min}=0,\quad q=0 \tag{4-26d}$$

其中,$\mu=\dfrac{mM}{m+M}$,称为一维复式格子的约化质量。

由于 $M>m$,光学支的最小频率比声学支的最大频率还要高,在两支之间出现了“频率禁带”,这与一维单原子晶格振动明显不同。

4.3.3 相邻原子运动情况分析

声学支和光学支相邻原子的振动动力学特征不同。对于声学支格波,当 $q\to0$ 时,$\omega_-=0$,由式(4-23)可得相邻原子的振幅比为

$$\frac{A}{B}=\frac{2\beta\cos(qa)}{2\beta-m\omega_-^2}\approx1$$

相邻的原子振动振幅为正,表明长声学波的相邻原子振动方向相同。在波长很长的情况下,相当于描述原胞质心的运动,如图 4-6(a)所示。

对于光学波,当 $q\to0$ 时,$\omega_+=\sqrt{\dfrac{2\beta}{\mu}}$,由式(4-23)可得相邻原子的振幅比为

$$\frac{A}{B}=\frac{2\beta-m\omega_+^2}{2\beta\cos(qa)}=-\frac{M}{m}$$

相邻原子振幅比为负,表明同一原胞中的两个原子的振动方向相反,质心保持不动。即长光学波描述的是原胞中原子的相对运动,如图 4-6(b)所示。与单原子晶格不同,当 $m=M$ 时,仍有光学波存在。这是因为我们假定基元中含有两个不同原子,虽然质量相同,仍会存在描述基元内部原子相对运动的光学波。

作为周期性函数,色散关系方程的周期为 π/a,考虑到晶体的周期为 $2a$,即周期为一个倒格子基矢的长度。同样,位于第一布里渊区 $-\dfrac{\pi}{2a}\leqslant q<\dfrac{\pi}{2a}$ 波矢量,可给出所有独立的格

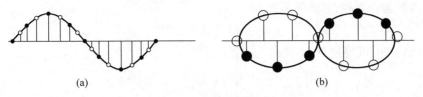

图 4-6　光学波和声学波示意图

波。利用周期性边界条件 $e^{i2Naq}=1$，有 $2qNa=2\pi l$，这里 l 为任意整数。所以，波矢 q 只能取

$$q=\frac{l\pi}{Na} \tag{4-27}$$

即满足边界条件的波矢只能取一些分立的值。分立波矢 q 限制在第一布里渊区内，所以 m 的取值也限制在 $-\dfrac{N}{2}\leqslant l<\dfrac{N}{2}$。即第一布里渊区内允许的 q 值有 N 个(等于晶体的原胞数目)，对于每个波矢有两支格波：一支是声学波，一支是光学波。格波总数目有 $2N$ 个，等于晶体的自由度数。

4.3.4　长波近似

当波矢量 q 很小时，通过比较可以看出两支格波振动性质不同。首先，双原子的色散关系式(4-25)可以改写为

$$\omega_{\pm}^{2}=\beta\frac{M+m}{Mm}\left\{1\pm\sqrt{1-\frac{4Mm}{(M+m)^{2}}\sin^{2}aq}\right\} \tag{4-28}$$

对于声学支，当 $q\rightarrow0$ 时，有 $\sin aq\rightarrow aq$，利用公式 $\sqrt{1+x}\approx1+\dfrac{x}{2},x\ll1$，可得

$$\omega_{-}=\left(\frac{2\beta}{m+M}\right)^{\frac{1}{2}}|\sin qa|=\left(\frac{2\beta}{m+M}\right)^{\frac{1}{2}}a\,|\,q\,| \tag{4-29}$$

即波长很长的角频率趋于零时，波速度 $v_{\mathrm{p}}=\dfrac{\omega}{q}=a\sqrt{\dfrac{2\beta}{M+m}}$ 为常数。这相当于 $q\rightarrow0$ 的极限下，相邻原子的振动位相几乎相同，振幅相等。因为长波的半波长范围内包含的原胞数量很大，或波长比原胞线度大得多，半波长线度内的原胞整体振动沿相同方向运动。所以可以简单看成是弹性波。

考虑一维连续介质，单位长度质量密度为 ρ、弹性模量为 k，在 x 处由位移引起的应变为 $\mathrm{d}\varepsilon$，则形变引起的恢复力为 $f(x)=k\dfrac{\mathrm{d}\varepsilon}{\mathrm{d}x}$。介质中 x 到 $x+\mathrm{d}x$ 范围内介质的运动方程可表达为

$$\Delta f(x)=k\frac{\mathrm{d}\varepsilon(x+\mathrm{d}x)}{\mathrm{d}x}-k\frac{\mathrm{d}\varepsilon(x)}{\mathrm{d}x}=\rho\mathrm{d}x\frac{\mathrm{d}^{2}\varepsilon(x)}{\mathrm{d}t^{2}}$$

即

$$k\frac{\mathrm{d}^{2}\varepsilon(x)}{\mathrm{d}x^{2}}=\rho\frac{\mathrm{d}^{2}\varepsilon(x)}{\mathrm{d}t^{2}} \tag{4-30}$$

上式为标准的波动方程,其解的形式为

$$\varepsilon(x,t) = A\, e^{i(qx-\omega t)} \tag{4-31}$$

将解代入式(4-30)可得到

$$\omega^2 = \frac{k}{\rho}q^2 \tag{4-32}$$

故弹性波传播的相速度为

$$v_p = \frac{\omega}{q} = \sqrt{\frac{k}{\rho}} \tag{4-33}$$

对简单的一维原子链,由相邻原子作用力的表达式可知,弹性模量和原子间的恢复力关系为 $k = \beta a$,质量密度 $\rho = \dfrac{m}{a}$。所以由弹性波的速度表达式得到 $v_p = \sqrt{\dfrac{k}{\rho}} = a\sqrt{\dfrac{\beta}{m}}$,结果和长波近似结果相同。可见,弹性波速度和长声学波速度相同。所以,长声学波可以视为弹性波来处理,这就是命名其为声学波的原因。

对于光学波来说,当 $q \to 0$ 时,色散关系可以转化为

$$\omega_+ = \left(\frac{2\beta}{\mu}\right)^{\frac{1}{2}}\left[1 - \frac{mM}{(m+M)^2}\sin^2 qa\right]^{\frac{1}{2}} \approx \left(\frac{2\beta}{\mu}\right)^{\frac{1}{2}} \tag{4-34}$$

光学波的突出特点是 $q \to 0$ 时,$\omega_+ \neq 0$,所以它不是弹性波。对于 μ 和 β 的典型值,有 $\omega_+ \sim 10^{13}\,\text{s}^{-1}$,这个频率处在光谱区的红外区,因此,称这支格波为光学波。

4.3.5　三维晶格振动

基于相同的物理概念,三维晶格振动问题可简单地把一维的结论推广到三维情况。

考虑由 N 个原胞组成的晶体,若每个原胞内有 n 个原子,每个原子均可作三维运动,则晶体共有 $3nN$ 个自由度。在简谐近似下,晶体的独立状态(格波)数等于晶体的自由度数。这 $3nN$ 个状态分成 $3n$ 支,每支含有 N 个独立的振动状态。其中声学波有 3 支,描述原胞质心的运动,包含 1 个纵波和 2 个横波。其余 $3(n-1)$ 支是光学支,描述原胞内原子之间的相对运动。在三维情况下,色散关系 $\omega_j(q)$ 在 q 空间是周期性的($j = 1, 2, \cdots, 3n$)。只考虑第一布里渊区就可以得到所有的振动模式,q 值是量子化的,取值数量也是有限的,共有 N 个允许的 q 值。因此可以得出如下结论:

晶格振动的波矢数 = 晶体的原胞数

晶格振动的频率数 = 晶体的自由度数

实验结果与上述结论一致。

4.3.6　晶格振动的量子化和声子

为简单起见,仍以一维单原子晶格振动的量子化为例,引入声子的概念,然后将其推广到三维情况。在简谐近似和邻位近似条件下,通过坐标变换可以证明原子在格点平衡位置作简谐振动,振动的能量表达为 $E_n = \left(\dfrac{1}{2} + n_q\right)\hbar\omega_q$,其中 n_q 为振动量子数,为非负整数;ω_q 为振动的基础角频率。由于晶格振动的波矢量取值是分立的,即晶体中的格波可以像光

子一样进行量子化,一个频率下格波的能量表达为 $E_n = \left(\dfrac{1}{2} + n_q\right)\hbar\omega_q$,格波能量的增减必须是 $\hbar\omega_q$ 的整数倍。即格波的能量是量子化的,将晶格振动能量量子称为声子。因此,把 $\hbar\omega_q$ 称为声子的能量单元,第 n_q 个声子的能量为 $E_n = n_q\hbar\omega_q$(不计零点能)。声子是玻色子,服从玻色-爱因斯坦统计,即声子具有能量 $E_n = n_q\hbar\omega_q$ 的概率为

$$f_{(n_q)} = \frac{1}{e^{n_q\hbar\omega_q/k_BT} - 1} \tag{4-35}$$

晶体中原子振动共有 $3nN$ 个振动模式或格波数,如看成独立谐振子,则量子化为 $3nN$ 个声子。这种晶体中的原子振动量子化模型可以处理许多物理问题。例如晶格上的原子与电子或光子相互作用、晶体的热学性质等。当电子或光子和格点上的原子相互作用时,相当于受到格波散射作用,两者之间交换的能量以 $\hbar\omega_q$ 为单位。如果电子和格点原子碰撞,由晶格得到能量,我们就说电子吸收了一个声子,晶格振动的能量传给电子。如果电子给予格点原子能量,相当于格点原子从电子获得一个声子的能量,使晶格振动加强。

声子是描述晶体中格点原子振动的量子化能量,甚至看成是假想粒子,或一种准粒子。既然声子是描述晶格振动的能量量子,是不能脱离晶体而存在的。晶体中的 $3nN$ 种振动模式对应 $3nN$ 种声子。声子的数目是不守恒的。声子的概念不仅仅是晶格振动能量的描述方式,它还反映了晶体中原子的集体运动的量子化性质。以上讨论的是简谐和近邻近似下的晶格振动,格波间相互独立,声子间无相互作用。如考虑非简谐作用,格波之间不再相互独立,则声子之间有相互作用,或格波之间相互散射。

4.4 比热容的量子理论

固体的热容量或比热容与组成固体的物质性质相关,测试比热容及其变化是研究材料相变、微观组织结构变化的手段之一。固体物理学中的热容一般是指定容热容,其定义是

$$C_V(T) = \left(\frac{\partial \bar{E}(T)}{\partial T}\right)_V \tag{4-36}$$

其中,$\bar{E}(T)$ 为固体在温度 T 时的热力学平均内能能量。一般情况下,固体的内能包括晶格振动能量和电子运动能量,所以 $C_V(T)$ 主要由两部分组成,即

$$C_V(T) = C_{Vc}(T) + C_{Ve}(T) \tag{4-37}$$

其中,$C_{Vc}(T)$ 是晶格(离子)热运动的结果,称晶格热容;$C_{Ve}(T)$ 是电子热运动的结果,称为电子热容。因电子对内能的贡献很小,只有在低温下,晶格振动很微弱时,才考虑电子运动对内能的贡献。一般条件下,固体的热容量或比热容指的是晶格热容或比热容。

4.4.1 晶格比热容的量子理论计算

为更好地从理论上解释固体的比热容现象,晶体中 N 个原子的热振动可看成为 $3N$ 个相互独立的简谐振动。由于简谐振动能量的量子化,如不计零点能,则振动能量表达为 $E_n = n_q\hbar\omega_q$,利用式(4-35)统计规律,在温度 T 下 E_n 能级声子的平均能量为

$$\bar{E}_{(n_q)} = \frac{n_q\hbar\omega_q}{e^{n_q\hbar\omega_q/k_BT} - 1} \tag{4-38}$$

晶体中有 N 个原子,共 $3N$ 个振动模式,总能量平均为

$$\bar{E}_{(T)} = \sum_1^{3N} \frac{n_q \hbar\omega_q}{e^{n_q \hbar\omega_q / k_B T} - 1} \tag{4-39}$$

考虑到晶体中有大量的原子,简单地把 $3N$ 个振动频率看成是准连续的,取最大的角频率为 ω_m,在 $d\omega$ 范围内的波频数量或格波数量为 $\rho(\omega)d\omega$,$\rho(\omega)$ 为频率密度或频率分布函数,所以

$$\int_0^{\omega_m} \rho(\omega)d\omega = 3N \tag{4-40}$$

式(4-39)总能量的平均值可改写为

$$\bar{E}_{(T)} = \sum_1^{3N} \frac{n_q \hbar\omega_q}{e^{n_q \hbar\omega_q / k_B T} - 1} = \int_0^{\omega_m} \frac{\hbar\omega}{e^{\hbar\omega/k_B T} - 1} \rho(\omega)d\omega$$

可得晶体的热容为

$$C_V = \frac{\partial \bar{E}_{(T)}}{\partial T} = \int_0^{\omega_m} k_B \left(\frac{\hbar\omega}{k_B T}\right)^2 \frac{e^{\hbar\omega/k_B T}}{(e^{\hbar\omega/k_B T} - 1)^2} \rho(\omega)d\omega \tag{4-41}$$

上式即由量子理论得到的热容一般表达。显然热容表达式(4-41)比较复杂,仅角频率分布函数 $\rho(\omega)$ 就难以求得。为简化问题,常采用爱因斯坦(Einstein)模型和德拜(Debye)模型近似处理问题。前者认为晶体中的原子振动频率相同,后者则以连续介质的弹性波取代格波处理问题。

4.4.2 爱因斯坦模型

1907 年,爱因斯坦提出了非常简单的假设,认为晶体中的原子振动是相互独立的,所有振动模式具有同一频率,即

$$\omega_1 = \omega_2 = \cdots = \omega_{3N} = \omega_E$$

其中,ω_E 称为爱因斯坦频率,这时式(4-39)成为

$$\bar{E}(T) = \frac{3N \hbar\omega_E}{e^{\hbar\omega_E/(k_B T)} - 1} \tag{4-42}$$

$$C_V = \left(\frac{\partial E}{\partial T}\right) = 3N k_B \left(\frac{\hbar\omega_E}{k_B T}\right)^2 \frac{e^{\frac{\hbar\omega_E}{k_B T}}}{\left(e^{\frac{\hbar\omega_E}{k_B T}} - 1\right)^2} = 3N k_B \left(\frac{\theta_E}{T}\right)^2 \frac{e^{\frac{\theta_E}{T}}}{\left(e^{\frac{\theta_E}{T}} - 1\right)^2} \tag{4-43}$$

其中,$\theta_E = \dfrac{\hbar\omega}{k_B}$,称为爱因斯坦温度,即利用爱因斯坦温度代替频率。不同材料的爱因斯坦温度不同,一般是通过热容量实验测定曲线和理论曲线比较确定,大多数固体材料的爱因斯坦温度在 $100\sim300K$。

当温度比较高时,$T \gg \theta_E$,由式(4-43)可得 $C_V \approx 3N k_B$,这和经典理论的结果相同,与高温区的热容实验结果比较符合。

在低温区,温度 $T \ll \theta_E$,由式(4-43)可得

$$C_V = 3N k_B \left(\frac{\theta_E}{T}\right)^2 \frac{e^{\frac{\theta_E}{T}}}{\left(e^{\frac{\theta_E}{T}} - 1\right)^2} = 3N k_B \left(\frac{\theta_E}{T}\right)^2 e^{-\frac{\theta_E}{T}} \tag{4-44}$$

即极低温度下,温度趋于零时,C_V 亦趋于零,与实验结果一致。这是经典理论无法得到的结果,解决了长期以来困扰物理学的一个疑难问题,这正是爱因斯坦模型的重要贡献所在。式(4-44)显示出,热容以指数形式迅速趋于零,这明显快于实验测定的 C_V 数据以 T^3 趋于零的结果。图 4-7 是金刚石热容量的实验数据和爱因斯坦模型理论曲线。实验数据和理论值不完全一致显然是和爱因斯坦模型有关,该模型假设格波为单一频谱过于简化,忽略了格波间的差异。实际晶体中,原子振动不是彼此独立并以同样频率振动的,原子振动波频率不仅有差异,而且相互间有耦合作用。

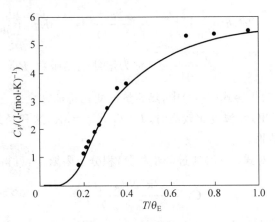

图 4-7　金刚石热容量的爱因斯坦模型理论与实验比较(圆点为实验值,温度以 T/θ_E 为单位)

4.4.3　德拜模型

德拜于 1912 年提出了另一个简化模型,认为晶格振动频率分布在一定区间范围,可用频率分布函数表达。从宏观力学角度来看,就是把晶体当作弹性介质来处理,看成是各向同性的弹性介质。把格波看成弹性波,并假定纵波和横波的波速度同为 v_p,弹性波的角频率 $\omega = q v_p$。

考虑格波在晶体体积 V 的整个空间中运动,则只有一个波矢量为 q 格波的体积密度为 $1/V$。在各向同性的弹性介质中,q 可以看作是准连续的,则 q 到 $q + \mathrm{d}q$ 范围内对应的 q 空间体积为 $4\pi q^2 \mathrm{d}q$,对应晶体中的格波数目为 $4\pi V q^2 \mathrm{d}q$。

考虑三维晶格振动问题,计三支声学弹性波,利用角频率分布函数概念,则 ω 到 $\omega + \mathrm{d}\omega$ 内格波数量为

$$\rho(\omega)\mathrm{d}\omega = 3 \times 4\pi V q^2 \mathrm{d}q = \frac{12\pi V \omega^2 \mathrm{d}\omega}{v_p^3} \tag{4-45}$$

这样,把上式德拜频率分布函数代入式(4-41),得到

$$C_V = \frac{12\pi V}{v_p^3} \int_0^{\omega_m} k_B \left(\frac{\hbar\omega}{k_B T}\right)^2 \frac{\mathrm{e}^{\hbar\omega/k_B T}}{(\mathrm{e}^{\hbar\omega/k_B T} - 1)^2} \omega^2 \mathrm{d}\omega \tag{4-46}$$

由式(4-40)和式(4-45)可得

$$\omega_m = \left(\frac{3N}{4\pi V}\right)^{1/3} v_p \tag{4-47}$$

令 $x = \hbar\omega/k_B T$,则式(4-46)可改写为

$$C_V = \frac{12\pi V k_B^4 T^3}{\hbar^3 v_p^3} \int_0^{x_m} \frac{x^4 e^x}{(e^x - 1)^2} dx \tag{4-48}$$

其中，

$$x_m = \frac{\hbar \omega_m}{k_B T} = \frac{\hbar v_p}{k_B T} \left(\frac{3N}{4\pi V}\right)^{1/3} = \frac{\theta_D}{T} \tag{4-49}$$

这里，$\theta_D = \dfrac{\hbar \omega_m}{k_B}$ 称为德拜温度。这样，式(4-46)的热容表达为

$$C_V = 9N k_B \left(\frac{T}{\theta_D}\right)^3 \int_0^{\theta_D/T} \frac{x^4 e^x}{(e^x - 1)^2} dx = 3R f_D\left(\frac{\theta_D}{T}\right) \tag{4-50}$$

其中，$f_D\left(\dfrac{\theta_D}{T}\right) = 3\left(\dfrac{T}{\theta_D}\right)^3 \displaystyle\int_0^{\theta_D/T} \dfrac{x^4 e^x}{(e^x - 1)^2} dx$ 称为德拜比热函数，$R = N k_B$ 是气体常数。所以，按照德拜理论得到的热容式(4-50)中，热容量的变化特征完全由它的德拜温度确定。

由式(4-50)可以看出，在温度比较高时，$T \gg \theta_D$，$C_V = 3R$，这和经典理论的结果相同，符合高温区的热容实验结果。

在低温区，$T \ll \theta_D$，对式(4-48)通过分步积分，积分上限取∞，可得

$$C_V = \frac{12\pi^4 N k_B}{5} \left(\frac{T}{\theta_D}\right)^3 \tag{4-51}$$

表明 C_V 与 T^3 成比例，常称为 T^3 德拜定律。实验表明，温度越低，德拜近似的结果越符合实验数据。热容表达式显示，$T \ll \theta_D$ 或 $\hbar\omega \gg k_B T$ 的振动模对热容几乎没有贡献，热容主要来自 $\hbar\omega \ll k_B T$ 的振动模。即极限低温下，热容取决于最低频率的振动，这正是长波长的弹性波。正如前面所指出的一样，在波长远大于微观尺度时，这样的宏观近似是成立的。所以，德拜理论在极限低温是严格正确的。实际上 T^3 定律一般只适用于 $T < \theta_D/30$ 的温度范围。

θ_D 可以根据实验的热容量与理论比较来确定，图 4-8 给出 C_V 和 (T/θ_D) 的曲线形状与某晶体实验热容量值的比较，选取适当 θ_D，使理论 C_V 和实验值尽可能符合，从而确定 θ_D 的大小。

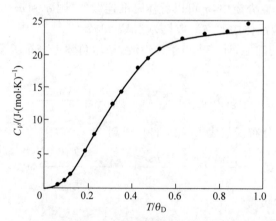

图 4-8 德拜理论模型和实验数据的比较，圆点代表测试数据

德拜理论提出后相当长的一个时期里，认为其与实验是精确符合的。随着低温测量技

术的发展,逐渐显露出德拜理论与实际间仍存在偏离。假若德拜理论精确地成立,各温度下的 θ_D 都应当是同一个值。人们在不同温度下比较理论与实验结果,令理论函数 $C_V(T/\theta_D)$ 与实验值 C_V 相等,可得到不同温度下的 θ_D,实践证明,不同温度下得到的 θ_D 是不同的。图 4-9 给出金属铟的 $\theta_D(T)$ 变化情况,实际测量的 θ_D 明显偏离恒定值,这一结果清楚地表明了德拜理论的局限性。

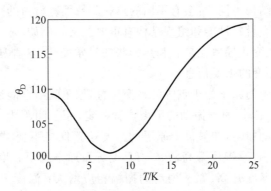

图 4-9 金属铟的德拜温度随温度变化值

德拜理论的局限性显然也是与近似模型相关,把晶体看成连续介质,对于原子振动频率较高的部分不适用,例如,一些化合物的热容计算与实验不符。另外,在低温下也不完全符合实验结果,因为晶体毕竟不是一个连续体,而且也没有考虑自由电子对热容的贡献。对于复杂的分子结构,往往会有各种高频振动耦合,多晶、多相体系材料情况就更为复杂。这样,德拜理论和实验值差距更大。但在大多数情况下,德拜理论已经足够精确了。

德拜温度 θ_D 可以粗略地估算出晶体振动频率的数量级,表 4-1 给出了常见固体元素的德拜温度,可以看出,一般 θ_D 都是几百开(绝对温度),相当于 $\omega_m \approx 10^{13} \, s^{-1}$。但是一些弹性模量大、密度低的晶体,如金刚石、Be、B 等,θ_D 高达 1000K 以上,因为这些材料中弹性波速很大,有高的振动频率 ω_m 和德拜温度 θ_D。这样的固体在一般温度下热容量低于经典值。

表 4-1 固体元素的德拜温度　　　　　　　　　　　　　　(单位:K)

元素	Θ_D	元素	Θ_D	元素	Θ_D
Ag	225	Ga	320	Pb	274
Al	428	Ge	374	Pt	240
Na	158	Mo	450	W	400
Au	165	Hg	71.9	Si	645
B	1250	Zn	327	Sn(灰)	360
Be	1440	K	91	Sn(白)	200
Zr	291	Ni	450	Co	445
金刚石	2230	Pb	105	Cr	630
Ca	230	Mg	400	Cu	343
V	380	Mn	410	Fe	470

4.5 非谐效应与热膨胀

大多数物质的体积或长度随温度的升高而增大,这一现象称为热膨胀。不同物质的热膨胀性质是不同的,有的物质随温度变化有较大的体积变化,而另一些物质则相反。即使是同一种物质,由于晶体结构不同,也会有不同的热膨胀特性。材料的热膨胀性质不仅是材料的重要参数,而且对研究材料性能和组织结构有重要意义。例如,金属在加热或冷却的过程中发生相变。由相组成变化导致比热容和热膨胀的异常变化,这种异常的膨胀效应提供了组织结构转变或固态相变的重要信息。

稳定状态下,晶体中的原子处于点阵的平衡位置,原子间结合能最低。点阵原子绕平衡位置振动。温度 T_1 一定时,原子振动的平衡位置一定,原子间距为 r_0,体积保持稳定。物体温度升高,原子的振动加剧,如果每个原子的平衡位置保持不变,物体也就不会因温度升高而发生膨胀现象。实际上,温度升高,$T_2 > T_1$,会导致原子间距 r 增大,$r > r_0$。如图 4-10 所示的双原子模型,当温度升高,原子振动的振幅相应增大;温度上升引起振幅增大的同时,双原子振动中心向右侧偏移,由此导致原子间距增大,产生膨胀,所以热膨胀与点阵原子振动有关。产生上述现象的原因在于原子之间存在相互作用力。

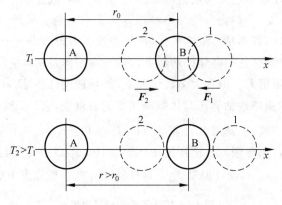

图 4-10   热膨胀的双原子模型

4.5.1 非简谐效应

前面讨论的点阵原子振动方程,仅考虑振动为简谐近似模式,用一系列独立的谐振子来描述晶格振动。因为原子振动位移很小,势能展开式只保留二次项,忽略三次方及以上的非谐振项。这种简谐理论数学处理简单,可以成功地解释晶格比热等物理问题,却不能解释晶体热膨胀问题。按简谐近似,原子间相互作用能在平衡位置附近是对称的(如图 4-11 中的虚线所示),随着温度升高,原子的总能量增高,但原子间距的平均值不会增大,因此,简谐近似不能解释热膨胀现象。若计入非简谐效应,即考虑原子间的相互作用势能的三次方及以上项,则势能曲线在平衡位置附近将不再对称(图 4-11 中的实线),当温度升高,总能量增大时,原子间的平均距离将会增大,从而引起热膨胀现象。

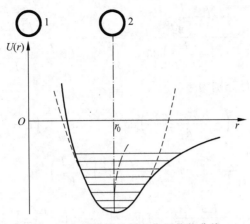

图 4-11 原子间的相互作用势能曲线

4.5.2 晶体的热膨胀系数

为简单起见,考虑一维原子链中原子振动方程非谐振项对相邻原子平均距离的影响。如图 4-10 所示,设原子 A 固定在原点,原子 B 的平衡位置为 r_0,δ 代表 B 原子离开平衡位置的位移。两原子之间的相互作用势能 U 在 r_0 处做泰勒级数展开,得

$$u(r_0+\delta)=u(r_0)+\left(\frac{\partial u}{\partial r}\right)_{r_0}\delta+\frac{1}{2}\frac{\partial^2 u}{\partial r_0^2}\delta^2+\frac{1}{3!}\left(\frac{\partial^3 u}{\partial r^3}\right)_{r_0}\delta^3+\cdots \tag{4-52}$$

显然 $\left(\dfrac{\partial u}{\partial r}\right)_{r_0}=0$,因 $u(r_0)$ 对晶格动力学问题无影响,可取 $u(r_0)=0$。若令

$$\frac{1}{2}\left(\frac{\partial^2 u}{\partial r^2}\right)_{r_0}=K,\quad \frac{1}{3!}\left(\frac{\partial^3 u}{\partial r^3}\right)_{r_0}=g$$

则有

$$u(r_0+\delta)=K\delta^2+g\delta^3+\cdots \tag{4-53}$$

简谐近似下,势能展开式中只保留到二次项,即

$$u(r_0+\delta)=K\delta^2 \tag{4-54}$$

下面利用玻耳兹曼统计规律计算位移 δ 的平均值 $\bar{\delta}$,平均位移量可写为

$$\bar{\delta}=\frac{\displaystyle\int_{-\infty}^{+\infty}\delta\exp\left(-\frac{U}{k_B T}\right)\mathrm{d}\delta}{\displaystyle\int_{-\infty}^{+\infty}\exp\left(-\frac{U}{k_B T}\right)\mathrm{d}\delta}=\frac{\displaystyle\int_{-\infty}^{+\infty}\delta\exp\left(-\frac{K\delta^2}{k_B T}\right)\mathrm{d}\delta}{\displaystyle\int_{-\infty}^{+\infty}\exp\left(-\frac{K\delta^2}{k_B T}\right)\mathrm{d}\delta} \tag{4-55}$$

其中,分子的积分函数是奇函数,故积分为 0,即 $\bar{\delta}=0$。由此可见,简谐近似下原子的平均位置和原子的平衡位置相同,没有热膨胀。如图 4-11 中虚线所示,简谐近似下的势能曲线是对称的,即任何温度下原子围绕其平衡位置作对称简谐振动。温度低时,振幅小;温度高时,振幅大,平衡位置保持在 r_0 处,无热膨胀现象。此结果显然与实际不符。

若计入三次方非谐项的影响,则平均位移表达式为

$$\bar{\delta} = \frac{\int_{-\infty}^{+\infty} \delta \exp\left(-\dfrac{U}{k_\text{B} T}\right) \mathrm{d}\delta}{\int_{-\infty}^{+\infty} \exp\left(-\dfrac{U}{k_\text{B} T}\right) \mathrm{d}\delta} = \frac{\int_{-\infty}^{+\infty} \delta \exp\left(-\dfrac{K\delta^2 + g\delta^3}{k_\text{B} T}\right) \mathrm{d}\delta}{\int_{-\infty}^{+\infty} \exp\left(-\dfrac{K\delta^2 + g\delta^3}{k_\text{B} T}\right) \mathrm{d}\delta} \tag{4-56}$$

δ 很小,上式的分子和分母分别为

$$分子 = \int_{-\infty}^{+\infty} \delta \exp\left(-\frac{K\delta^2 + g\delta^3}{k_\text{B} T}\right) \mathrm{d}\delta \approx \int_{-\infty}^{+\infty} \delta \mathrm{e}^{-\frac{K\delta^2}{k_\text{B} T}}\left(1 + \frac{g\delta^3}{k_\text{B} T}\right) \mathrm{d}\delta$$

$$= 2\int_{0}^{+\infty} \frac{g\delta^4}{k_\text{B} T} \mathrm{e}^{-\frac{K\delta^2}{k_\text{B} T}} \mathrm{d}\delta = \frac{g}{k_\text{B} T}\left(\frac{3}{4}\pi^{\frac{1}{2}}\right)\left(\frac{k_\text{B} T}{K}\right)^{\frac{5}{2}} \tag{4-57a}$$

$$分母 = \int_{-\infty}^{+\infty} \exp\left(-\frac{K\delta^2 + g\delta^3}{k_\text{B} T}\right) \mathrm{d}\delta = \int_{-\infty}^{+\infty} \exp\left(-\frac{K\delta^2}{k_\text{B} T}\right) \mathrm{d}\delta = \left(\frac{\pi k_\text{B} T}{K}\right)^{\frac{1}{2}} \tag{4-57b}$$

所以,由式(4-46)可以得到位移量的平均值:

$$\bar{\delta} = \frac{3}{4}\frac{g}{K^2} k_\text{B} T \tag{4-58}$$

由此可得到线胀系数为

$$\alpha = \frac{1}{r_0}\frac{\mathrm{d}\bar{\delta}}{\mathrm{d}T} = \frac{3}{4}\frac{g}{K^2}\frac{k_\text{B}}{r_0} \tag{4-59}$$

可见,热膨胀系数是由非谐项决定的,势能展开式仅考虑三次方项,结果显示势能曲线是不对称的,原子振动的平衡位置不再是原来的平衡位置,随温度升高,振动平衡位置向右移,增大了原子间距。而且,温度越高,距离越大,显示出热膨胀特征。热膨胀系数是与温度无关的常数。如果计入势能展开式中更高次项,则热膨胀系数将与温度有关。

4.5.3　材料的热稳定性

热稳定性或耐热性是指材料在温度变化影响下的抗形变能力,或者说是材料承受高温或温度变化而不致破坏的能力,又称为抗热震性。由环境温度变化引起的形变越小,热稳定性越高。材料的热稳定性强弱的关键取决于材料的组织结构,包括化学成分、相组成、显微结构,以及加工成型方法、热处理条件和外界环境因素等。材料的热稳定性与一般抗张强度成正比,与弹性模量、热膨胀系数成反比。材料的导热系数、比热容、密度也在不同程度上影响热稳定性。

热稳定性或抗热震性是脆性材料的一个重要物理性能。热冲击损坏分为热冲击断裂和热冲击损伤两种类型:前者是指在热冲击作用下材料发生瞬时断裂;后者表示在热冲击循环作用下,材料的表面开裂、剥落,并不断发展而最终破裂失效。目前,热稳定性虽然有一定的理论解释,但尚未建立不同服役环境下普适的热稳定性理论与模型。

下面从热膨胀引起的内应力导致脆性材料形变而产生破坏的角度,对热冲击破坏及其理论作进一步介绍。

1. 热应力和热冲击破坏

材料由热胀冷缩引起的内应力称为热应力,热应力会引起材料的失效和破坏,脆性材料尤其突出。热应力的来源主要有三个方面:①由热胀冷缩受限而产生的热应力;②因温度

梯度而产生的热应力；③复相材料因各相膨胀系数不同而产生的热应力。

这里简单地以一根各向同性均质固体杆件受到均匀加热和冷却为例(杆内不存在温度梯度)。理想状态下,如果这根杆件的两端是自由端,可自由地膨胀或收缩,那么,杆内不会产生热应力,会因温度变化而产生热应变:

$$\Delta l / l = \alpha \Delta T \tag{4-60}$$

其中,α 为热膨胀系数,ΔT 为温度变化,l 为杆的初始长度。如果杆件的轴向运动受到两端刚性夹持固定,则产生热应力 σ:

$$\sigma = E\varepsilon = E\Delta l / l = E\alpha \Delta T \tag{4-61}$$

其中,ε 为热应变,E 为弹性模量。当热应力 σ 达到材料的断裂强度 σ_f 时就会造成杆件的断裂。

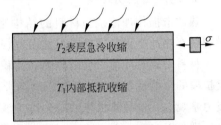

热冲击破坏的另一个现象是由脆性材料内外温差引起的应力不均造成的。如图 4-12 所示,假设表面薄层迅速冷却,从温度 T_1 降到 T_2,而内部温度仍然是 T_1,表面产生拉应力:

$$\sigma = -E\alpha_l (T_1 - T_2) \tag{4-62}$$

图 4-12 薄层表面受热冲击作用示意图

表面的拉应力达到断裂极限强度($\sigma = \sigma_f$)时表面破裂,所以表面能够承受的最大断裂临界温差为

$$(T_1 - T_2)_f = \frac{\sigma_f}{E\alpha_l} \tag{4-63}$$

以陶瓷材料为代表的脆性材料受热冲击而断裂或开裂,是由于材料受温度变化或存在温差而产生的内应力超过了材料的力学强度极限,这就是热冲击应力理论。为评价脆性材料抗热冲击的能力,人们基于不同的前置条件,提出了一些脆性材料抗热冲击能力的评价参数,包括热冲击应力理论和热冲击损伤理论。

2. 热冲击应力理论

热冲击应力理论从热弹性力学观点出发,简单地将材料看成连续介质的刚性结构。通过对温差所引起的应力-应变分析,以材料中引起的最大热应力值 σ_{max} 达到强度极限 σ_f 就产生开裂而导致材料破坏作为判据。定义:

$$R = \frac{\sigma_f (1 - \nu)}{\alpha E} \tag{4-64}$$

其中,R 称为第一热应力断裂抵抗因子或第一热应力因子,是表征材料热稳定性的因子,R 相当于临界温差,R 越大,材料能承受的温度变化越大,即热稳定性越好;ν 为泊松系数。考虑到材料受到热冲击应力时因结构环境等因素可以得到缓解,相应地在第一热应力断裂抵抗因子基础上引入不同折减系数,给出不同的热应力断裂抵抗因子。

例如,考虑到材料受到热冲击的同时存在散热问题,由于散热因素减缓材料中瞬时产生最大应力,相应地在第一热应力断裂抵抗因子基础上引入折减系数,引出第二热应力断裂抵抗因子:

$$R' = \frac{\lambda \sigma_f (1 - \mu)}{\alpha E} \tag{4-65}$$

其中,λ 为折减系数或热传导率。

另外,材料热稳定性与冷却速度密切相关,冷却速率影响温度梯度及热应力。例如,考虑达到最大变温速率时材料会发生断裂,由此引入第三热应力因子:

$$R'' = \frac{1}{\rho C_p} \frac{\lambda \sigma_f (1-\mu)}{\alpha E} = \frac{R'}{\rho C_p} = \alpha R' \tag{4-66}$$

实际上,热冲击应力理论明显偏离材料实际,按理论计算的结果会比实际情况严重得多,该理论对于玻璃、陶瓷等脆性材料比较适用,而对非均质材料、含第二相和孔洞的材料和韧性材料是不适用的。

3. 热冲击损伤理论

热冲击损伤理论认为材料的结构是不完整的,一般含有一定尺寸的微裂纹结构缺陷。微裂纹在热冲击影响下扩展可能引发损伤破坏,微裂纹扩展需要提供断裂表面能。

材料受到热冲击时会因热膨胀而积存弹性应变能,热冲击积存的弹性应变能越大,微裂纹扩展的可能性就越大;裂纹扩展需要的表面能越大,裂纹扩展的程度就越小。这种从断裂力学观点评价材料抗热冲击裂纹扩展或损伤现象的理论就是热冲击损伤理论,抗热冲击损伤理论以应变能-断裂能为判据。基于材料抗热应力损伤的性能正比于断裂表面能,反比于应变能释放率,人们提出了两个抗热应力损伤因子 R''' 和 R'''':

$$R''' = \frac{E}{\sigma^2 (1-\nu)} \tag{4-67}$$

$$R'''' = \frac{E \times 2\gamma_{eff}}{\sigma^2 (1-\nu)} \tag{4-68}$$

其中,$2\gamma_{eff}$ 为断裂表面能($J \cdot m^{-2}$);R''' 是材料中储存的弹性应变能释放率的倒数,用来比较具有相同裂纹表面能材料的热冲击性;R'''' 是用来比较具有不同裂纹表面能材料的抗热冲击性。R''' 或 R'''' 高的材料,抗热应力损伤性好。

同样地,热冲击损伤理论也存在明显的局限。因为热冲击理论难以描述材料的实际结构,尚过于简单,而且影响材料热稳定性的因素是多方面的,包括材料自身的结构和性能、外部热冲击的方式,以及热应力在材料中的分布等,也难以精确测定材料中的微裂纹大小及其分布。尚不能对此理论作出直接的验证,理论有待于进一步发展。

由以上热冲击应力或损伤理论评价因子表达式可以看出,前者具有高 σ 和低 E 的材料热稳定,而后者正好相反。矛盾的原因在于热应力损伤判据和热应力强度判据的理论依据或角度不同,热应力强度判据认为,高强度材料破坏时所需的热应力也大,强度越高,抵抗热应力破坏的能力越强。热应力损伤判据认为,高强度材料中热应力弹性存储能高,裂纹在热应力的作用下容易扩展,对热稳定性不利。虽然这些理论建立的前提和实际材料尚有一定距离,但这些理论对提高材料抗冲击性具有一定的借鉴作用,因此,提高材料的抗热冲击断裂性能,需要根据具体材料及其实际的组织结构提出可靠的措施。

4. 材料的热稳定性评价

一般地,热稳定性是考察高温或温度变化对材料性能的影响,而且这种环境温度的变化是指在没有引起相变或产生显著化学变化的前提下材料所表现出来的抗温性,这种能抵抗温度急剧变化的性能也称为抗热震性。因此,材料的热稳定性应根据材料的类型,以及服役环境与要求去理解具体的热稳定性意义。

目前,热稳定性的理论解释尚不足以建立不同材料在不同服役环境下的热稳定性理论与模型。工程实际上,对材料或制品的热稳定性评价一般都是依据标准规范,采用比较直观的测定方法去评价。比如,金属材料一般是通过高温持久蠕变实验评价其热稳定性;半导体材料和器件往往是通过热循环考察其可靠性;日用陶瓷材料往往是加热到预定温度,然后置于室温的流动水中急冷,并逐步提高温度和重复急冷,直至观测到试样发生龟裂或开裂;而耐热材料则是在热循环中通过考察热失重多少来评价其抗热震性。

从热力学角度分析,材料的变化源于体系自由能的改变,即向自由能减小、熵增加的方向变化。一般地,材料的热稳定性取决于组织结构的稳定性,或者说与键能相关。所有材料的力学性能都会在高温下明显下降,就是因为键能下降。从材料的不同类型来说,金属合金材料的热稳定性关键是其组织结构稳定性和抗氧化能力,组织结构稳定性是热稳定性的前提,金属合金材料高温下因热力学条件变化,易于产生或加速组织结构演变,甚至产生热损伤的裂纹和孔洞,致使高温性能下降甚至失效。半导体材料会因为高温本征热激发加剧而失去其本质特征,造成半导体器件的击穿和失效。陶瓷氧化物材料的化学键能高,耐高温性能更好,但脆性材料会因为热应力而产生破坏。离子型材料和高分子材料的热稳定性与其化学热分解密切相关,具有离子键和大分子共价化合物材料一般是极性材料,一般极性越大,热不稳定越明显,容易产生热分解,高分子材料的结构特点决定了其耐热性较差。

第**5**章

固体中的电子状态和能带理论

本章导读：

了解晶体结构的周期性构成的周期性势场决定了晶体中电子运动行为；

理解自由电子气理论以及根据费米统计规律的数学处理过程，包括费米能级的物理意义和电子热容来源；

了解布洛赫定理的意义，由此导出导体和绝缘体两个能带理论模型；

理解周期性势场中电子运动的周期性和布里渊区的关系，由能带结构可将材料分为导体、半导体和绝缘体，了解能带理论的局限性。

材料科学领域不仅涉及材料的微观结构与缺陷，更重要的是关注影响和决定材料物理现象和性能的微观粒子行为。决定材料物理性能的微观粒子或准粒子主要有电子、光子和声子。例如，材料中电子的运动行为不仅与材料的物理性能相关，还是不断发展的功能材料、半导体信息材料研究的核心。针对材料中大量的微观粒子运动系统的多粒子体系问题，基于量子力学的一般理论，发展了多粒子体系的统计分析数学处理方法。第 4 章从晶格振动或声子统计分析了材料的热学性质，本章将讨论晶体中的电子运动行为和特征。

5.1 固体中的电子状态和能带的形成

晶体是由靠得很紧密的原子周期性规律排列而成，晶体中的电子状态肯定和单原子的电子不同，受原子周期性排列的影响，特别是外层电子会有显著的变化。

孤立原子中的电子在原子核势场和其他电子的作用下处于不同的能级，即经典理论所述的电子壳层。同一能级中的电子因角动量不同，处于不同支壳层的电子分别用 s、p、d 等标识，并对应于确定的能量。图 5-1(a) 为一孤立的氢原子核外电子处于基态的径向分布概率。在玻尔半径 a_0 处分布概率最大。当两个原子相互靠近时，以至于原子核外电子的分布概率产生重叠，如图 5-1(b) 所示，表明两个原子中的两个电子产生相互作用，两个电子为两个原子部分共有。这种相互作用或扰动使原来分属于两个原子并处于能量基态的电子能级分裂为两个十分靠近的能级，如图 5-1(c) 所示，简并能级产生分裂，这是泡利不相容原理的要求。由大量的原子相互靠近形成晶体时，相邻原子的内外各电子壳层之间产生一定程度的交叠，相邻原子最外壳层交叠明显。这实际上是原子核外电子分布概率在径向分布产

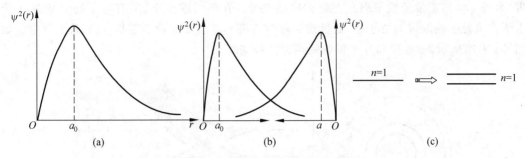

图 5-1　氢原子中电子及其能级分裂

（a）氢原子中电子径向分布概率；（b）两原子靠近后电子分布概率出现重叠；（c）$n=1$ 态能级分裂

生交叠，电子不再完全局限于某一个原子，可以由一个原子转到另一原子，电子可以在整个晶体中运动。这种运动称为电子的共有化运动。

从能量角度看，当原子互相靠近时，每个原子上的电子除受到自身的势场作用，还要受到周围原子势场的作用，由于这样的作用和电子运动的限制性条件，结果相同能级（简并）分裂为彼此接近的能级。在不考虑原子内的简并情况下由 N 个原子组成的晶体为 N 度简并。当结合成晶体后，每个电子都要受到周围原子势场的作用，其结果是一度简并的能级分裂成 N 个由彼此靠近的能级组成的能带。即各原子中的电子原来相同的能量态发生能级分裂，这是泡利不相容原理的要求。整个晶体组成一个和单原子相似的系统，只是原来每一个分立的能级由 N 个相互靠近的能级组成的能带替代。这 N 个几乎是连续的能级构成的能带称为允带，允带之间不存在能级的区间称为禁带，如图 5-2 所示。

晶体中的原子在空间呈周期性排列，每个原子可能带有多个电子，每个电子占据不同的能量子态。在大量的原子靠近形成晶体时，随着原子间距的缩小，这些本来分立的能量态因能级分裂而组成能带。例如，原子最外层电子填充到 $n=3$ 原子层，原子间相互作用的平衡距离是 r_0，形成的能带和禁带如图 5-3 所示。

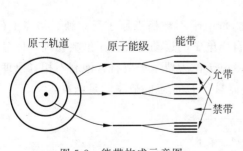

图 5-2　能带构成示意图

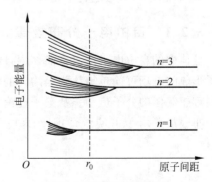

图 5-3　能带形成示意图

实际晶体的能带分裂要复杂得多。内层填满的电子和原子核结合紧密，最外层电子和原子核结合很弱，往往外层价电子没有填满能带。例如，硅原子外层 $n=3$ 有 8 个轨道或量子态被 4 个电子占据，其中 $3s$ 亚层 2 个轨道被 2 个电子占满，$3p$ 亚层 6 个轨道上只有 2 个电子，如图 5-4 左图所示。在原子相互靠近时，$3s$ 和 $3p$ 能态间相互作用发生重叠。在形成晶体原子间距为平衡距离时，带间产生分裂，每个原子中 4 个低能量量子态在下面构成低能带,另外 4 个高能量的量子态在上面构成高能带。在绝对零度下,所有电子处于基态,4 个电子占满处于低能带的量子态,此低能带称为价带。高能态的量子态是空的,称为导带。如图 5-4 右图所示,价带顶和导带低的间距即禁带宽度 E_g。

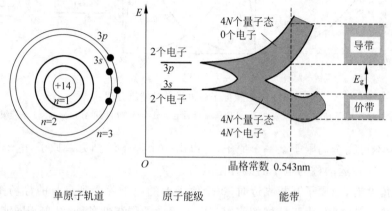

图 5-4　左边为孤立 Si 原子,右边为 $3s$ 和 $3p$ 能态分裂为能带示意图

5.2　自由电子气理论

量子理论告诉我们,微观粒子处于能量不连续的量子态。同类粒子遵循不确定性原理,没有固定的轨道且不可区分。这种一模一样的、互相不可区分的粒子在量子力学中叫作"全同粒子"。全同粒子根据所谓内禀性分为玻色子(boson)和费米子(fermion)两大类。它们的区别在于,同一量子态可以被多个粒子占据,这样的粒子称为玻色子,如声子、光子等,其自旋是整数(如 $0,\pm1,\pm2,\cdots$),状态分布满足玻色-爱因斯坦(Bose-Einstein)统计规律;费米子相反,同一量子态下只能容纳一个粒子,其自旋为半奇数($1/2,3/2,\cdots$),如电子、中子、质子等,状态分布满足泡利不相容原理,服从费米-狄拉克(Fermi-Dirac)统计规律。

5.2.1　自由电子分布规律

导体中的自由电子可以在晶体内自由运动,价电子不被格点原子所束缚。格点上的正离子形成的电场可简单地认为是均匀的势场,自由电子的运动可类比于经典物理气体分子,如同理想气体的分子运动。从量子理论看,自由电子作为费米子要符合泡利不相容原理,状态分布服从费米-狄拉克统计规律,即电子占据能量为 E 能态的概率满足函数:

$$f_{(E)} = \frac{1}{e^{\frac{E-E_F}{k_BT}} + 1} \tag{5-1}$$

其中,E_F 是费米能级,k_B 是玻耳兹曼常量。图 5-5(a)给出了费米分布函数与温度的关系。可以看出:当 $T=0$K 时,若 $E < E_F$,则 $f_{(E)}=1$;若 $E > E_F$,则 $f_{(E)}=0$。这意味着 0K 温度下,费米能级以下的能态全部被电子占据,而费米能级以上的能态都是空的,没有电子,如图 5-5(b)所示。

当 $T > 0$K 时,按能量分区讨论:

当 $E = E_F$ 时,有 $f_{(E)}=1/2$,即费米能级被电子占据的概率是 $1/2$;

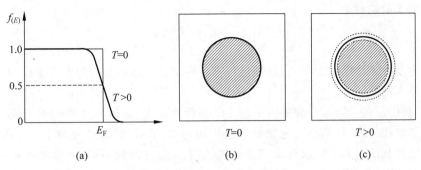

图 5-5　自由电子费米分布规律

(a) $f_{(E)}$-E 的关系曲线；(b) 0K 时费米面；(c) $T>0$K 时费米面和热激发

当 E 比 E_F 低几个 $k_B T$ 时，$e^{\frac{E-E_F}{k_B T}} \ll 1$，$f_{(E)} \approx 1$，即明显小于 E_F 的能级被电子占据；

当 E 比 E_F 高几个 $k_B T$ 时，$e^{\frac{E-E_F}{k_B T}} \gg 1$，$f_{(E)} \approx 0$，即明显高于 E_F 的能级是空的。

这是量子理论中电子的状态分布与经典理论的根本区别。室温下，$k_B T \approx 0.0025\text{eV}$。相应在 $E - E_F = k_B T$ 条件下，$f_{(E)} < 0.3$，这意味着产生状态变化的电子应该在费米能级附近，且能量分布主要在 $\pm k_B T$ 区间范围内。

5.2.2　自由电子气理论

为了解释金属导体中的电子输运性质，1900 年，由保罗·德鲁德（Drude）提出了德鲁德模型，认为金属中的价电子游离于固定的离子实周围，弥散于金属体的全部空间，构成了所谓的自由电子气。德鲁德自由电子模型基于如下三条基本假设。

（1）独立电子近似：自由电子之间不存在相互作用，彼此独立运动。（实际上，忽略电子间相互作用对结果影响不大）

（2）自由电子近似：晶体格点上的离子实固定不动，不考虑电子和离子之间的静电相互作用，电子可以自由运动。（实际上电子与离子的相互作用不能忽略）

（3）弛豫时间：这是德鲁德模型最重要的概念。电子和离子的碰撞是瞬时的，且碰撞后电子的运动速度只与温度有关，与碰撞前速度无关，电子在两次碰撞之间运动速度从零开始受到电场力作用作加速运动。两次碰撞之间所经历的平均时间间隔称为弛豫时间，平均运动距离称为平均自由程。

其中前两条假设参照了理想气体的概念，即理想气体中分子之间不发生碰撞，也没有相互作用。所以把上述假设称为自由电子气假设。这个假设模型虽然简单，但很好地描述了导体中电子的运动行为。

自由电子在晶体内运动，如同在一个势阱中运动。参考第 3 章无穷深势阱中运动粒子薛定谔方程解的结果，考虑自由电子在长度为 L 的一维势阱中运动，由边界条件可得到归一化的电子波函数为

$$\psi(x) = A\sin kx = \sqrt{\frac{2}{L}} \sin\left(\frac{n\pi}{L}x\right) \tag{5-2}$$

其中，$k = \dfrac{n\pi}{L}$，n 为整数。

相应电子的能量为

$$E_n = \frac{n^2 \pi^2 \hbar^2}{2mL^2} \tag{5-3}$$

这种电子运动处于特定状态下,其物理量可唯一确定的状态函数称为本征函数,对应的能量值称为能量本征值。

可见,被限制在无限深一维势阱中电子的最低能量 $E_1 \neq 0$,与经典粒子不同,这是微观粒子波粒二象性的表现。而且,能级分布是不均匀的,能量越高,密度越小。由图 3-4 自由电子波函数及其概率分布可以看出,不同能级的本征态波函数不同,自由电子在不同能级、不同位置上分布概率不一。这一结果类推到有限尺寸晶体中电子的运动,考虑周期性边界条件,对体积为 V、边长为 L 的立方晶体中运动的电子薛定谔方程、波函数和波矢量分别表达为

$$\frac{\hbar^2}{2m} \nabla^2 \psi(\boldsymbol{r}) = E\psi_{(\boldsymbol{r})} \tag{5-4}$$

$$\psi(\boldsymbol{r}) = \frac{1}{\sqrt{V}} e^{i\boldsymbol{k} \cdot \boldsymbol{r}} \tag{5-5}$$

$$E = \frac{\hbar^2 \boldsymbol{k}^2}{2m} \tag{5-6}$$

其中,波矢量取分立的值:

$$k_i = \frac{n_i \pi}{L}, \quad i = x, y, z; \ n \ 为整数 \tag{5-7}$$

波矢表达了电子可能运动的量子状态,或者说波矢量描述了晶体中电子共有化运动的量子状态。电子的能量取决于波矢量,波矢量是不连续量子化的。宏观尺度上,大量的电子在体积 V 的导体中运动且处于很小的能量范围内,相邻电子能级差别极小,则可简单地认为电子的能态或波矢量是准连续的,以利于统计计算。

如有 N 个电子处于某能级 E 上,电子在能级上分布的概率是符合费米-狄拉克统计规律的。这样,每个电子状态取决于其波矢量 $\boldsymbol{k}$,而一个状态在 k 空间占有最小的体积:

$$k_{x\min} k_{y\min} k_{z\min} = \frac{(2\pi)^3}{L_x L_y L_z} = \frac{(2\pi)^3}{V} \tag{5-8}$$

如认为 k 空间是均匀的,则 k 空间单位体积中的状态数或状态密度为

$$\frac{V}{(2\pi)^3} \tag{5-9}$$

由能量 E 和 k 的关系,能量在 $0 \sim E$ 范围内的量子状态总数 Z 为

$$Z = 2 \times \frac{4}{3}\pi k^3 \frac{V}{(2\pi)^3} = \frac{V}{2\pi^2}\left(\frac{2m}{\hbar^2}\right)^{3/2} E^{3/2} \tag{5-10}$$

上式对能量 E 微分得

$$dZ = \frac{V}{2\pi^2}\left(\frac{2m}{\hbar^2}\right)^{3/2} E^{1/2} dE = g_{(E)} dE$$

其中,

$$g_{(E)} = \frac{V}{2\pi^2}\left(\frac{2m}{\hbar^2}\right)^{3/2} E^{1/2} \tag{5-11}$$

$g_{(E)}$ 称为状态密度函数。这样,系统中总的电子数为

$$N = \int_0^\infty f_{(E,T)} g_{(E)} \, dE = \frac{V}{2\pi^2} \left(\frac{2m}{\hbar^2}\right)^{3/2} \int_0^\infty \frac{E^{1/2}}{e^{\frac{E-E_F}{k_B T}} + 1} \, dE \tag{5-12}$$

在 $T = 0\text{K}$ 时,分布函数 $f_{(E,T)} = 1$ 体系能量最低,电子完全处于基态,上式积分可得

$$N = \int_0^{E_F^0} g_{(E)} \, dE = \frac{V}{3\pi^2} \left(\frac{2m}{\hbar^2}\right)^{3/2} (E_F^0)^{3/2}$$

相应电子密度为

$$n = \frac{1}{3\pi^2} \left(\frac{2m}{\hbar^2}\right)^{3/2} (E_F^0)^{3/2} = \frac{1}{3\pi^2} \left(\frac{2mE_F^0}{\hbar^2}\right)^{3/2} = \frac{1}{3\pi^2} (k_F^0)^{3/2} \tag{5-13}$$

其中,k_F^0 是 0K 下的费米波矢量,$k_F^0 = (3\pi^2 n)^{2/3}$。 $\qquad\qquad\qquad$ (5-14)

由于 0K 温度下费米能级以上的能态上没有电子存在,而费米能级以下能态上填满电子,即 0K 下电子在 k 空间中分布为一个球,如图 5-6 所示。其半径即费米球半径或费米波矢量大小,相应自由电子气的等能面称为费米面。

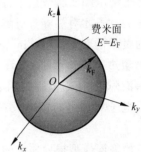

图 5-6　绝对零度下费米球
和费米半径

0K 下电子的平均能量为

$$\overline{E} = \frac{1}{N} \int_0^{E_F^0} \cdot E g_{(E)} \, dE = \frac{3}{5} E_F^0 \tag{5-15}$$

上式表示,自由电子基态平均动能不等于零,这再次说明量子理论的结果和经典理论不同。

$T > 0\text{K}$ 条件下,由费米-狄拉克分布函数式(5-1)可以看出,部分电子会因获得能量而占据费米面外的空状态而成为激发态。类似于式(5-12),可以得到高于绝对 0K 条件下电子的密度:

$$n = N/V = \int_0^\infty f_{(E,T)} g_{(E)} \, dE / V = \frac{1}{2\pi^2} \left(\frac{2m}{\hbar^2}\right)^{3/2} \int_0^\infty \frac{E^{1/2}}{e^{\frac{E-E_F}{k_B T}} + 1} \, dE \tag{5-16}$$

电子的平均能量为

$$\overline{E}_{(T)} = \frac{3}{5} E_F^0 + \frac{(\pi k_B T)^2}{4 E_F^0} \tag{5-17}$$

费米-狄拉克分布函数表明,费米面以内高能量的能级上电子被激发到 E_F 之上且靠近 E_F 的能级上。与 0K 条件下式(5-15)比较,电子的平均能量的第二项显然是因温度提高电子处于激发态而对能量的贡献。从 k 空间看,是费米能级以下约 $k_B T$ 能量范围内跃迁电子的贡献,即费米面以内能量离 E_F 约 $k_B T$ 范围内能级上的部分电子被激发到 E_F 之上约 $k_B T$ 范围内的能级上,被激发电子数占总电子数量比大约为 $k_B T/E_F$。也可以看出,$T > 0$ 时,费米球面的半径 k_F 比 0K 时费米面半径稍小,如图 5-5(c)所示。

$T > 0\text{K}$ 条件下,费米能级、电子平均能量和温度的关系为

$$E_F \approx E_F^0 \left[1 - \frac{\pi^2}{12} \left(\frac{k_B T}{E_F^0}\right)^2\right] \tag{5-18}$$

即温度升高,费米能级略有下降,只是随温度变化很小。一般地,$k_B T \ll E_F$,差两个数量级,可认为费米能级或化学势随温度基本不变。

5.2.3 电子热容量

电子对热容的贡献,可由式(5-17)得到

$$C_V^e = n\frac{\mathrm{d}\bar{E}}{\mathrm{d}T} = \frac{\pi^2}{2}\frac{nk_B^2}{E_F^0}T = \gamma T \tag{5-19}$$

其中,$\gamma = \dfrac{\pi^2}{2}\dfrac{nk_B^2}{E_F^0}$。由式(5-19)可以看出,电子热容量和温度成线性关系,符合实验结果。这也表明只有费米面附近的电子对热容有贡献,或者说并不是所有电子对热容都有贡献,而只是由激发态电子贡献的。经典理论认为,任意一个粒子任意一维度对能量的贡献都一样,都是 $k_B T/2$。导体的热容由晶格振动和自由电子两部分贡献,电子和晶格热容应该相当。显然这个结论和实验数据不符,这表明经典理论存在明显的局限性。量子理论认为,只有发生跃迁的电子才对热容有贡献,这则完美解释了电子热容特征。在常温下晶格振动对摩尔热容的贡献的量级为 $J/(mol \cdot K^2)$,而电子热容的量级为 $mJ/(mol \cdot K^2)$。电子热容与晶格振动热容相比很小,尽管导体中有大量的自由电子,但基态电子对热容没有贡献,只有费米面附近 $k_B T$ 范围的因受热激发而跃迁的电子才对热容有贡献,所以电子的热容很小。电子对热容的贡献只有接近 0K 时才体现出来,温度高时电子对热容的贡献可忽略不计。

德鲁德模型把导体中的电子看成理想气体,能够说明电子的一般运动规律,理解电流和电阻现象。该理论认为,在没有外电场作用时,金属中的自由电子沿各方向运动的概率相同,不产生电流。当施加外电场时,自由电子获得附加速度,于是便沿外电场方向发生定向迁移,从而形成电流。自由电子在定向迁移过程中因不断与正离子发生碰撞,电子迁移受阻,从而产生电阻。但是,该理论的电导率模型与实验值不吻合,也不能解决不同材料的导电行为差异,不能区分导体、半导体和绝缘体。可见,基于经典理论的自由电子德鲁德模型存在一定的局限性,即自由电子模型过于简单,没考虑晶格离子和电子间的相互作用以及电子之间的相互作用。这是后面将要讨论的问题。

5.3 周期性势场中的电子运动和能带理论

将导体中的自由电子看成是自由电子气处理的简化模型,无法解决不同材料中电子运动的差异问题。基于晶体结构的空间排列周期性和平移对称性,晶体内部的势场也具有周期性,电子在晶格中运动受到这一周期性势场的作用。显然,晶体中的电子与孤立原子的电子不同,也与自由运动的电子不同。孤立原子中的电子在原子核和其他电子的势场中运动,自由电子是在一恒定为零的势场中运动,而晶体中的电子是在严格周期性排列的原子间运动的。晶体中任一点的势能为各个原子实在该点所产生的势能之和,考虑到任意一处的势能主要取决于邻近的几个原子实的作用,另外,电子均匀分布于晶体中,电子和电子之间的相互作用可简单看成一个很小的附加均匀势场,这样的近似不影响晶体势场的周期性。本节就是在这个近似的基础上处理晶体中电子的运动问题。

5.3.1　布洛赫定理

根据量子理论,晶体中复杂的电子体系哈密顿量为

$$H = -\frac{\hbar^2}{2m_0}\sum_i \nabla_i^2 + \sum_i \sum_n V(\mid r_i - R_n \mid) + \frac{1}{8\pi\varepsilon_0}\sum_{i,j}\frac{e^2}{\mid r_i - r_j \mid} \tag{5-20}$$

其中,第一项是所有电子的动能;第二项是电子在晶格离子势场中的势能;第三项为电子间相互作用的库仑能。显然,由此构成的薛定谔方程是复杂无解的。为此,采用如下近似处理方法:电子间相互作用利用平均势代替,则哈密顿算子简化为 N 个电子相互独立的算子之和为

$$H = \sum_i \left[-\frac{\hbar^2}{2m_0}\nabla_i^2 + V(r_i) \right] \tag{5-21}$$

其中,

$$V(r_i) = \sum_n V(\mid r_i - R_n \mid) + V_e(r_i) \tag{5-22}$$

这里,V_e 是孤立原子势场。这样可将复杂的多电子体系问题近似为单电子问题,故称为单电子近似。

单电子近似认为,晶体中的电子是在固定不动的周期性排列原子核的势场以及其他大量电子的平均势场中运动,这个势场也是周期性变化的,而且它的周期与晶格周期相同,如图 5-7 所示。第 3 章已经给出了氢原子中单电子薛定谔方程的严格数学解。其中,电子受到原子核势场 $V(r) = -\dfrac{q^2}{4\pi\varepsilon_0 r}$ 作用,可简单地图示为图 5-7(a),势场大小和半径成反比,随半径的增大而迅速衰减。进一步简化问题,这里简单地把电子所处的势场看成是一个有限深的势阱。因此,在晶体中的电子处于周期性势场中,这个势场可简单地图示为图 5-7(b)。为简单起见,这里以一维线度表示晶体中电子所处的周期性势场。为方便求解薛定谔方程,把此周期性势场合理简化为周期性的有限深势阱,表达为

$$V(x) = V(x + na) \tag{5-23}$$

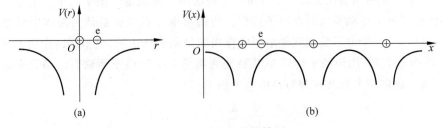

图 5-7　电子的势场模型

(a) 电子在单原子中所处的势场及其简化模型;(b) 电子在晶体中所处的势场及其简化模型

早在 1928 年研究晶态固体的导电性时,费利克斯·布洛赫(Felix Bloch)首次提出了布洛赫波概念,即在晶格周期性势场中运动的电子波函数是按晶格周期调幅的平面波,周期性势场中电子本征波函数表达为

$$\psi(\boldsymbol{r}) = \mathrm{e}^{\mathrm{i}k \cdot r} u(\boldsymbol{r}) \tag{5-24}$$

其中,

$$u(\boldsymbol{r} + \boldsymbol{R}_n) = u(\boldsymbol{r}) \tag{5-25}$$

即调制函数 $u(r)$ 具有和势场同样的晶格周期性。周期性势场中电子运动波动方程的解具有如下性质：

$$\psi(r+R_n)=\mathrm{e}^{ik\cdot R_n}\psi(r) \tag{5-26}$$

其中，$R_n=n_1a_1+n_2a_2+n_3a_3$ 是晶格矢量。这就是布洛赫定理。

表达式(5-24)给出的布洛赫函数中的平面波因子 $\mathrm{e}^{ik\cdot r}$ 描述晶体中电子的共有化运动，与自由电子平面波比较，布洛赫波函数多一个函数项 $u(r)$，是周期性势垒 $V(r)$ 引起的附加项。式(5-26)表达了波函数的周期性特征，即相同两个格点附近的电子波函数是等价的：

$$|\psi(r+R)|^2=|\psi(r)|^2 \tag{5-27}$$

它们只是相差一个相位 $k\cdot R_n$，应满足

$$k\cdot R_n=2l\pi,\quad l\ \text{为整数} \tag{5-28}$$

显示出波矢量 k 作为电子运动状态的参量，与倒格子矢量等价。

5.3.2 能带理论模型

本章开始定性地讨论了晶体的能带形成原因，能带的形成与晶体中电子特性直接相关。布洛赫定理约定了周期性势场中电子运动波函数的特性，即具有晶格结构相类似的周期性。由于复杂的哈密顿算子对应的薛定谔方程是难以给出数学解的，为解析周期性势场中电子运动的薛定谔方程，根据电子运动的合理假设进一步简化周期性势场的表达，由此提出了晶体中电子运动的多个理论模型，诸如近自由电子模型、紧束缚模型、克勒尼希-彭尼模型(Kronig-Penney model)，从而由量子力学薛定谔方程和晶体结构模型推导出能带结构的数学解。这里我们仅讨论两个最简单的模型，分别是描述导体中电子运动的近自由电子模型和绝缘体中电子运动的紧束缚模型。

1. 近自由电子近似模型

这个模型认为导体中价电子在一个很弱的周期场中运动，价电子的运动行为接近于自由电子。这里的弱周期场设为 $\Delta V(x)$，相对于势场函数来说是个很小的量。进一步简化问题，将晶体中的电子运动看成是单电子近似。所谓单电子近似就是认为晶体中的电子在周期性势场中运动，一个电子受到其他电子的作用归结到势场中去，电子间的作用不计。

（1）零级近似时，用势场平均值 $\bar{V}$ 代替弱周期场 $V(x)$，电子运动看成是完全自由电子的运动。这时薛定谔方程及其解与自由电子相当：

$$\begin{cases} -\dfrac{\hbar}{2m}\dfrac{\mathrm{d}^2}{\mathrm{d}x^2}\psi^0+\bar{V}\psi^0=E^0\psi^0 \\[2mm] \psi_k^0(x)=\dfrac{1}{\sqrt{L}}\mathrm{e}^{ikx} \\[2mm] E_k^0=\dfrac{\hbar^2k^2}{2m}+\bar{V} \end{cases} \tag{5-29}$$

可见，零级近似下薛定谔方程的解与自由电子解的形式相当，故称为近自由电子近似理论。考虑一维线度原子数量是 N 个（相当于 N 个原胞），由波函数的周期性得到

$$\mathrm{e}^{ikNa}=1 \tag{5-30}$$

其中，$kNa=2n\pi$，n 为整数。则

$$k = \frac{2n\pi}{Na} \tag{5-31}$$

波矢量 k 的取值在一个周期 $-\pi/a < k \leqslant \pi/a$ 范围内，k 可取的数值有 N 个，每个 k 值代表一个能量态。共有 N 个能级，可容纳 $2N$ 个电子。

（2）将周期性势场看成是比较小的弱周期场，即指 $[V(x) - \bar{V}] = \Delta V(x)$ 很小，作为微扰处理。根据量子力学的微扰理论，可以给出如下一些计算本征函数和能量本征值的公式：

微扰理论重要公式
- 能量本征值
  - 零级近似　$E_k^0 = \dfrac{\hbar^2 k^2}{2m} + \bar{V}$ (5-32)
  - 一级修正　$E_k^{(1)} = \langle k \mid \Delta V \mid k \rangle$ (5-33)
  - 二级修正　$E_k^{(2)} = \sum_{k'}{}' \dfrac{|\langle k' \mid \Delta V \mid k \rangle|^2}{E_k^0 - E_{k'}^0}$ (5-34)
- 电子波函数
  - 零级近似　$\psi_k^0(x) = \dfrac{1}{\sqrt{L}} e^{ikx}$
  - 一级修正　$\psi_k^{(1)}(x) = \sum_{k'}{}' \dfrac{\langle k' \mid \Delta V \mid k \rangle}{E_k^0 - E_{k'}^0} \psi_{k'}^0(x)$ (5-35)

首先利用式(5-33)计算能量的一级修正：

$$E_k^{(1)} = \langle k \mid \Delta V \mid k \rangle = \int \psi_k^{0*} \Delta V \psi_k^0 \, dx = \int_0^L \psi_k^{0*} [V(x) - \bar{V}] \psi_k^0 \, dx$$

$$= \int_0^L \psi_k^{0*} V(x) \psi_k^0 \, dx - \int_0^L \psi_k^{0*} \bar{V} \psi_k^0 \, dx = \bar{V} - \bar{V} = 0$$

即能量的一级修正为零。根据式(5-34)继续计算能量二级修正：

$$\langle k' \mid \Delta V \mid k \rangle = \langle k' \mid V(x) - \bar{V} \mid k \rangle = \langle k' \mid V(x) \mid k \rangle = \int_0^L \psi_{k'}^{0*} V(x) \psi_k^0 \, dx$$

代入自由电子波函数表达式并按原胞划分，可得

$$\langle k' \mid \Delta V \mid k \rangle = \frac{1}{L} \int_0^L e^{-i(k'-k)x} V(x) \, dx = \frac{1}{Na} \sum_0^{N-1} \int_{na}^{(n+1)a} e^{-i(k'-k)x} V(x) \, dx$$

这里令 $x = \xi + na$，则 $V(x) = V(\xi + na) = V(\xi)$，因此有

$$\langle k' \mid \Delta V \mid k \rangle = \langle k' \mid V(x) \mid k \rangle = \frac{1}{Na} \sum_0^{N-1} e^{-i(k'-k)na} \int_0^a e^{-i(k'-k)\xi} V(\xi) \, d\xi$$

整理上式为

$$\langle k' \mid \Delta V \mid k \rangle = \left[\frac{1}{a} \int_0^a e^{-i(k'-k)\xi} V(\xi) \, d\xi \right] \frac{1}{N} \sum_0^{N-1} (e^{-i(k'-k)a})^n \tag{5-36}$$

下面分为两种情况讨论：

① 当 $k' - k = n \cdot \dfrac{2\pi}{a}$ 时，有 $\dfrac{1}{N} \sum_0^{N-1} (e^{-i(k'-k)a})^n = 1$，设

$$\langle k' \mid \Delta V \mid k \rangle = \left[\frac{1}{a} \int_0^a e^{-in \cdot \frac{2\pi}{a}\xi} V(\xi) \, d\xi \right] = V_n$$

所以能量二级修正为

$$E_k^{(2)} = \sum_{k'}{}' \frac{|\langle k' \mid \Delta V \mid k \rangle|^2}{E_k^0 - E_{k'}^0} = \sum_{k'}{}' \frac{|V_n|^2}{\dfrac{\hbar^2}{2m}\left[k^2 - \left(k + \dfrac{2\pi n}{a} \right)^2 \right]} \tag{5-37}$$

② $k'-k \neq n \cdot \dfrac{2\pi}{a}$ 时，有 $\dfrac{1}{N}\sum_{0}^{N-1}(\mathrm{e}^{-\mathrm{i}(k'-k)a})^{n} = \dfrac{1}{N}\dfrac{1-\mathrm{e}^{-\mathrm{i}(k'-k)Na}}{1-\mathrm{e}^{-\mathrm{i}(k'-k)a}} = 0$，则有

$$E_{k}^{(2)} = \sum_{k'}{}' \frac{|\langle k' \mid \Delta V \mid k \rangle|^{2}}{E_{k}^{0} - E_{k'}^{0}} = 0 \tag{5-38}$$

所以，在周期性势场中，能量二级修正后晶体中电子的能量本征值为

$$E_{k} = E_{k}^{(0)} + E_{k}^{(1)} + E_{k}^{(2)} = \frac{\hbar^{2}k^{2}}{2m} + \sum_{k'}{}' \frac{|V_{n}|^{2}}{\dfrac{\hbar^{2}}{2m}\left[k^{2} - \left(k + \dfrac{2\pi n}{a}\right)^{2}\right]} \tag{5-39}$$

进一步讨论式(5-39)的计算结果。

零级近似下，电子作为自由电子，其能量本征值 E_{k}^{0} 与 k 的关系曲线是抛物线，如图 5-8 中的虚线所示。在弱周期性势场的微扰作用下，能量本征值 E_{k} 与 k 的关系曲线在 $k = \pm\dfrac{n\pi}{a}$ 处断开，能量突变值为 $2|V_{n}|$，如图 5-8 中的实线所示。在能带断开的间隔内不存在允许的电子能级，称为禁带。禁带的位置及宽度取决于晶体的结构和势场的函数形式。

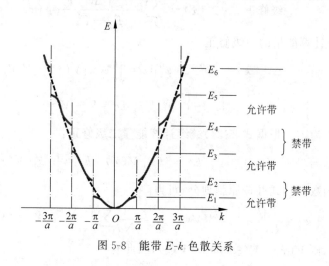

图 5-8　能带 E-k 色散关系

另外，对于波矢 $k = \dfrac{2n\pi}{Na}$ 而言，N 很大，k 很密集，可以认为 $E_{n}(k)$ 是 k 的准连续函数，这些准连续的能级被禁带隔开而形成一系列能带 $E_{1}, E_{2}, E_{3}, \cdots$。每个能带所对应的 k 的取值范围都是 $2\pi/a$，即一个倒格子原胞长度。所包含的量子态数目是 N，等于晶体中原胞的数目。

$E_{n}(k)$ 总体称为能带结构，这里 n 为能带编号，相邻两个能带 $E_{n}(k)$ 与 $E_{n+1}(k)$ 之间可以重叠或分开。如果是分开的情形，能带间出现没有能态分布的区域而产生带隙，即禁带。

函数 $E_{n}(k)$ 与 k 的关系图称为能带结构图。从能量角度来看，标志电子状态的波矢 k 在其空间中分割成不同区域，每个区域内电子能级 $E(k)$ 随波矢 k 准连续变化而构成一个能带。这样的区域称为布里渊区。后面将进一步讨论。

2. 紧束缚近似模型

非导体中的价电子和原子核结合紧密，不能看成是自由电子，电子受到原子势场的作用

强,电子基本上束缚在原子上,电子共有化运动状态也处于束缚状态,即认为价电子是受到紧密束缚的,电子运动受到相邻原子的弱作用看成是微扰。紧束缚理论的实质是把晶体中的电子运动简单看成是单原子近似,而把原子间相互作用影响看成是微扰。

如由 N 个相同的原子构成的晶体,各原子附近将有相同能量的束缚态波函数,在不考虑原子间相互作用时,应有 N 个类同的薛定谔方程和波函数。

某格点 $\boldsymbol{R}_n$ 附近的电子以原子束缚态 φ 绕该点运动,如图 5-9 所示。如考虑 0 级近似,则格点上的原子可看成是单原子问题,相应单原子的基态波函数 φ_s 和能量本征值 E_s 满足薛定谔方程:

$$\hat{H}_0 \varphi_s(\boldsymbol{r} - \boldsymbol{R}_n) = E_s \varphi_s(\boldsymbol{r} - \boldsymbol{R}_n) = E_s \mathrm{e}^{-\mathrm{i}\boldsymbol{k}\boldsymbol{R}_n} \varphi_s(\boldsymbol{r}) \tag{5-40}$$

即不考虑原子之间相互作用的条件下,晶体中的这些电子构成一个 N 重简并的系统。

实际晶体中的原子并不是完全孤立的,这里将其他原子势场的作用看成是微扰作用,这样系统的简并状态就会消除,形成由 N 个能级构成的能带。根据量子力学的微扰理论,考虑到微扰后,晶体中电子运动波函数应为 N 个原子轨道波函数的线性叠加,即用孤立原子的电子波函数的线性组合来构成晶体中电子共有化运动的波函数:

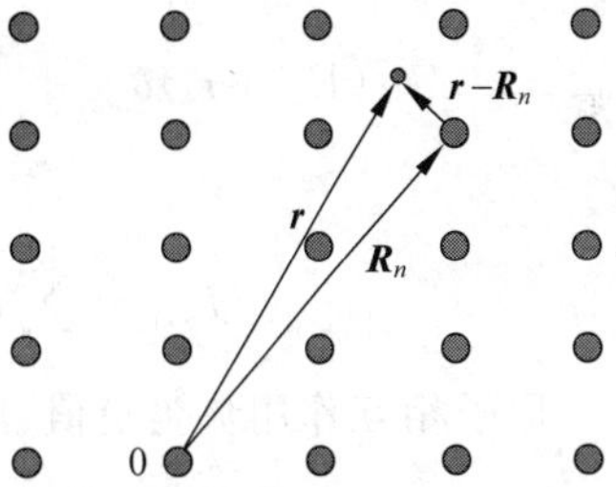

$$\psi_k(\boldsymbol{r}) = \sum_n C \mathrm{e}^{-\mathrm{i}\boldsymbol{k}\cdot\boldsymbol{R}_n} \varphi(\boldsymbol{r} - \boldsymbol{R}_n) \tag{5-41}$$

图 5-9　紧束缚近似下格点

波函数应满足布洛赫定理:

$$\psi_k(\boldsymbol{r}) = C \mathrm{e}^{\mathrm{i}\boldsymbol{k}\cdot\boldsymbol{r}} \sum_n \mathrm{e}^{-\mathrm{i}\boldsymbol{k}\cdot(\boldsymbol{r}-\boldsymbol{R}_n)} \varphi(\boldsymbol{r} - \boldsymbol{R}_n) = C \mathrm{e}^{\mathrm{i}\boldsymbol{k}\cdot\boldsymbol{r}} u_k(\boldsymbol{r}) \tag{5-42}$$

这里,$u_k(\boldsymbol{r}) = \sum_n \mathrm{e}^{-\mathrm{i}\boldsymbol{k}\cdot\boldsymbol{R}_n} \varphi(\boldsymbol{r} - \boldsymbol{R}_n) = u_k(\boldsymbol{r} - \boldsymbol{R}_n)$。

原子间的相互作用看成是微扰,晶体中任一处电子势场 $U(\boldsymbol{r})$ 为所有格点作用的叠加且具有周期性:

$$U(\boldsymbol{r}) = \sum_n V(\boldsymbol{r} - \boldsymbol{R}_n) = U(\boldsymbol{r} + \boldsymbol{R}_m) \tag{5-43}$$

任一处电子势场相对于单原子势场 $V(\boldsymbol{r})$ 的变化量为

$$\Delta V = U(\boldsymbol{r} - \boldsymbol{R}_m) - V(\boldsymbol{r}) \tag{5-44}$$

其中,ΔV 是晶体中电子哈密顿量的微扰量 $\hat{H}'$,相当于紧束缚条件下格点上原子相对于孤立原子势场的变化。

晶体中电子运动的薛定谔方程为

$$(\hat{H}_0 + \hat{H}')\psi = E\psi \quad \text{或} \quad \left[-\frac{\hbar^2}{2m_e}\nabla^2 + U(\boldsymbol{r})\right]\psi(\boldsymbol{r}) = E\psi(\boldsymbol{r}) \tag{5-45}$$

式(5-45)可改写为

$$\left[-\frac{\hbar^2}{2m_e}\nabla^2 + V(\boldsymbol{r} - \boldsymbol{R}_n) + U(\boldsymbol{r}) - V(\boldsymbol{r} - \boldsymbol{R}_n)\right]\psi(\boldsymbol{r}) = E\psi(\boldsymbol{r}), \quad \text{或}$$

$$\left[-\frac{\hbar^2}{2m_e}\nabla^2 + V(\boldsymbol{r} - \boldsymbol{R}_n) + \Delta V(\boldsymbol{r}) - E\right]\psi(\boldsymbol{r}) = 0 \tag{5-46}$$

将函数表达式(5-41)代入,有

$$\sum_n e^{ik\cdot R_n}\left[\hat{H}_0 - E + \Delta V(r)\varphi(r-R_n)\right]=0 \tag{5-47}$$

其中,$\hat{H}_0 = -\dfrac{\hbar^2}{2m_e}\nabla^2 + V(r-R_n)$ 为 0 级近似下格点 R_n 处的哈密顿算子。在紧束缚近似作用下,可认为原子间距较大,不同原子的波函数重叠很小。0 级近似下,不同格点原子间相互独立,即 0 级近似下波函数间没有相互作用,或者说本征函数相互正交。故

$$\int \varphi(r-R_n)\varphi(r-R_m) = \delta_{mn} \tag{5-48}$$

式(5-47)左乘 $\varphi^*(r-R_m)$ 并对整个晶体积分,得

$$e^{ik\cdot R_m}(E_s - E)\delta_{mn} + \sum_n e^{ik\cdot R_n}\int \varphi_s^*(r-R_m)\Delta V\varphi_s(r-R_n)d\tau = 0$$

即

$$(E_s - E)\delta_{mn} + \sum_n e^{ik\cdot(R_n-R_m)}\int \varphi_s^*(r-R_m)\Delta V\varphi_s(r-R_n)d\tau = 0 \tag{5-49}$$

取

$$J_{mn} = \sum_n e^{ik\cdot(R_n-R_m)}\int \varphi_s^*(r-R_m)\Delta V\varphi_s(r-R_n)d\tau \tag{5-50}$$

原子相互作用势为负值,所以积分应为负值,这样,

$$E(k) = E_s - J_{mm} - \sum_{m\neq n}J_{mn} = E_s - \beta - \gamma\sum_{m\neq n}e^{ik\cdot(R_n-R_m)} \tag{5-51}$$

其中,$\gamma = \int \varphi_s^*(r-R_m)\Delta V\varphi_s(r-R_n)d\tau$;$J_{mn}$ 表示相距为 R_n-R_m 两个格点上波函数的重叠积分,依赖于 $\varphi_s(r-R_m)$ 与 $\varphi_s(r-R_n)$ 的重叠程度。同一波函数自身完全重叠,即 J_{mm} 最大,其次是最近邻格点的波函数的重叠积分(相邻原子电子云交叠)。较远格点的积分甚小,可忽略不计,所以计算中一般只考虑近邻原子。不同原子态所对应的 J_{mn} 和 J_{mm} 不同。近邻原子波函数重叠越多,则 J_{mn} 值越大,能带越宽。配位数越大,则波函数重叠程度越大,能带越宽;反之能带越窄。

如简立方结构晶格,0 级近似下孤立原子处于 s 态,波函数是球对称。一个原子有 6 个近邻原子,坐标分别为 $(a,0,0)$,$(0,a,0)$,$(0,0,a)$,$(-a,0,0)$,$(0,-a,0)$,$(0,0,-a)$。电子的能量为

$$E_s(k) = E_s - \beta - \gamma\sum_n^{近邻}e^{ik(R_n-R_m)}$$
$$= E_s - \beta - \gamma(e^{ik_xa} + e^{ik_xa} + e^{ik_ya} + e^{ik_ya} + e^{ik_za} + e^{ik_za})$$
$$= E_s - \beta - 2\gamma(\cos k_xa + \cos k_ya + \cos k_za)$$

能量的最小值为 $E_s-\beta-6\gamma$,极小值点在布里渊区中心点 $k_x=k_y=k_z=0$ 处;能量的最大值为 $E_s-\beta+6\gamma$,极大值点在 $k_x=k_y=k_z=\pm\pi/a$ 处,对应于简立方晶格简约布里渊区的 8 个顶角处。能带的宽度为 12γ。

5.4 布里渊区和能带

周期性势场中,近自由电子近似的电子运动波函数与自由电子波函数相似,但波函数的

振幅 $u(r)$ 随 r 作周期性变化,其变化周期与晶格周期相同。所以说,晶体中的电子运动看成是以一个被周期性调幅的平面波在晶体中传播。根据波函数的意义,自由电子在空间各点波函数的强度相等,在空间各点找到电子的概率相同,这反映出电子在空间中的自由运动特征。在晶体中波函数的强度周期性变化,所以在晶体中各点找到电子的概率也具有周期性变化性质。这反映出电子不再完全束缚在某一个原子上,而是在整个晶体中运动,即电子在晶体内的共有化运动。因晶体中原子外层电子共有化运动较强,其行为与自由电子相似,常称为准自由电子。相对地,内层电子的共有化运动较弱,其行为与孤立原子的电子相似。另外,布洛赫波函数中的波矢 k 与自由电子波函数中的意义一样,它描述晶体中电子共有化运动的状态,不同的 k 标志着不同的共有化运动状态。

自由电子运动能量本征值 $E(k)$ 和 k 为连续的抛物线关系,电子处在不同的 k 状态,具有不同的能量 E,如图 5-10(a)中粗虚线所示。晶体周期性势场中,电子 $E(k)$ 和 k 的关系在 $k=n\pi/a$ 处能量不连续(n 为整数),形成一系列允带和禁带,如图 5-10(a)中实线所示。而布里渊区对应于不同的允带,禁带出现在边界上。

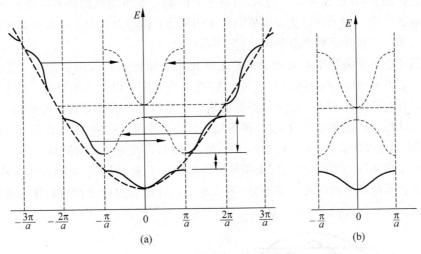

图 5-10　周期性势场中电子能量
(a) 能带 E-k 关系;(b) 第一布里渊区

第一布里渊区：$-\dfrac{\pi}{a}<k<\dfrac{\pi}{a}$;

第二布里渊区：$-\dfrac{2\pi}{a}<k<-\dfrac{\pi}{a},\dfrac{\pi}{a}<k<\dfrac{2\pi}{a}$;

以此类推,确定不同布里渊区边界。

根据能量表达式 $E(k)=E\left(k+\dfrac{2n\pi}{a}\right)$,$E$ 为 k 的多值函数,也是晶格的周期性函数,k

和 $k+n/a$ 表示相同的能量态。前面我们了解到,能量 $E(k)=E\left(k+\dfrac{2n\pi}{a}\right)$ 具有周期性,波

矢量 k 取值限定在 $(-\pi/a,\pi/a)$ 区间范围就可以得到所有的能量状态,此范围即第一布里渊区或简约布里渊区。所以,如仅从能量状态考虑晶体中电子的问题,可以把所有的电子放在第一布里渊区讨论。常称这一区域为简约布里渊区,这一区域内的波矢为简约波矢,如

图 5-10(b)所示。

对于有限的晶体,尚需考虑边界条件。根据周期性边界条件,可以得出波矢量只能取分立的数值。对边长为 L 的立方晶体,波矢分量取值为

$$k_i = \frac{n_i \pi}{L}, \quad i = x, y, z$$

波矢具有量子数的作用,它描述晶体中电子共有化运动的量子态。每一个布里渊区中有 N 个状态,或每一能带共有 N 个能级,这里 N 为晶体的固体物理学原胞数。由于 k 值是分立的,所以布里渊区中的能级是准连续的。因为每个能级可以容纳自旋相反的两个电子,所以每个能带可容纳 $2N$ 个电子。

一维、二维情况下,布里渊区的边界正好是倒空间中倒格矢的垂直平分线组成的区间,三维晶体的布里渊区边界划分是倒空间中倒格矢的垂直中分面所组成的空间大小:$k_i = \pm \frac{\pi}{a}, i = x, y, z$ 组成第一布里渊区边界;第一布里渊区边界和 $k_i = \pm \frac{2\pi}{a}, i = x, y, z$ 构成第二布里渊区边界,并以此类推。例如,简单立方的第一布里渊区的边界围成一个立方体;面心立方晶体的第一布里渊区边界围成一个十四面体;体心立方的第一布里渊区围成一个十二面体。第二布里渊区就更复杂了,这里不再讨论。

假定晶体中电子将根据系统能量最小的原则由能量低的能级向能量高的能级依次填充。对于一定的 k,考虑 k 空间为中心对称性,在 k 空间中可以画出等能面。二维情况下则为等能线,如图 5-11(a)所示。能量低的等能线 1、2 是以倒空间原点为中心的圆,三维情况下等能面为球形。低能量范围内,波矢离布里渊区边界较远,这些电子与自由电子的行为相同,不受点阵周期场的影响,各方向上的 E-k 关系相同,表现为中心对称性。当 k 值增加到等能线接近布里渊区边界时,受点阵周期场的影响逐渐显著,圆形等能面发生变化。例如,等能线 4、5 表示与布里渊区的边界相交,处于布里渊区角顶的 Q 点能级是第一布里渊区中能量最高处。

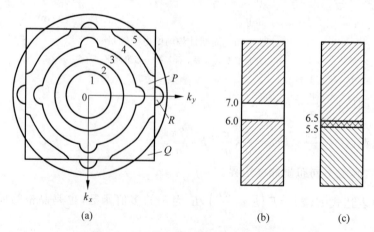

图 5-11 二维 k 空间布里渊区与能隙
(a) 二维结构的等能线;(b) 有能隙的能带;(c) 没有能隙的能带

在布里渊区边界上能量往往是不连续的,等能面不能穿过布里渊区边界,在布里渊区边界有能隙出现,能隙大小表示禁带宽度。当然,晶体不一定有禁带存在。例如图 5-11(a)中,

如果在 k 空间[01]方向(k_x 方向)第一布里渊区最高能级 P 点为 4eV,而第二布里渊区最低能级 R 点为 7eV,这个方向的能隙为 3eV。如果第一布里渊区最高能级 Q 点在[11]方向为 6eV,在这种情况下,如图 5-11(b)所示,第一、第二区能级完全分开,该方向有能隙,禁带宽度为 1eV。如果 R 点能级为 5.5eV,材料在[01](k_y 方向)方向的能隙为 1.5eV。而考虑第一区最高能量 6eV 比第二区最低能量 5.5eV 高,两区能级出现交叠,则不存在能隙,如图 5-11(c)所示。

布里渊区理论在材料物理中有重要意义,不仅可以根据禁带结构划分材料的分类,在半导体理论、器件物理和薄膜物理等重要分支领域都有重要应用。

5.5　导体、半导体和绝缘体

材料按其导电性可分为导体、半导体和绝缘体。根据能带结构理论,固体导电性能的高低是由电子填充能带的情况决定的。固体中的电子在外电场作用下作定向运动而导电,由于电场力对电子的加速作用,使电子的运动速度和能量都发生了变化,即电子与外电场间发生能量交换。从能带理论来看,电子的能量变化,就是电子从一个能级跃迁到另一个能级。满带中的能级已为电子所占满,在外电场作用下,满带中的电子并不形成电流,对导电没有贡献。通常原子中的内层电子都是满带的,因而内层电子对导电没有贡献。对于部分占满的能带,在外电场作用下,电子可从外电场中吸收能量跃迁到未被电子占据的能级,形成电流,起导电作用。

金属中,组成金属的原子价电子占据的能带是半满的,或是满带但能带间不存在禁带,如图 5-12(a)所示。金属是良导体,是由于电子在外电场中很容易获得能量,从低能级跃迁到高能级。大量的电子获得能量而产生能级跃迁,在外电场中作定向运动而形成电流。从能带理论看,费米能级在布里渊区内,即能带被部分填充,能带中能量较低的能级被占有,能量较高的能级是空的。能带中,波矢为 k 和 $-k$ 的电子能量相同,运动方向相反,速度绝对值相等。在未加外场时,电子的填充状态在空间中对称分布,费米面是以原点为中心对称的实心球,电子在晶体内自由运动不会产生电流。如果沿 x 负方向施加一个电场,则处于不同状态的电子被电场加速,相当于费米面向 x 方向平移 Δk,如图 5-12(b)所示。这种情况下,波数接近 k_x 的电子在 x 方向的运动就能产生电流,这些电子没有相应的反向运动的电子与之抵消。费米球对原点不对称,如图 5-12(c)中虚线圆所示。这表明,只有能量在费米能级附近的电子才能够成为载流子,具有这种能带结构的固体是导体。

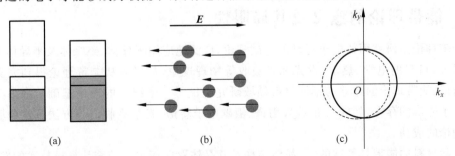

图 5-12　金属的能带结构(a),在外电场中电流动形成示意图(b)和外电场中费米球变化(c)

例如碱金属(如 Li、K、Na 等)和贵金属(如 Au、Ag 等)每个原胞只含一个原子,有一个价电子。当 N 个这类原子结合成固体时,N 个电子就占据着能带中 N 个能量低的量子态;其余 N 个能量较高的量子态则是空的,即能带是半满的(每个能带可容纳 $2N$ 个电子)。因此,所有碱金属、贵金属晶体都是导体。金刚石、硅和锗的原胞含有两个四价原子,每个原胞含有八个价电子,正好填满价电子所形成的能带。所以,这些纯净的晶体在 $T=0K$ 时是绝缘体。一般地,若晶体的原胞含有奇数个价电子,这种晶体必是导体。原胞含有偶数个价电子的晶体,如果能带交叠,则是导体或半金属;如果能带没有交叠,禁带窄的就是半导体,禁带宽的则是绝缘体。能级不重叠的两个带,第一区是满带,第二区是空带。如果禁带比较宽,即使受到外电场作用,第一区电子在布里渊区边界遇到高能量势垒,难以进入高能级的第二区。费米面不能发生位移,费米分布仍对原点中心对称,没有电流产生。具有这种能带结构的固体是绝缘体,如金刚石等。

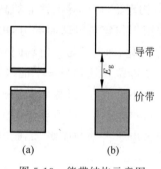

图 5-13 能带结构示意图
(a) 半导体;(b) 绝缘体

绝缘体和半导体的能带结构类似,如图 5-13 所示。绝对零度时,下面能级已被价电子占满。根据元素的不同,下面还有内层电子占满的若干个满带,而价电子占据的能量最高能带,称为价带,上面是空能带,两者之间为禁带。对禁带宽度较小的半导体材料而言,其禁带宽度较小,一般小于 2eV。当外界条件改变时,如温度升高或有光照等条件下,满带中有少量电子容易得到能量而被激发到上面的空带中去,空能带底部就有少量电子,在外电场作用下,这些电子将在外电场中作定向运动而参与导电,此能带称为导带。同时满带中因电子跃迁而少了一些电子,在满带顶部附近出现一些空的量子态,满带变成了部分占满的能带,在外电场的作用下,仍留在满带中的电子也能够起导电作用。满带电子的这种导电作用可等效地看成是带正电荷的空量子状态所产生的导电作用,常把这些想象的带正电荷的空量子状态称为空穴。所以在半导体中,导带的电子和价带的空穴均参与导电,这是半导体和金属导体的最大差别。半导体禁带宽度比较小,例如,硅的禁带宽度为 1.12eV、锗为 0.67eV、GaAs 为 1.43eV,它们都是半导体。

绝缘体的禁带宽度很大,一般大于 3eV,则激发电子需要很大能量。在通常温度下,能激发到导带的电子极少,所以导电性很差。这是绝缘体和半导体的主要区别。例如,金刚石的禁带宽度为 6~7eV,是绝缘体。

5.6 能带理论的意义及其局限性

能带理论是研究固体电子运动的基础理论,广泛地应用于导体、绝缘体及半导体物理性能的研究,材料的电学、热学、发光和光吸收等物理现象,都可以从能带理论得到完美的解释。所以,能带理论的建立为不同材料领域研究提供了一个统一的理论基础。许多实验已证实电子能带的存在,如软 X 射线发射谱、俄歇电子能谱、光学吸收谱等方法都实验验证了能带理论的成功。

实际材料的能带是复杂的,与晶体结构及其晶体取向相关。随着计算机技术的发展,现代计算材料学就是通过运用量子力学原理,根据原子核和电子相互作用的原理及其基本运动规律,从具体结构出发,经过一些近似处理后直接求解薛定谔方程,这样的算法一般称为第一性原理(first principle)。第一性原理计算分析在材料的各研究领域应用已经非常普遍。第一原理商业软件计算分析给出三个重要方面的结果是关于电荷密度、能带结构和态密度的,由此分析和预测材料的不同性能。

　　然而,能带理论毕竟还是一种近似理论。例如,近自由电子近似的理论基础是单电子理论,其将本来相互关联运动的电子看成是在一平均势场中彼此独立运动的粒子。正是由于能带理论不是一个精确的理论,在应用中就必然存在局限性。根据能带理论的分析,每个原胞含有奇数个电子的晶体是导体。随着晶体中原子间距的增大,原子间波函数的重叠变小,能带变窄,电子的有效质量增加,电导率随晶格常数的变大而逐渐下降。但有些特殊情况下并不如此。例如,钠金属晶体的 $3s$ 电子形成的能带是半满的,所以钠金属是导体;如使钠晶体膨胀,增大晶格常数 a,则其电导率逐渐下降;但当 a 达到或超过某一临界值 a_c 时,电导率突然下降为零,成为绝缘体。这种在晶格常数足够大时导体成为绝缘体的现象称作金属-绝缘体转变。能带理论无法解释这种转变,能带理论也难以解释过渡金属化合物的导电性。例如,氧化锰晶体的每个原胞都含有一个锰原子和一个氧原子,因而共有五个锰的 $3d$ 电子及两个氧的 $2p$ 电子,按能带理论分析,$2p$ 带应是全满的,$3d$ 带是半满的,氧化锰晶体应该是导体。实际上,这种晶体是绝缘体。又如后面的章节中谈到的超导电性,也无法用单电子近似能带理论去解释。

第6章

材料的电学特性

本章导读:

理解固体的导电性不仅与外加电场、温度等外在条件相关,还与固体的结构相关,这是因为电子的运动受到结构的散射作用。

掌握能带理论概念,认识材料导电强弱的本质,能带结构影响导电载流子在外场中的分布和运动状态,以及金属、半导体和绝缘体的电性能各有其自身的特点。

了解金属的导电性与成分、组织结构密切相关,绝缘体作为介电质的电性与极化相关,以及超导体电性的特点和基本理论。

6.1 材料电学性能概述

导电性是材料的基本物理性能之一,导电材料、电阻材料、电热材料、半导体材料、超导材料以及绝缘材料等都是以它们的电学性能为特点,广泛应用于不同领域。此外,所有材料都具有一定的电学特性,各类材料的制造及使用中都需了解其电学性能。总而言之,各种物质都具有一定的电学特性,通过电学性质的研究,可以探讨物质的结构与变化等,掌握物质内在的规律,丰富理论认识。

6.1.1 材料的导电类型

固体材料按其导电性或电阻率的大小可分为绝缘体、半导体、导体和超导体。在室温下导体的电阻率小于 $10^{-2}\,\Omega\cdot\text{cm}$,半导体的电阻率为 $10^{-3}\sim10^{9}\,\Omega\cdot\text{cm}$,绝缘体的电阻率大于 $10^{10}\,\Omega\cdot\text{cm}$,超导体在低温超导态下电阻率接近于零。

众所周知,电流是电荷定向移动的结果,或者说带电粒子定向运输过程构成电流。而电荷的载体或带电粒子有电子、空穴、正离子和负离子,一般统称为载流子。根据材料的结构和成分,同一固体中可能有一种或数种载流子参与导电,表征一种载流子对材料导电性的贡献大小一般用运输数(transference number)或迁移数 t_x 表示:

$$t_x = \frac{\sigma_x}{\sigma} \tag{6-1}$$

其中,σ 和 σ_x 分别为材料中所有载流子运输构成的总电导率和由某一种载流子运输构成的电导率。这里分别用 t_e、t_h、t_i^+、t_i^- 表示电子、空穴、正离子和负离子的迁移数。例如,固体中导电粒子基本以离子为主,$t_i > 0.99$,称为离子导电体;$t_i < 0.99$,称为混合导电体;固体以电子或空穴导电为主,称为电子类导电体。许多化合物及溶液为离子导电体或是混合导电体,而金属和半导体都是电子导电体。

6.1.2　电导率

表征材料导电性能优劣的主要参数是材料的电导率或电阻率大小。根据电流密度概念,电流密度 J 是指通过垂直于电流方向单位面积的电流,即

$$J = \frac{I}{s} \tag{6-2}$$

其中,I 和 s 分别为通过电流和垂直于电流方向的固体截面积。而导体的电阻 R 为

$$R = \rho \frac{L}{s} \tag{6-3}$$

其中,L 为导电体长度,ρ 为电阻率。电阻率的单位为 $\Omega \cdot m$ 或 $\Omega \cdot cm$。在电场中,载流子作定向运动电流密度和电导率 σ、电场 E 的关系为

$$J = \sigma E \tag{6-4}$$

电导率为电阻率的倒数:

$$\sigma = \frac{1}{\rho} \tag{6-5}$$

电导率 σ 的单位是西门子每米($S \cdot m^{-1}$)。

在工程技术上,材料的电阻率常用单位为 $\Omega \cdot mm^2 \cdot m^{-1}$,电导率常用相对电导率(IACS%)表示。国际标准将纯软铜在室温下的电导率($20℃$,$\rho = 0.017\,24\,\Omega \cdot mm^2 \cdot m^{-1}$)作为 100%,其他材料的电导率与之相比的百分数定义为该材料的相对电导率大小,例如,Fe 的相对电导率为 IACS17%,Al 为 IACS65%。

运动中的载流子会不断地与热振动晶格原子以及杂质原子或其他缺陷结构发生作用或碰撞,碰撞后载流子速度的大小及方向会发生改变。从波的概念理解,电子波在半导体中传播时遭到了散射。所以,载流子在运动中,由于不断地遭到散射,载流子速度大小及方向不断地改变着,载流子无规则热运动正是不断地遭受到散射的结果。所谓自由载流子,实际上只在两次散射之间才真正是自由运动的。连续两次散射之间自由运动的平均路程称为平均自由程,相应的平均时间称为平均自由时间。载流子在外电场作用下的实际运动轨迹是无规则热运动和电场力作用下的漂移运动叠加,在外电场中定向的漂移运动形成了电流。

如已知材料中载流子的密度 n 和平均漂移运动速度 $\bar{v}$,则电流密度为

$$J = nq\bar{v} \tag{6-6}$$

不同的材料和不同的应用领域,对材料的电学性能会提出不同的要求。本章分别介绍不同类型导电材料的导电行为,以及与电性能相关的功能材料。

6.2　固体材料的导电机制

根据量子理论,晶体中电子的运动相当于电子在周期性势场中运动,而电子运动规律用

布洛赫波表达。下面把固体中的电子看成是近自由电子这一最简单情形,来讨论导电性的物理机制。

自由电子近似简单地认为电子处于球对称动量空间 $\boldsymbol{k}(k_x, k_y, k_z)$ 中,电子占据能级服从泡利不相容原理并遵循费米统计规律。如单位体积有 $N(E)$ 个导电电子,而 dE 范围内能量态数量 dZ,能态密度 $g(E) = \dfrac{dZ}{dE}$,则某一能量为 E 的一个量子态被一个电子占据的概率服从费米-狄拉克分布规律:

$$\frac{N(E)}{g(E)} = f_{(E)} = \frac{1}{\exp\left(\dfrac{E - E_F}{k_B T}\right) + 1} \tag{6-7}$$

其中,$f_{(E)}$ 是描述热平衡状态下,电子在允许的量子态上的统计分布规律。式中的 E_F 称为费米能级或费米能量,是一个很重要的物理参数,与温度、材料、杂质含量以及能量零点的选取有关。在一定温度下,只要知道 E_F 的数值,电子在各量子态上的统计分布就完全确定下来。

费米能级 E_F 可以由能带内所有量子态中被电子占据的量子态数应等于电子总数 N 这一条件来确定:

$$\sum_i f_{(E_i)} = N \tag{6-8}$$

将固体中大量电子的集体看成一个热力学系统。统计理论证明,费米能级是系统的化学势,即

$$E_F = \mu = \left(\frac{\partial F}{\partial N}\right)_T \tag{6-9}$$

电子体系费米能级 E_F 的特点及其随能量分布规律可直观地用图 5-5(a) 表示。

自由电子近似认为电子处于球对称的动量空间 $\boldsymbol{k}(k_x, k_y, k_z)$ 中,这个动量空间球称为费米球。费米球表面称为费米面,费米面能级被电子占据的概率为 50%,费米面上的电子能量称为费米能。由第 5 章可知,热激发会引起分布概率变化,电子能量 E 变化应在 $k_B T$ 范围内,即产生热激发或状态发生改变的电子是在费米能级 E_F 附近的电子。

如果不存在外加电场,则电子作各向同性运动,运动速度在各方向分布相同,没有电流流动。如在 x 方向施加一个电场,则电子的速度分布应该偏向 x 方向,有净电流流动。设施加电场前后电子的分布函数分别为 f_0 和 f,则

$$\frac{\partial f}{\partial t} = -\frac{f - f_0}{\tau} \tag{6-10}$$

上式称为稳定状态下玻尔兹曼方程。此式表示一种弛豫过程,它表明如果将外场取消,分布函数将逐渐恢复到平衡分布函数。从非平衡态逐渐恢复到平衡态的过程称为弛豫过程,τ 称为弛豫时间,是电子运动过程中两次散射之间的平均时间。

电子在弛豫时间 τ 内是自由运动的,在外加电场作用下,电子 $\boldsymbol{k}$ 状态不断地改变,经过 τ 时间,波矢为 $\boldsymbol{k}$ 处的电子是由 $\boldsymbol{k} - \tau d\boldsymbol{k}/dt$ 处加速而来,因而

$$f(\boldsymbol{k}, \tau) = f_0\left(\boldsymbol{k} - \frac{d\boldsymbol{k}}{dt}\tau\right) \tag{6-11}$$

稳定状态下,短时间内分布函数变化不明显,所以

$$f(\boldsymbol{k},\tau)=f_0(\boldsymbol{k},\tau)-\tau\frac{\mathrm{d}\boldsymbol{k}}{\mathrm{d}t}\nabla_k f_0 \tag{6-12}$$

$$\nabla_k f=\nabla_k f_0 \tag{6-13}$$

外加电场中波矢量变化率为

$$\frac{\mathrm{d}\boldsymbol{k}}{\mathrm{d}t}=-\frac{q\boldsymbol{E}}{\hbar} \tag{6-14}$$

考虑 $2f\mathrm{d}k=\mathrm{d}n$，外电场引起的电子定向运动构成的电流密度为

$$J=\int q\boldsymbol{v}\mathrm{d}n=-2\int q\boldsymbol{v}f\mathrm{d}k=-2q\int\left(f_0+\frac{\partial f}{\partial t}\tau\right)\boldsymbol{v}\mathrm{d}k \tag{6-15}$$

由于 f_0 只和 E 相关，且是 k 的偶函数，而速度 $\boldsymbol{v}$ 是 $\boldsymbol{k}$ 的奇函数，所以

$$\int f_0\boldsymbol{v}\mathrm{d}k=0 \tag{6-16}$$

即平衡态下电流为零。由式(6-12)及式(6-14)，

$$f-f_0=\frac{\partial f}{\partial t}\tau=-\tau\frac{\mathrm{d}\boldsymbol{k}}{\mathrm{d}t}\nabla_k f=\frac{\tau q\boldsymbol{E}}{\hbar}\nabla_k f_0=\frac{\tau q\boldsymbol{E}}{\hbar}\frac{\partial f_0}{\partial E}\frac{\mathrm{d}E}{\mathrm{d}k}=q\tau\boldsymbol{v}\boldsymbol{E}\frac{\partial f_0}{\partial E}$$

由式(6-15)，电流密度为

$$\boldsymbol{J}=-2q^2\int\frac{\partial f_0}{\partial E}\tau\boldsymbol{v}^2\boldsymbol{E}\mathrm{d}k=\sigma\boldsymbol{E} \tag{6-17}$$

考虑等能面为球对称简单情况下，$\mathrm{d}n=f\cdot4\pi k^2\mathrm{d}k$，$E=\dfrac{\hbar^2 k^2}{2m_n^*}$。

由于

$$\frac{\int f_0\boldsymbol{v}^2\mathrm{d}k}{\int f_0\mathrm{d}k}=\frac{\int\boldsymbol{v}^2\mathrm{d}n}{\int\mathrm{d}n}=\frac{3k_0 T}{m_n^*}$$

考虑电场和电流沿 x 方向，式(6-17)可得

$$\sigma=\frac{J_x}{E_x}=-2q^2\int\frac{\partial f_0}{\partial E}\tau v_x^2\mathrm{d}k$$

由于 $\dfrac{\partial f_0}{\partial E}=\dfrac{f_0}{k_0 T}$，$v^2=\dfrac{2E}{m_n^*}$，近似认为 $v_x^2=\dfrac{1}{3}v^2$，故

$$\sigma=\frac{2}{3}q^2\int\frac{f_0}{k^2 T}\tau v^2\mathrm{d}k=\frac{1}{3k_0 T}q^2\int\tau\boldsymbol{v}^2\mathrm{d}n=\frac{nq^2}{m_n^*}\bar{\tau}=\frac{nq^2 l}{m_n^*\bar{v}} \tag{6-18}$$

其中，l 为平均自由程，$\bar{v}$ 为电子运动平均速度。

许多导体材料具有复杂电子结构，$E\text{-}k$ 关系并不是简单球对称关系，其导电性需根据能带理论进一步处理。金属、绝缘体和半导体因其能带结构的差异，其导电性能各有其特点。下面分别讨论导体金属和绝缘体，半导体将在第7章介绍。

6.3　金属的电学性能

一般来说，金属具有良好的导电性能。金属材料的电学性能依其成分、原子结构、能带结构、组织状态而改变。外界因素(如温度、压力、形变、热处理等)通过改变金属材料内部结

构或组织状态而影响其电学性能。本节将介绍金属材料电学性能的一些重要规律。

6.3.1 导体的导电机制

金属具有优良的导电性和导热性,是由于金属中存在着大量自由运动的电子。室温下电阻率低,一般纯金属在 $10^{-5}\Omega\cdot cm$ 数量级;高温条件下(德拜温度以上)金属电阻随温度成正比上升。

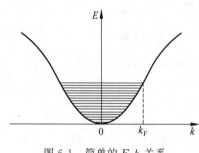

图 6-1 简单的 $E\text{-}k$ 关系

从理论上来说明,金属的能带结构特点是具有部分填充的布里渊区,即能带中能量较低的能级中有电子,能量较高的能级是空的,具有如图 6-1 所示的简单能量关系。如果施加外电场,则能量接近费米能 E_F 的电子受到电场加速成为载流电子而产生电流。如果布里渊区几乎是空的,则只有很少电子起到载流作用,因电导率与载流子密度成正比,所以电导率不高。如果布里渊区接近填满电子,则由于布里渊区边界附近的能级密度低,有效载流子密度低,所以其电导率也是低的。如果布里渊区有较多的电子,则费米面附近的状态密度也高,载流的电子数多,电导率高。如第一布里渊区完全填满电子,且与第二布里渊区之间有禁带相隔,则有效载流子密度为零,电导率也为零。依据上述原则,不同元素具有不同的能带结构,因电子填充情况不同,有不同的导电性能。例如,ⅠB 族的 Cu、Ag、Au,ⅡB 族的 Al 和ⅠA 族元素的布里渊区填充一半,是良导体。二价的碱土族金属的第一布里渊区几乎是填满的,进入第二区的电子又很少,因此导电性较差。过渡族金属具有较低电导率的原因则比较复杂,能带交叠,内层没有填满电子,电子遭到散射概率大,电导率较低,电阻高。

6.3.2 金属电导率的影响因素

从导电定律关系式(6-18)可知,电子有效质量和有效导电电子密度取决于金属的晶体结构及能带结构,而电子自由运行时间或电子平均自由程则取决于在外电场作用下电子波所受到的散射。电子波在金属中所受到的散射可用散射系数来表达,散射系数来源于两方面:一是与温度相关的晶格振动所造成的散射 P_i,二是与温度无关的各种缺陷及杂质所造成的散射 P_d。总的散射系数为

$$P = P_i + P_d \tag{6-19}$$

相应电阻率为

$$\rho = \rho_i + \rho_d \tag{6-20}$$

温度升高,晶格振动加剧,晶格和缺陷散射增强,都会引起电阻率的增大。

1. 温度对金属电阻的影响

温度对金属电阻的影响是:温度引起的晶格热振动对电子波散射加剧,使电阻率随温度升高而增加。当晶体结构完整时,绝对零度下,不存在由温度导致的晶格热振动所造成的散射,因此电阻率为零。高温下,由于电子的平均自由程与晶格振动振幅均方 $\langle A^2 \rangle$ 成反比,随温度线性增加,因此,纯金属的电阻率与温度的关系可用下式表述:

$$\rho_t = \rho_0(1 + \alpha T) \tag{6-21}$$

其中，ρ_0 是 0K 下的基本电阻率或剩余电阻率，α 为电阻温度系数。纯金属的 α 约为 4×10^{-3}，过渡族金属和铁磁性金属的 α 较高，约为 6×10^{-3}。

金属电阻率在不同的温度范围与温度的关系是不同的。其特征表现为接近 0K 的极低温度下，电阻率和 T^2 成比例。此时晶格振动很弱，对电子的散射主要由缺陷决定；相对低温（$T<\theta_E$）条件下，电子和晶格交换能量，以声子散射为主，电子散射概率和 T^3 成比例，所以电阻率与 T^5 成正比；相对高温（$T>\theta_E$）条件下，由能量均分原理可知，热平衡状态下的谐振能量 $3/2kT$，其中势能为 $3/4kT$。设晶格振幅为 A，$\langle A^2 \rangle$ 是振幅的均方值，则

$$\frac{1}{2}m\omega^2\langle A^2\rangle = \frac{1}{2}m4\pi^2\nu^2\langle A^2\rangle = \frac{3}{4}kT \tag{6-22}$$

其中，m 是原子质量。基于爱因斯坦近似，原子的振动频率称为 ν_E，$h\nu_E=k\theta_E$。有

$$\langle A^2\rangle = \frac{3}{8m\pi^2\nu_E^2}kT \propto T \tag{6-23}$$

即电子散射面积和温度成正比。考虑电子运动平均自由程和散射的截面积成反比，可以认为电阻率与原子热振动引起散射的截面积 $\langle A^2\rangle$ 成正比，故

$$\rho \propto \langle A^2\rangle \propto T \tag{6-24}$$

即高温下（$T>\theta_E$），电阻率和温度成正比。对于非过渡族金属，电阻率与 T 成线性关系；但对于 IV 族（Ti、Zr、Hf）、V 族（V、Ta、Nb）过渡金属，电阻率随温度变化比线性慢些，对于 VI 族（Cr、W、Mo）过渡族金属，电阻率则比线性快些。对于铁磁性金属，在居里点以下，电阻率与 T 的关系偏离线性更为显著，这一反常现象与自发磁化相关。

2. 金属中的缺陷对导电性的影响

金属中的各种缺陷造成晶格畸变，从而引起正常格点以外的附加电子波散射而影响金属的导电性。随着对金属缺陷问题研究的深入，近年来关于各种缺陷对电阻影响的研究已积累了若干成果。表 6-1 列出四种不同类型的缺陷对金属电阻率的贡献。相对而言，位错对 ρ 的贡献很小。所以在研究缺陷对 ρ 的影响时，主要应研究点缺陷（空位及间隙原子）的影响。金属中的空位浓度主要是由温度决定的。其实金属在任何温度下都存在线缺陷（位错）与点缺陷的平衡浓度。各种类型缺陷的形成能与激活能不同，在任何温度下，空位的形成能均较其他缺陷的低，故空位的浓度高，它对 ρ 的影响也最大。金属中空位的浓度 C_{Va} 与温度的关系可用下式描述：

$$C_{Va} = N\exp(-E_V/k_BT) \tag{6-25}$$

其中，N 单位体积格点数，E_V 为空位形成的能量。影响 C_{Va} 的另一个因素是原子结合力的强弱。例如，在室温下难熔金属中的 C_{Va} 比中等熔点金属的 C_{Va} 低得多。例如在 20℃ 下，Mo 中的空位浓度 $C_{Va}=10^{-30}$ at%，而 Cu 中的 $C_{Va}=10^{-13}$ at%。周期表中原子结合能与各元素空位形成能间存在很好的对应关系，如图 6-2 所示。

金属中缺陷形成的原因多种多样，例如冷热加工、热处理、辐照等各种工艺过程和使用过程等都会造成缺陷的产生和增殖。塑性变形过程中形成点缺陷与位错，因而 ρ 增大，其增大值与变形程度有关：

$$\Delta\rho = C\varepsilon^n \tag{6-26}$$

其中，C 为系数，ε 为变形量，n 在 0~2。

一般纯金属经大变形量冷加工后在室温下电阻率 ρ 增大仅为 $2\%\sim6\%$，例如 Al、Cu、Fe 等，但 W 经冷加工后可增大百分之几十。电阻率增大的原因，首先是由晶格畸变所致，其次是冷加工可导致原子间距增大并改变原子结合力。当把冷加工的金属降低到接近 0K 时，其电阻率值将比未经冷加工的金属要高。这种由冷加工等因素造成的部分电阻叫作残留电阻 ρ_r。故金属的电阻率由两部分组成，即 $\rho=\rho_a+\rho_r$。此处 ρ_a 为退火金属的电阻率，与温度相关；ρ_r 为残留电阻，与温度无关。

表 6-1　各种晶体缺陷对金属电阻率的贡献

缺 陷 类 型	电阻率 ρ 增大量	Al	Cu	Ag	Au
空位	$\mu\Omega\cdot cm\%$原子 *	2.2	1.6	1.3 ± 0.7	1.5 ± 0.3
间隙原子	$\mu\Omega\cdot cm\%$原子	4.0	2.5	—	—
晶界	$10^{-6}\mu\Omega\cdot cm\cdot cm^{-2}\cdot cm^{-3}$ **	13.5	31.2	—	35.0
位错	$10^{-13}\mu\Omega\cdot cm\cdot cm^{-1}\cdot cm^{-3}$ ***	10.0	1.0	—	—

* $\mu\Omega\cdot cm\%$原子指 1% 原子点缺陷对电阻率的贡献；

** $\mu\Omega\cdot cm\cdot cm^{-2}\cdot cm^{-3}$ 指单位体积内单位晶界面积对电阻率的贡献；

*** $\mu\Omega\cdot cm\cdot cm^{-1}\cdot cm^{-3}$ 指单位体积内单位位错长度对电阻率的贡献。

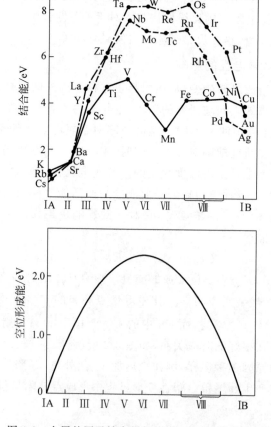

图 6-2　金属的原子结合能与空位形成能的对应关系

经冷加工的金属再进行退火，ρ 下降，若退火温度高于再结晶温度，则 ρ 可恢复到初始值，这是因为在回复再结晶过程中，冷加工所造成的晶格畸变及各种缺陷逐渐消除。在退火等热处理过程中若发生相变，ρ 将发生显著变化。故用电阻法研究相变是一种灵敏度较高的方法。

淬火对纯金属电阻率 ρ 有明显的影响，例如，Au 自 800℃ 淬火后在 4.2K 下 ρ 增大了 35%；而 Pt 自 1500℃ 淬火，在 4.2K 下 ρ 增大一倍。因为淬火温度越高，空位浓度越大，故 ρ 增大。

3. 压力对电阻率的影响

静压力对金属电阻率也有显著影响，几乎所有纯金属都表现如此。电阻的压力系数 $\dfrac{\mathrm{d}\rho}{\mathrm{d}P}$ 几乎不随温度而变化，说明压力对电阻的影响与温度无关。在压力作用下，大多数金属的电阻率减少，即一般电阻压力系数为负值。这可简单解释为晶体中原子在压力作用下相互靠近所致。但有些元素在压力作用下电阻率增加，可看作是反常现象。例如，大部分碱金属、碱土金属，以及 VA 族的半金属 Sb、Bi 和若干稀土元素均属于此。在压力作用下电阻率发生变化不单纯是由于原子间距的变化，强大的压力可以改变系统的热力学平衡条件，促进相变的发生；甚至压力还可以改变物质的类型，在压力作用下物质朝电导率提高的方向变化，由绝缘体转变为半导体金属甚至是超导体。表 6-2 为几种半导体与绝缘体元素向金属化方向转变的临界压力。

上述结果说明高压可改变物质的能带结构或费米能，即改变电子组态。

表 6-2 几种半导体和绝缘体变为金属态的临界压力

元素	P 临界/MPa	$\rho/(\mu\Omega\cdot\mathrm{cm})$	元素	P 临界/MPa	$\rho/(\mu\Omega\cdot\mathrm{cm})$
S	40 000	—	H	200 000	—
Se	12 500	—	金刚石	60 000	—
Si	16 000	—	P	20 000	60 ± 20
Ge	12 000	—	AgO	20 000	70 ± 20

4. 电阻的尺寸效应

当金属或导体的尺寸与电子的平均自由程可比时，电阻率将依赖于样品的尺寸与形状，这种现象叫作电阻的尺寸效应。因为在导体的尺寸与电子自由程可比的情况下，晶体内自由运动的电子在表面受到散射作用凸显，导致平均自由程减小，电阻增大。随着集成电路的发展和器件微型化，导电体和电阻合金元件常做成细丝或薄膜形态，它们在生产及使用中都要考虑尺寸效应。

材料的纯度越高，外界温度越低，电阻的尺寸效应越明显。这是因为电子的平均自由程增大了。例如在室温下，电子平均自由程一般小于 $10^{-4}\,\mathrm{mm}$；而在 4.2K，纯金属电子平均自由程可达毫米量级。

尺寸因素可作为提高材料电阻率的一种方法。例如采用沉积、溅射等方法做成的薄膜电阻材料，就是应用电阻尺寸效应的一个方面。薄膜电阻的一个优点是可以把不能加工但又具有极高电阻的材料做成电阻元件，从而大大提高其电阻。薄膜电阻率 ρ_f 与体材料电阻率 ρ_c 间的关系可表达为

$$\rho_{\text{f}} = \rho_{\text{c}}\left(1 + \frac{L}{d}\right) \tag{6-27}$$

其中，L 为电子的平均自由程，d 为膜材料厚度。

研究电阻尺寸效应在理论方面也很有意义。例如，测量金属的电阻对尺寸的依赖关系，可得到电子平均自由程；测量金属的电阻尺寸效应，还可以得到有关能带结构信息。

6.3.3　金属固溶体

实际使用的材料很少是纯金属，一般为提高金属的某些性能，常在金属中加入其他合金元素进行合金化，这些合金元素或杂质会明显影响其电阻率。例如，作为电阻材料的合金，电阻率可增大几倍到十几倍，电阻温度系数下降。在纯金属中加入合金元素后，引起晶格畸变，使晶格发生变化，从而改变能带结构，使费米能级偏移而改变状态密度及电子有效质量，同时影响晶格振动谱，这些都引起电阻及其他性能的变化。不仅如此，固溶体往往具有同素异构体转变、有序-无序转变、磁性转变等，这些变化对电阻也有很大影响。因此固溶体的电阻变化是很复杂的，不仅涉及物理学问题，还涉及冶金学问题。

1. 成分与固溶体电阻

由非过渡族金属组成的二元连续固溶体，如 A 组元的浓度为 C、B 组元的浓度为 $1-C$，则合金的电阻率 ρ 大体与 $C(1-C)$ 成正比。二元合金电阻最大值通常在 50% 原子浓度处，如图 6-3 所示。而电阻温度系数随浓度的变化刚好与 ρ 相反，在 50% 原子浓度处最小。这一实验现象的原因是异类原子造成晶格畸变，增加了对电子的散射作用。若固溶体中含有过渡族元素时，则 ρ 最大值不在 $50\text{at}\%$ 处，而偏向过渡族元素组元方向。过渡族金属组成固溶体后，其电阻值显著提高（有时增大几十倍）。这是由于过渡族金属有未满的 d 或 f 电子壳层，组成固溶体时，使得一部分价电子进入未满原子内层，有效电子密度减小，电阻率增大。

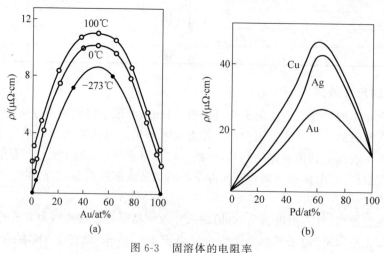

图 6-3　固溶体的电阻率

（a）AgAu 固溶体；（b）Cu、Ag、Au 与 Pd 固溶体的成分与电阻率关系

2. 低浓度的固溶体电阻——马西森定则

低浓度固溶体的电阻服从马西森定则（Matthiessen's rule）：低浓度固溶体的电阻率可以分为两部分：一部分是 ρ_0 与溶剂金属相同，随温度而变化；另一部分是附加电阻率部分

或残余电阻部分,与固溶体的缺陷结构相关,不随温度而变化。马西森定则用公式表述为

$$\rho = \rho_0 + \rho' = \rho_0 + C\beta_{\mathrm{I}} \tag{6-28}$$

其中,C 为溶质组元浓度,β_{I} 为单位溶质浓度的残留电阻率。

电阻温度系数与溶剂金属相同,$\mathrm{d}\rho/\mathrm{d}T$ 不随溶质元素的浓度而变化,加入溶质元素后,ρ 增大,但斜率 $\mathrm{d}\rho/\mathrm{d}T$ 不变,这与大量实验相符。研究表明,马西森定则正确的前提是:①合金元素的添加不改变溶剂元素的能带结构;②合金元素的加入不引起特征温度的改变,即合金中原子热运动引起的电子散射与溶剂金属相同。一般情况下,这两个条件不可能严格遵守,对很多合金系来说,包括非磁的稀释固溶体,可观察到偏离马西森定则的现象。这时固溶体的电阻率 ρ 由下式组成:

$$\rho = \rho_0 + \rho' + \Delta\rho \tag{6-29}$$

其中,第三项是偏离马西森定则的电阻率值,依赖于温度与溶质元素的浓度,随溶质浓度的提高而增大。经高温退火的金属中保留有较高的空位密度,而经过冷加工后也会引起空位与其他缺陷密度提高,这些都会引起电阻变化偏离马西森定则。一般地,在空位、缺陷的浓度通常不高且缺陷不因热运动而有所改变的条件下,可以应用马西森定则。

3. 高浓度固溶体的电阻

高浓度固溶体的电阻既与溶剂元素的电阻有关,也与溶质元素所产生的残留电阻相关。ρ_0、ρ' 都随温度而变化:

$$\frac{\mathrm{d}\rho}{\mathrm{d}T} = C_T\rho_0 + \beta_T\rho' \tag{6-30}$$

其中,前一项为溶剂元素电阻率 ρ_0 及其温度系数 C_T,后一项为残留电阻率 ρ' 及其温度系数 β_T。实验表明过渡族金属元素的残留温度系数 β 可能为正,也可能为负。例如,合金的电阻率随温度升高而增大,随温度下降而减少,这是一般合金属常见情形;如 $\mathrm{d}\rho/\mathrm{d}T<0$,则温度升高,合金电阻率下降,这种合金可以作为补偿合金应用。如此调整合金成分,可控制合金在某一温度范围内电阻率不随温度变化,这是精密电阻材料所要求的重要特性。表 6-3 给出了以 Cu、Ag、Au 为基的固溶体有关电阻数据。

表 6-3　常见元素与 Cu、Ag 和 Au 组成固溶体在常温下的 $\alpha_t \times 10^4$ 参数

溶剂	溶　　质									
	Be	Mg	Zn	Hg	Al	Ti	Si	Ge	Sn	Pb
Cu	3.6	-2.3	—	—	1.6		1.4	1.2	1.55	—
Ag	—	1.4	2.4	2.3	1.7	1.3		0.95	1.1	0.8
Au	—	-0.5	1.9	—	1.5				1.5	

溶剂	溶　　质									
	P	As	Ti	Cr	Mn	Fe	Co	Ni	Pd	Pt
Cu	0.8	0.85	1.8	-3.2	-2.65	-1.7	0.3	1.2	-0.3	0.8
Ag		0.55			-1.9				-0.5	0.7
Au	—	—	—	-2.5	-0.1		-2.6	4.1		0.6

4. 有序固溶体的电阻

有些合金系的晶体结构会发生有序-无序转变。例如,Cu-Au 合金在特定的化合比成分处(如 $CuAu$、Cu_3Au),低温下为有序固溶体,高温下为无序固溶体。在发生有序-无序转变

过程中,合金电阻发生显著变化。

有序可能是长程有序或短程有序。长程有序时,其点阵是由两种或多种亚点阵相互穿插构成,每一亚点阵为同一类原子。短程有序是指固溶体由多个小原子团组成,在小原子团内原子排列是完全有序的。

长程有序对电阻率有显著影响。Cu-Au 合金的电阻率随成分的变化如图 6-4 所示,曲线 a 为淬火态无序固溶体电阻率和成分的关系,其电阻率的极大值在 50% 原子浓度处,这和过渡族金属组成为连续固溶体的电阻规律相符。经退火后变为有序固溶体,电阻率显著下降,如曲线 b 所示,特别是中间浓度 m 及 n 处,电阻下降更为显著,因为这两处分别形成 $CuAu$、Cu_3Au 完全有序固溶体。

有序化对导电性的影响是必然的,因为有序化能改变合金的布里渊区结构,并可以使费米能发生改变。这可以从以下三方面理解:有序过程中,原子间化学相互作用加强,原子的结合比无序固溶体强,有效电子浓度下降,电阻增加;有序过程中,离子周期性势场的规则性增强,减弱了对电子散射作用,电阻下降;有序过程中,特征德拜温度增高,使电阻下降。若发生短程有序,则合金中形成若干反向畴边界从而增大电子散射,使电阻增大。总之,有序化过程伴随多方面的变化,如有效电子 n 密度下降、周期性势场增强和德拜温度上升等。一般来说长程有序过程电阻是下降的,原因是后两种因素占主导地位。短程有序电阻是增大还是减小,要根据具体情况分析。

5. 不均匀固溶体的电阻

有些含有过渡族元素的合金固溶体,虽然金相及 X 射线衍射分析表明是单相合金,但这类淬火态合金的电阻温度效应出现异常,例如,升温过程中其一温度区间内电阻率 ρ 反常增大,继续升温,则这种反常增大效应逐步消失并恢复到 ρ 和 T 成线性关系。图 6-5 表示卡玛(Karma)丝经淬火后升温时电阻率的变化。在 350~850℃ 范围内电阻率偏离 $\rho\text{-}T$ 的线性关系,电阻率反常增大,在 600℃ 左右电阻率达到最高。这种电阻率反常增大的效应也可以在淬火态合金回火时观察到。这是由固溶体内溶质分布不均匀引起的,对此本质的解释有以下两种观点。

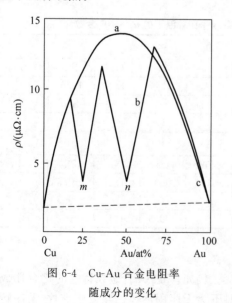

图 6-4 Cu-Au 合金电阻率
随成分的变化

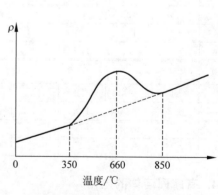

图 6-5 卡玛丝(Ni73Cr20Al3Fe3)
电阻率随温度的变化

（1）不均匀固溶体观点：认为电阻的反常变化是固溶体内组元原子在晶体中分布不均匀所致，在固溶体内存在原子偏聚区，其成分与固溶体统计平均成分不同，如同 spinoal 分解组织，这些原子偏聚区内大约有 100 个原子(约 1nm 线度)。这种原子的偏聚状态造成对电子运动的附加散射，故电阻反常增大。偏聚区只存在于一定的温度区间内，当继续升高温度时，偏聚区逐渐消散，电阻反常增大效应下降直至全部消失。具有不均匀固溶体的合金经冷轧后，其电阻随冷加工程度增大而下降，这与一般情况下电阻随加工度增大而增大的现象刚好相反。这是因为冷轧破坏了原子偏聚区，不均匀状态消失使电阻率下降量超过了冷加工而使电阻率上升的量，从而冷加工时出现电阻率下降现象。

（2）短程有序观点：认为上述合金系内的电阻反常增大现象是形成短程有序结构所致。短程有序时电子自由程缩短，电阻率增大。虽然短程有序同样使电子有效密度增大，但这种增大使电阻率下降的效应小于自由程缩短效应，总的效应是电阻率增大。持有这种观点的人做了如下实验：测量 Ni72Cr28 合金在不同温度下淬火的电阻率及霍尔系数 R_H，结果如图 6-6 所示。在 $400 \sim 600 ℃$，合金电阻率及霍尔系数发生显著变化，形成不均匀状态，电阻率增高。由霍尔系数计算的有效电子密度 n_{eff} 增大，但电阻率没有下降反而增高。根据电子迁移率 μ 定义：

$$\mu = \frac{\bar{v}}{E} = \frac{\sigma}{n_{eff} e} = \sigma R_H \tag{6-31}$$

在充分形成不均匀固溶体状态下，电阻率上升，霍尔系数 R_H 下降。尽管有效导电电子数 n_{eff} 增大，但总效应是电阻率上升。电子迁移率下降表明电子的平均自由程迅速下降，电子运动受到的散射增强效应增强，即不均匀固溶体的电阻效应显著。

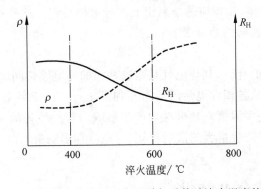

图 6-6 Ni72Cr68 合金电阻率及霍尔系数随淬火温度的变化

6. 金属间化合物的电阻

1）金属化合物

若合金组元间的电化性活电负性相差较大，则原子间的键合具有离子键的性质，往往形成金属化合物。金属化合物的电导率比较小，一般比形成化合物的各组元的电导率都要小。表 6-4 给出了几种金属化合物的电导率。可以看出，形成化合物后，电导率明显下降。这是因为形成化合物后，原子间结合类型发生变化，原子间的金属结合至少部分地变为共价结合，甚至是离子结合，相应地，自由电子浓度减少，合金电导率下降。利用此规律，可制备高电阻率的合金材料。

表 6-4   一些金属化合物的电导率 $\sigma(\times 10^4/\Omega \cdot cm)$

	MgCu$_2$	Mg$_2$Cu	MgAl$_2$	Mg$_2$Al$_2$	Mn$_2$Al$_3$	FeAl$_2$	NiAl$_3$	Ag$_3$Al	Ag$_3$Al$_2$	AgMg$_3$
第一组元的电导率	23.0	23.0	23.0	22.7	11.0	3.51	68.1	68.1	68.1	68.1
第二组元的电导率	64.1	64.1	35.1	35.1	35.1	35.1	35.1	35.1	35.1	23.0
化合物的电导率	19.1	8.38	2.63	0.2	0.71	3.47	2.75	3.85	3.85	6.16

金属化合物可分为金属型和半导体型,金属型的金属化合物其电阻率随温度升高而增大,半导体型的金属化合物其电阻率随温度升高而下降。研究表明,金属化合物的电导率与其组元之间的电负性差异有关,差值小则电导率增大,各组元给出价电子的能力相近,表现为良好的金属导电性;相反,组元间易形成极性的离子化合物,形成半导体型化合物。

2）中间相

中间相包括电子化合物、间隙相等。电子化合物的晶体结构服从电子浓度规律:合金元素的价电子数比(电子浓度)为 3/2(21/14)时,结构为体心立方晶格 β 相;电子浓度为 21/13 时,结构为复杂立方晶格 γ 相;电子浓度为 7/4(21/12)时,结构为密排六方 ε 相。电子化合物具有高熔点和高硬度,一般作为强化相。从导电性来看,各相均具有较高的电阻。电子化合物的电阻随温度升高而增大。

间隙相主要是指过渡族金属与氢、氮、碳、硼组成的化合物。非金属元素处在金属原子点阵的间隙之中,这类相绝大部分属于金属型化合物,具有明显的金属导电性。其中一些(例如 TiN、ZrN)是良导体,比相应的金属组元的导电性还好。这些相的正电阻温度系数与固溶体电阻温度系数有相同的数量级。

3）多相合金

由两相或多相组成的合金,其导电性是由这些相的导电性共同决定的。一般地,两相或多相合金的导电性可以从各相导电性的算术相加而求得。由于导电性是组织敏感参数,晶粒大小、晶界状态及织构等因素对导电性均产生影响。若一种相的尺寸与电子平均自由程为相同数量级时,对电子产生最大的散射作用,对电导性影响最大。

6.4   绝缘体及其介电特性

绝缘体一般是指电阻率大于 $10^9 \Omega \cdot m$ 的材料。例如天然的金刚石、陶瓷、玻璃、云母、橡胶、石棉,以及大多数无机氧化物和有机物都是绝缘体。绝缘体因其绝缘电性、耐电性和耐腐蚀性等物理和化学特性而获得广泛应用。

6.4.1   绝缘体

绝缘体的电子能带结构特点是下面能带是填满电子的满带,上面能带是没有电子的空带,两个能带间有个宽度大的禁带。宽禁带是绝缘体的基本特点。也可以说,绝缘体的能带结构特点是第一布里渊区填满电子,第二布里渊区没有电子,在两个布里渊区间有一相当宽的禁带。能量低的能带上所有量子态都已占满,即使在外电场作用下,电子所处的量子态也不能发生改变,所以电子不参与导电。在空带中没有电子,当然谈不上导电。绝缘体的禁带相当宽,一般为 $4\sim5\,\mathrm{eV}$,外电场一般不足以使电子越过禁带从满带跳到空带上去,因此一般情况下绝缘体不导电。当然,如果给绝缘体施加很高的电压,也可以把绝缘体击穿,而呈现一定的导电性。绝缘体的纯度越高,其绝缘性越好。若绝缘材料中存在杂质,则会在禁带中间产生杂质能级,使其绝缘性能下降。这正好同金属导体相反,金属中含有杂质,会使电阻率变大。

6.4.2　电介质及其介电行为

1. 电介质与极化

电介质是指在外电场中可以被极化的绝缘体,两者往往等同。所谓极化,就是外电场中介电质内部的束缚电荷发生弹性位移或电偶极子产生取向的现象。极化方式主要有:绝缘体分子结构中的正、负电荷的对称中心在外电场作用下分离或不重合而产生的所谓位移极化;分子自身就是偶极子,在外电场中产生定向排列,产生宏观电极矩的转向极化。所以,根据极化方式又可以把绝缘体分为非极性材料和极性材料,前者是指位移极化的介电质,后者是指转向极化的介电质。另外,实际绝缘体中会存在由少量杂质带来的可移动电荷,在电场作用下分离产生所谓空间电荷极化。

由于电介质材料在电场中极化表现出特殊性状,从而大量地用于电绝缘体和电容元件。在这些应用中,涉及介电常数、介电损耗因子和介电强度等参数。

考虑一个正点电荷 q 和一个等量的负点电荷 $-q$,两者牢固地互相束缚在一起,形成一个电偶极子。若从负电荷到正电荷作一矢量 l,则正、负电荷构成的电偶极矩可表示为

$$p = ql \tag{6-32}$$

电偶极矩的单位为库仑·米（$\mathrm{C\cdot m}$）。在电场 E 的作用下,一个电偶极子 p 的位能为

$$U = p \cdot E \tag{6-33}$$

上式表明,当电偶极子的取向与外电场同向时,能量最低;反向时能量最高。电偶极子受到的电场作用力 f 及其力矩 m 分别为

$$f = p\nabla E \tag{6-34}$$

$$m = p \times E \tag{6-35}$$

因此,电场力使电偶极矩向电力线密集处平移,而力矩则使电偶极矩朝外电场方向旋转。单位体积电介质中总的电偶极矩称为该物质的极化强度:

$$P = \frac{\sum_i p_i}{V} \tag{6-36}$$

极化强度 P 单位为 $\mathrm{C\cdot m^{-2}}$。

2. 极化率和介电常数

在外电场 E 中,电介质因极化在表面产生束缚电荷,束缚电荷则产生附加电场 E',其与外加电场方向相反,称为退化场。这样,极化强度和退化场存在如下关系:

$$E' = \frac{P}{\varepsilon_0} \tag{6-37}$$

退化场的存在,使介电质体内总的电场强度为 $E_内 = E + E'$。

实际上电介质中任一处的极化强度取决于该处的总电场。大多数介电质的极化强度 P 和电场强度 E 关系为

$$P = \varepsilon_0 \chi_e E \tag{6-38}$$

其中，$\varepsilon_0 = 8.85 \times 10^{-12}\,\mathrm{C \cdot m^{-2}}$，是真空介电常量；$\chi_e$ 称为电介质的电极化率，是介电质的属性，χ_e 大小与电场无关，与介电材料本身性质相关。

由

$$E = E_0 - E' = E_0 - \frac{P}{\varepsilon_0} = E_0 - \chi_e E$$

所以，

$$E_0 = (1 + \chi_e)E = \varepsilon_r E \tag{6-39}$$

其中 ε_r 是介电的相对介电常数。上式表明，电场中填充介电质后，电场强度为真空时电场强度 E_0 的 $1/\varepsilon_r$ 倍。电介质的相对介电常数与电极化率 χ_e 有以下关系：

$$\varepsilon_r = 1 + \chi_e \tag{6-40}$$

3. 介电损耗

电介质在电场被极化，外电场提高能量。介电质在交变电场中极化，介电质会发热，由电能转化为热能，这种能量损耗称为介电损耗(dielectric loss)。介电损耗一般是由两方面引起的。一是实际介电质材料并非理想的绝缘体，在电场中存在电导或很小的漏电电流，漏电电流与介电质中自由载流子相关，由此引起的损耗称为电导损耗，在静电场下的损耗就是这一类型，其等效电路如图 6-7(a) 所示。另一种损耗称为极化损耗，在交变电场中，电介质的极化方向相应随外电场作交替改变。实际介质的样品上突然加上一电场，所产生的极化过程不是瞬时完成的，而是滞后于电压，这一滞后通常是由偶极子的极化和空间电荷的极化所致，由此介质极化而引起的电流相关损耗即极化损耗，等效电路如图 6-7(b) 所示。

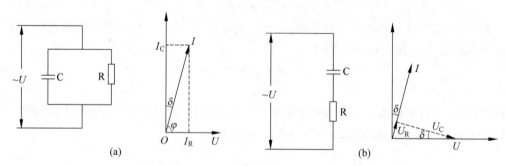

图 6-7 介电极化损耗等效电路及电流-电压关系

我们知道，理想的电容器电路中的电流落后于电压 90°。如果将电介质在电场中的行为等价为电容器电路的话，则因为有电导电流的存在，这一相位差为 $(90° - \delta)$，角度 δ 称为损耗角，即实际电介质的电流位相滞后理想电介质的电流位相为 δ。相应损耗角的正切值 $\tan\delta$ 称为损耗因数。实际电介质的介电常数表达为复数形式：

$$\varepsilon = \varepsilon' + i\varepsilon'' \tag{6-41}$$

其中，实数部分 ε' 为实际测得介电常数，相当于等效电路中与电容电流相关的介电常数；虚数部分 ε'' 表示介质的损耗，是等效电路中与电阻电流相关的分量。相应的损耗因数表达为

$$\tan\delta = \frac{\varepsilon''}{\varepsilon'} \qquad (6\text{-}42)$$

损耗因数高,则介电损耗高。反映高频条件下介电性能好坏的品质因数 Q 表示为

$$Q = 1/\tan\delta \qquad (6\text{-}43)$$

6.5　超导电性

　　1908 年,荷兰物理学家昂内斯(H. K. Onnes)成功地液化了氦而得到了一个新的低温区(4.2K 以下)。他在这低温区内测量各种纯金属的电阻时发现,当温度降到 4.2K 附近时,汞的电阻突然降到零,他把这种零电阻现象称为超导电性。超导体电阻变为零的温度称为转变温度或临界温度,通常用 T_c 表示。当 $T < T_c$ 时,超导材料处于零电阻状态,称为超导状态,具有超导电性的材料称为超导体。

　　从发现超导现象起,人们已发现有多种金属或合金及化合物具有超导电性,表 6-5 列举了一些超导材料和它们的临界温度。1911—1973 年,临界温度平均每 4 年提高 1K,而1973—1985 年几乎无新进展。1986 年,设在苏黎世的 IBM 研究所在钡镧铜氧(Ba-La-Cu-O)多相化合物制成的陶瓷材料中发现了 $T_c = 35$K 的超导体,这一突破改变了人们从金属和合金中寻找超导材料的传统思路,开辟了超导研究的新领域。短短几个月后,美国学者研制成 Y-Ba-Cu-O 系列的高温超导材料,将临界温度提高到 90K 以上,此成果使超导临界温度从液氢区(4.2K)一跃到液氮区(77K)。我国科学家在高温超导发展中也做出了卓越成绩,1987 年,中国科学院物理研究所宣布,赵忠贤等物理学家制成临界温度为 92.8K 的高温超导材料。目前常压高温超导材料的临界温度已经接近 135K,在不断向常温超导迈进。

表 6-5　一些超导材料的临界温度和临界磁场

材料	临界温度 T_c/K	临界磁场 H_c/奥斯特[*]	发现时间/年
钨(W)	0.012	99	—
铝(Al)	1.174	293	—
铟(In)	3.416	412	—
汞(Hg)	4.15	803	1911
铅(Pb)	7.2	1950	1913
铌(Nb)	9.26	—	1930
钒三硅(V_3Si)	17.0	24 500	1953
铌三锡(Nb_3Sn)	18.1	—	1954
铌铝锗($Nb_3Al_{0.75}Ge_{0.35}$)	21.0	420 000	1967
铌三锗(Nb_3Ge)	23.2	—	1973

[*] $1A \cdot m = 4\pi \times 10^{-3}$ 奥斯特。

6.5.1　超导现象

　　许多材料在低于某一转变温度或临界温度 T_c 条件下,都会表现出电阻率下降为零的特殊现象,即超导效应。如图 6-8(a)所示,超导体在临界温度 T_c 以下,材料的电阻为零。实际材料的临界温度 T_c 往往是一个温度区间。表 6-5 中表示出各种晶体的临界温度。

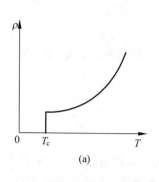 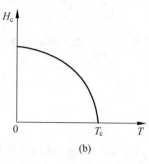 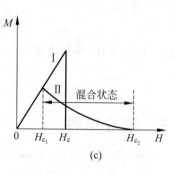

图 6-8 超导电性与临界条件

(a) 超导体的电阻和温度关系；(b) 临界磁场强度与温度关系；(c) Ⅰ和Ⅱ类超导体的磁化曲线

6.5.2 超导的特征和特殊效应

1. 超导的特征

超导体在超导态下具有以下特征。

1）零电阻

零电阻是超导体的主要特性。超导体处于超导状态时，电阻完全消失，若用它组成闭合回路，一旦回路中产生电流，则回路中没有电能的消耗，电流可以持续存在。因此超导体内部 $\rho \to 0$，$\sigma \to \infty$。超导体内 $E = 0$，是一个等势体。

2）临界磁场与临界电流密度

1913 年，昂内斯发现，当超导铅线中的电流密度超过某一临界值 j_c 时，铅线就转变为正常态。1914 年，他又从实验中发现，材料的超导状态可以被外加磁场破坏而转入正常态，当磁场强度达到一临界值 H_c 时，超导现象就会消失，如图 6-8(b)所示。这种破坏超导态所需的最小磁场强度称为临界磁场，以 H_c 表示。一般说来，临界磁场与温度的关系如下：

$$H_c(T) = H_c(0)\left[1 - \left(\frac{T}{T_c}\right)^2\right] \quad (T < T_c) \tag{6-44}$$

而临界电流密度与温度的关系为

$$j_c(T) = j_c(0)\left[1 - \left(\frac{T}{T_c}\right)^2\right] \quad (T < T_c) \tag{6-45}$$

其中，$H_c(0)$ 和 $j_c(0)$ 分别为 $T = 0\text{K}$ 时的临界磁场与临界电流密度。

因此，超导态有三个临界条件：临界温度 T_c、临界磁场 H_c 和临界电流密度 j_c，它们之间密切相关，我们可以用图 6-9 三维相图表示它们之间的关系。

3）迈斯纳效应——完全抗磁性

零电阻是超导体的基本特征，超导态的完全抗磁性则是必然结果。将一超导体样品放入磁场中，超导体中磁通量发生变化，表面产生感生电流，感生电流将在体内产生抗磁场，会完全抵

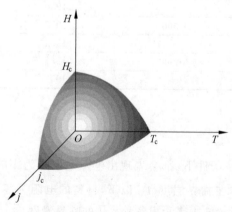

图 6-9 超导体的超导态临界参数的关系图

消掉内部的外磁场而使超导体内部的磁场为零。根据公式 $H = \boldsymbol{B}/\mu_0 - M$ 和 $M = \chi_m H$,由于超导体内部 $\boldsymbol{B} = 0$,故 $\chi_m = -1$,所以超导体具有完全抗磁性,如图 6-8(c)所示,磁化率为 1。

超导体内部总磁场为零的现象称为迈斯纳效应(Meissner effect)。大多数纯金属超导体,在超导态下磁通从超导体中被全部逐出,这种具有完全抗磁性的超导体称为第一类超导体。有些超导体允许部分磁通进入体内,仍保持超导电性,这类超导体称为第二类超导体。第二类超导体存在两个临界磁场,较低的下临界磁场 H_{c_1} 和较高的上临界磁场 H_{c_2},如图 6-8(c)所示。当外磁场 $H < H_{c_1}$ 时,属于第一类超导体,显示出完全抗磁性;在外磁场 $H_{c_2} > H > H_{c_1}$ 时,磁通能部分穿过超导体,且随外磁场增强穿过超导体的磁通也增加。磁通线能穿过超导体表明,这时超导体处于混合态,即超导体内只有部分是超导态,但整体仍保持零电阻特性。在外磁场 $H > H_{c_2}$ 时,超导体由混合态完全转变为正常态,超导电性消失。

2. 约瑟夫森效应

在两块超导体之间夹一很薄的绝缘层,就形成一个超导-绝缘-超导夹心结构,称为约瑟夫森结(S-I-S结)。如将超导体的表面氧化,在氧化层上再镀上超导材料就制成了约瑟夫森结。

1962 年,英国牛津大学研究生约瑟夫森(B. D. Josephson)首先从理论上预言,电子对可以穿过两块超导金属间的绝缘层(1~3nm),这一效应称为约瑟夫森效应,约瑟夫森因这方面的重要贡献,获得了 1973 年诺贝尔物理学奖。

超导态下的约瑟夫森效应源于库珀电子对的隧穿效应,出现直流和交流两种效应。

如图 6-10 所示直流效应,约瑟夫森结处于超导状态,由于电子对的隧穿效应,因两边电子对增加或减少而形成电流。两边电子对波函数存在一定相差。约瑟夫森结上有小的直流电通过:

$$I = I_c \sin\varphi \qquad (6\text{-}46)$$

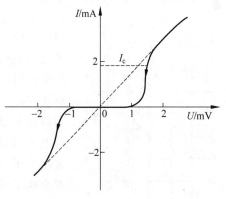

图 6-10 Sn-SnO$_x$-Sn 结的电流-电压关系

其中,φ 是相位差;I_c 是最大的零电压电流,也称为临界电流。当电流超过 I_c 时,结上出现一个有限的电压,结的状态转变为正常的电子隧道效应。这种约瑟夫森结能够承载直流超导电流的现象,称为直流约瑟夫森效应。临界电流一般在几十微安到几十毫安。

如果在结上加直流电压 U,结上隧穿电流超过临界电流 I_c,则隧穿电流产生振荡:

$$\frac{\mathrm{d}\varphi}{\mathrm{d}t} = \frac{2eU}{h} \qquad (6\text{-}47)$$

隧穿电流为交流,辐射同频率的电磁波,频率与直流电压成正比:

$$\nu = 2eU/h \qquad (6\text{-}48)$$

其中,$2e/h = 4.836 \times 10^8\,\mathrm{Hz/\mu V}$。若外加电压 U 为几微伏,则频率在微波区;若 U 为几毫伏,则频率在远红外区。约瑟夫森结这种能在直流电压作用下产生超导交变电流并辐射电磁波的特性,称为交流约瑟夫森效应。

如果在结上加载直流电压的同时,加载频率为 f 的高频电磁辐照,则结上的电压受到高频电磁波调制而出现台阶变化,突变值 V_n 和电流频率 f 有如下的关系:

$$2eV_n = nhf \quad 或 \quad V_n = nhf/2e, \quad n = 0, 1, 2, 3, \cdots \tag{6-49}$$

这说明约瑟夫森结上的电压是量子化的,这是一种宏观量子现象。由于频率可以精确测定,这样可以更精确地测定电压。现已测得

$$2e/h = 483.593\ 420\text{MHz}/\mu\text{V}$$

国际计量委员会下属的电子咨询委员会(CCE)决定,从 1990 年起以约瑟夫森效应的 $2e/h$ 值来定义伏特单位。

6.5.3　BCS 理论

自发现超导现象以来,人们一直在探寻超导电性的微观机理。直到 1957 年,才由巴丁(J. Bardeen)、库珀(L. V. Cooper)和施里弗(J. R. Schrieffer)提出一个超导电性的量子理论,简称 BCS 理论,才比较满意地解释了超导电性的微观机理,他们三人共同分享了 1972 年诺贝尔物理学奖。在 BCS 理论中,最重要的是库珀提出的电子对概念。他认为,低温超导体中的电子并不是单个独立地自由运动,而是以弱耦合形式结合成对,称为库珀对。

当温度 $T < T_c$ 时,超导体内存在大量的库珀对,库珀对中的两个电子的动量与自旋均等值相反,每一库珀对的动量之和为零。在外电场作用下,所有这些库珀对都获得相同的动量,朝同一方向运动,不会受到晶格的任何阻碍,形成几乎没有电阻的超导电流。当 $T > T_c$ 时,热运动使库珀对分散为正常电子,超导态转变为正常态。

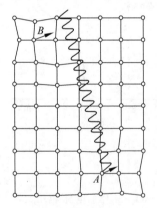

图 6-11　库珀电子对的形成

库珀电子对的形成可简单说明如下:当电子 A 在晶格间运动时,如图 6-11 所示,它以库仑力吸引邻近的晶格离子,使晶格离子稍靠拢近一些,并形成一个正电荷相对集中的小区域。由于这些离子偏离平衡位置而产生振动,以波的形式在晶格中传播,形成格波的过程相当于发出一个声子。同时这个以 A 为中心的正电荷区又可以吸到另一个运动着的电子(如图 6-11 中 B 点),将动量和能量传递给这个电子,这相当于 B 电子吸引了声子。上述过程的净效应是两个电子交换了一个声子,使两个电子间产生了间接的吸引力,形成一个电子对。

组成库珀对的两电子平均距离约为 10^{-6} m,因晶格间距约为 10^{-10} m,故库珀对在晶格中可伸展到数千个原子尺度范围。

6.5.4　超导的应用

超导的应用主要是利用超导的零电阻特性、完全抗磁性和约瑟夫森效应。下面介绍超导体的几个应用方面。

强磁场:由超导线圈产生的强磁场磁感强度可以达到 10T,且质量比普通电磁铁小 100 多倍。强磁场在粒子加速器、核磁共振波谱仪、磁流体发电、受控热核反应、选矿、净化水等方面都是必不可少的。此外,若用超导材料制成超导电机,将大大提高发电机和电动机的功

率,载流能力达 $10^4 \mathrm{A} \cdot \mathrm{cm}^{-2}$,功率可达 100 万千瓦。

输电和储能:由于超导体临界电流密度大,电阻为零,输送电力可以不必高压输送。应用超导电感线圈储存磁能,由于储存的磁能密度大,可以用储存的能量调节用电高峰。

超导电子器件:利用超导约瑟夫森结制成的超导电子器件,对磁场的电磁辐射灵敏度高,可比常规器件提高数千倍。应用交流隧道效应,可以做成高频信号源。约瑟夫森结的开关速度比半导体快千倍,功耗比半导体小千倍。另外,用超导材料做成的量子干涉仪、磁场计、检流计、伏特计、温度计、重力仪等,具有灵敏度高、噪声低、响应快、损耗小等优点。超导计算机将比硅半导体制成的计算机快 20～50 倍,其计算速度可达几十亿次每秒。超导应用于磁悬浮列车将大大降低功耗,提高效率。虽然超导体的实际应用还有许多技术问题需要解决,但其发展前景十分乐观,可能引起新的产业技术革命。

第7章

半导体中的载流子输运

本章导读：

掌握半导体的能带结构及其特点，以及与此相联系的载流子分布规律。

根据载流子的类型，理解本征半导体、n 型和 p 型半导体的特征及其载流子输运的特殊性。

了解半导体的接触是器件基本结构单元，包括 p-n 结、MS、MIS 或 MOS 等类型，掌握它们因半导体和结构差异所呈现的不同电学特性与机理。

7.1 半导体中的载流子及其导电行为

制造半导体器件的材料大多是单晶体，电子可以在半导体晶体中作共有化运动。但是，这些电子能否参与导电，还必须考虑电子填充能带的情况。半导体和绝缘体有相似的能带结构，被价电子占满的满带称为价带，中间为禁带，上面是导带。研究认为，即使在外加电场中，满带电子也不导电，只有未填满电子的能带才有一定的导电性。绝对零度时，纯净半导体不导电，价带被价电子填满，导带是空的，如图 7-1(a)所示。但当外界条件改变时，如温度升高或在光照、电场作用下，少量的满带电子可被激发到上一能级的空带上去，空能带底部就有少量电子，这种情形简单图示为图 7-1(b)。在外电场作用下，导带上的这些电子将参与导电；同时价带中少了一些电子，在价带顶部附近出现一些空的量子态，价带变成了部分占满的能带，价带中的电子也能够起导电作用。价带电子的这种导电作用可等效于正电荷的运动，即把价带中空量子态看成是带正电荷的准粒子，称为空穴(hole)。所以在半导体中，导带的电子和价带的空穴均参与导电，这是半导体与金属导体导电性的最大差别。半导体中的电子和空穴统称为载流子(carrier)。半导体禁带宽度比较小，通常温度下已有不少电子被激发到导带中去，具有一定的导电能力。绝缘体因禁带宽度很大，电子通常难以激发到能量高的空带，所以导电性很差，这是绝缘体和半导体的主要区别。

固体能够导电，是固体中的电子在外电场作用下作定向运动的结果。由于电场力对电子的加速作用，使电子的运动速度和能量都发生了变化。从能带理论角度来看，电子的能量变化就是电子从一个能级跃迁到另一个能级上去，发生状态变化。在外电场作用下，能带被部分占满的电子可从外电场中吸收能量跃迁到未被占据的能级上去，起到导电作用。而原子内层能级都被电子占满,即使在外电场作用下电子状态也没有变化,对导电没有贡献。

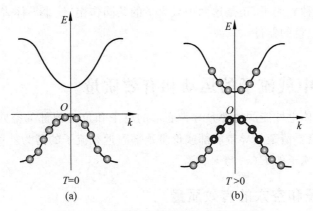

图 7-1 无外场下半导体中的载流子分布

(a) $T=0$;(b) $T>0$

无外场条件下,电子受到的外场作用力为零,即

$$f = \frac{\mathrm{d}\boldsymbol{p}}{\mathrm{d}t} = m\,\frac{\mathrm{d}\boldsymbol{k}}{\mathrm{d}t} = 0 \tag{7-1}$$

电子电流密度 $\boldsymbol{J}$ 为

$$\boldsymbol{J} = -q\sum_i \boldsymbol{v} = 0 \tag{7-2}$$

在外场 $\boldsymbol{E}$ 中,电子受到电场力作用,即

$$f = -q\boldsymbol{E} = m\,\frac{\mathrm{d}\boldsymbol{k}}{\mathrm{d}t} \tag{7-3}$$

表明电子状态不断变化,在回路中产生电流,如图 7-2 所示。

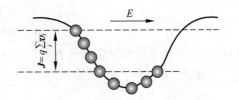

图 7-2 在外场中电子的运动

同样地,因价带中有电子跃迁所留下的空状态,在电场作用下空状态作相同变化也会产生电流。空穴导电机制可以如此理解:从布里渊区的 $E(k)$ 与 k 关系来看,因布里渊区内均匀分布所有可能的状态 k,空状态出现在能带顶部,除能带顶部出现少数空状态,其他所有 k 状态均被电子占据。设想有一个电子填充到空 k 状态,则 k 状态电子电流为 $-q\boldsymbol{v}_{(k)}$。如填入这个电子后,价带又被填满,总电流应为零,即

$$\boldsymbol{J} + \left(-q\sum \boldsymbol{v}_{(k)}\right) = 0 \quad \text{或} \quad \boldsymbol{J} = -q\sum \boldsymbol{v}_{(k)}$$

也就是说,当价带 k 状态空出时,价带电子的总电流就如同一个 k 状态带正电荷的粒子以电子速度 $\boldsymbol{v}_{(k)}$ 运动时所产生的电流。因此,通常把价带中空状态看成是带正电的准粒子,称为空穴,空穴是假想粒子。

以上讨论表明,当价带中缺少一些电子而空出一些状态后,可以认为这些状态为空穴所占据,在 k 状态的空穴速度就等于该状态的电子速度。引进空穴概念后,就可以把价带中大量电子对电流的贡献用少量的空穴来表达。这样做不仅方便,而且有实际的意义。一般

地,价带上占据高能级的电子跃迁到导带上去,占据能带底部状态,这样,描述半导体的导电行为,可以认为是导带底的电子导电和价带顶的空穴导电两者贡献之和。也就是说,半导体中有电子和空穴两种载流子,正是这两种载流子的共同作用,使半导体表现出许多奇异的特性,用来制造形形色色的器件。

7.2　半导体中载流子的运动和有效质量

因为决定半导体电性能的主要是导带底部的电子和价带顶部的空穴,所以考察半导体中载流子的运动,只要清楚其导带底部或价带顶部附近载流子的行为就可以了,也就是要获取能带极值附近载流子的 $E(k)$ 与 k 关系。

7.2.1　电子和空穴的有效质量

为考察半导体中电子或空穴的性质,能带极值附近 $E(k)$ 与 k 的关系可以利用泰勒级数展开作近似处理。以一维情况为例,设导带底 $k=0$,能带底部附近的 k 值必然很小,将 $E(k)$ 在 $k=0$ 附近按泰勒级数展开,保留到二次项,即

$$E(k) = E(0) + \frac{1}{2}\left(\frac{\mathrm{d}^2 E}{\mathrm{d}k^2}\right)_{k=0} k^2$$

则

$$E(k) - E(0) = \frac{1}{2}\left(\frac{\mathrm{d}^2 E}{\mathrm{d}k^2}\right)_{k=0} k^2 \tag{7-4}$$

其中,$E(0)$ 为导带底能量,给定的半导体能带结构是一定的,所以 $\left(\dfrac{\mathrm{d}^2 E}{\mathrm{d}k^2}\right)_{k=0}$ 应为定值。取

$$\frac{1}{\hbar^2}\left(\frac{\mathrm{d}^2 E}{\mathrm{d}k^2}\right)_{k=0} = \frac{1}{m_n^*} \tag{7-5}$$

其中,m_n^* 称为电子在导带底的有效质量($m_n^* > 0$),相应的电子静质量称为电子的惯性质量。由式(7-4)可得

$$E(k) - E(0) = \frac{\hbar^2 k^2}{2m_n^*} \tag{7-6}$$

同样地,在价带顶部作相似处理,有

$$E(k) - E(0) = \frac{\hbar^2 k^2}{2m_p^*} \tag{7-7}$$

$$\frac{1}{\hbar^2}\left(\frac{\mathrm{d}^2 E}{\mathrm{d}k^2}\right)_{k=0} = -\frac{1}{m_p^*} \tag{7-8}$$

其中,m_p^* 称为空穴在价带顶的有效质量($m_p^* < 0$)。

7.2.2　半导体中的电子速度

根据量子力学概念,电子的运动可以看作是波包在晶体中运动,波包的群速就是电子运动的平均速度。波包是由频率 ν 相差不多的许多简谐波组成的,波包中心的运动速度或群

速为

$$v = \frac{\mathrm{d}\omega}{\mathrm{d}k} \tag{7-9}$$

由波粒二象性可知,角频率为 ω 的波,其粒子的能量为 $\hbar\omega$,代入上式,得到半导体中电子速度与能量的关系:

$$v = \frac{1}{\hbar} \frac{\mathrm{d}E}{\mathrm{d}k} \tag{7-10}$$

而在能带极值附近电子的平均速度为

$$v = \frac{\hbar k}{m_{\mathrm{n}}^{*}} \tag{7-11}$$

7.2.3 半导体中的电子加速度

半导体器件都是在一定外加电压下工作的,电子除受到周期性势场作用,还要受到外加电场 $\boldsymbol{E}$ 的作用。下面对半导体中电子在外场中的运动规律作简单讨论。

电子在外场受到的作用力:$\boldsymbol{f} = -q\boldsymbol{E} = \mathrm{d}\boldsymbol{p}/\mathrm{d}t = \hbar\,\mathrm{d}\boldsymbol{k}/\mathrm{d}t$,即

$$\mathrm{d}\boldsymbol{k}/\mathrm{d}t = \boldsymbol{f}/\hbar \tag{7-12}$$

利用式(7-10)和式(7-12),电子的加速度为

$$\boldsymbol{a} = \frac{\mathrm{d}\boldsymbol{v}}{\mathrm{d}t} = \frac{1}{\hbar}\frac{1}{\mathrm{d}t}(\nabla E_{(k)}) = \frac{1}{\hbar}\frac{\mathrm{d}^2 E}{\mathrm{d}k^2}\frac{\mathrm{d}k}{\mathrm{d}t} = \frac{\boldsymbol{f}}{\hbar^2}\frac{\mathrm{d}^2 E}{\mathrm{d}k^2} = \frac{\boldsymbol{f}}{m_{\mathrm{n}}^{*}} \tag{7-13}$$

式(7-13)和牛顿第二定律的数学形式相同。可见,半导体中的电子在外场作用下,描述电子运动规律的方程中,质量是有效质量,而不是电子的惯性质量。这是因为方程中电子所受到的外力并不是电子受力的总和,并没有考虑电子受到半导体内部原子及其他电子的势场作用。当电子在外电场作用下运动时,电子的加速度应该是半导体内部势场和外电场共同作用的综合效果。由于内部势场的具体数学形式及加速度求解十分困难,因此引入有效质量后使问题变得简单,式(7-13)直接把外力和电子的加速度联系起来,内部势场的作用由有效质量加以概括。因此,有效质量的意义在于它包含了半导体内部势场的作用,使得在解决半导体中电子在外力作用下的运动规律时,可以不涉及半导体内部势场的作用,方便解决电子的运动规律。

7.2.4 半导体中的载流子分布

1. 状态密度函数

半导体中电子的数目是巨大的,半导体中的大量电子不断地作无规则热运动,电子既可以在热运动中获得能量,从低能量的量子态跃迁到高能态,即电子从价带跃迁到导带,或者是原子电离产生导电电子和空穴;也可以从高能量态跃迁到低能量态,导电电子和空穴产生复合而导致载流子数量减少,并将多余的能量释放。因此,从一个电子来看,它所具有的能量可能是不断变化的。但从大量电子的整体来看,在一定温度热平衡状态下,电子按能量大小具有确定的分布规律。

考虑体积为 $V = L_x L_y L_z$ 的半导体,根据量子理论,其空间量子态取值为

$$k_i = \frac{n_i}{L_i}, \quad i = x, y, z; \quad n \text{ 为整数} \tag{7-14}$$

任一组 $\boldsymbol{k} = (k_x, k_y, k_z)$ 代表一个能量态。考虑到自旋,则每一个能量态代表两个量子态。由于导电电子可以在整个空间运动,所以一个能量态在倒空间占据体积为 $(2\pi)^3/2V$。

能带中的量子态数量巨大,相邻态的能量差细微,则量子态的能量可看作准连续的。如在 $\mathrm{d}E$ 能量范围内有 $\mathrm{d}Z$ 个能量态,则能量态的态密度 $g(E)$ 为

$$\mathrm{d}Z = g(E)\mathrm{d}E \tag{7-15}$$

考虑等能面为简单的球面,则半导体导带底电子的能量态为

$$E_{(k)} = E_C + \frac{\hbar^2 k^2}{2m_n^*}, \quad k = \sqrt{\frac{2m_n^*}{\hbar^2}(E - E_C)}, \quad \mathrm{d}E_{(k)} = \frac{\hbar^2 k}{2m_n^*}\mathrm{d}k \tag{7-16}$$

球对称的 k 空间中,$\mathrm{d}k$ 范围相的空间体积为 $4\pi k^2 \mathrm{d}k$,则由式(7-15)量子态数量得

$$\mathrm{d}Z = g(k)\mathrm{d}k = \frac{4\pi k^2 \mathrm{d}k}{\dfrac{(2\pi)^3}{2V}} = \frac{Vk^2 \mathrm{d}k}{\pi^2} \tag{7-17}$$

将式(7-16)代入式(7-17),可得到半导体导带中的态密度为

$$g_{(E)} = 4\pi V \frac{(2m_n^*)^{3/2}}{\hbar^3}(E - E_C)^{1/2} \tag{7-18}$$

同样,价带空穴的态密度为

$$g_{(E)} = 4\pi V \frac{(2m_p^*)^{3/2}}{\hbar^3}(E_V - E)^{1/2} \tag{7-19}$$

根据量子理论,服从泡利不相容原理的电子的状态分布遵循费米统计规律。如单位体积有 $N(E)$ 个导电电子,而态密度为 $g(E)$,则能量为 E 的量子态被电子占据的概率为

$$\frac{N(E)}{g(E)} = f_{(E)} = \frac{1}{\exp\left(\dfrac{E - E_F}{k_B T}\right) + 1} \tag{7-20}$$

费米能级 E_F 可以由半导体中被电子占据的量子态数应等于电子总数 N 这一条件来决定:

$$\sum_i f_{(E_1)} = N \tag{7-21}$$

将半导体中大量的电子集体看成一个热力学系统。则费米能级是系统的化学势:

$$E_F = \mu = \left(\frac{\partial F}{\partial N}\right)_T \tag{7-22}$$

半导体的费米能级 E_F 同样具有以下特点。费米能级一般在禁带范围内。$T = 0$ 时,E_F 以下能级被填满;E_F 以上能级为空。$T > 0$ 时,E_F 以下能级大部分被填充,有少量空状态;E_F 以上能级大部分为空,只有少量状态被电子占据。

如果 $E - E_F \gg k_B T$,则费米分布函数式(7-20)可以近似为玻耳兹曼(Boltzmann)分布函数:

$$f_{(E)} = \frac{1}{\exp\left(\dfrac{E - E_F}{k_B T}\right) + 1} \approx \exp\left(-\frac{E - E_F}{k_B T}\right) \propto A\exp\left(-\frac{E}{k_B T}\right) = f_{B(E)} \tag{7-23}$$

一般地,半导体能费米能级 E_F 位于禁带范围内,而且与导带底或价带顶的距离远大于 $k_B T$,所以,对导带中的量子态来说,被电子占据的概率一般满足 $f_{(E)} \ll 1$,即相对于量子态

数量而言,可以填充的电子数很少,所以电子分布规律可不必考虑泡利不相容原理,即半导体导带中的电子分布可以用玻耳兹曼分布规律描述。

同样地,半导体价带中的量子态被空穴占据的概率很小,一般都满足 $1-f_{(E)} \ll 1$。故价带中空穴也服从玻耳兹曼分布函数:

$$1-f_{(E)} = 1 - \frac{1}{\exp\left(\dfrac{E-E_F}{k_B T}\right)+1} \approx \exp\left(\frac{E-E_F}{k_B T}\right) = \exp\left(-\frac{E_F-E}{k_B T}\right) = f_{B(E)}$$

$$(7\text{-}24)$$

通常把服从玻耳兹曼统计律的电子系统称为非简并性系统,而把服从费米统计律的电子系统称为简并性系统。

2. 导带中的电子和价带中的空穴的浓度

基于能带中的能态准连续分布的认识,导带中无限小的能量间隔 dE 范围的量子态为 $dZ = g_{C(E)} dE$,电子占据能量为 E 的量子态的概率是 $f_{(E)}$,故 dE 范围有 $g_{C(E)} f_{(E)} dE$ 个电子。从导带底到导带顶积分,就得到了能带中的电子总数;再除以半导体体积,就得到了导带中的电子浓度。热平衡下非简并半导体导带中,能量间隔 dE 范围内的电子数为

$$dn = dN/V = g_{C(E)} f_{B(E)} dE / V \qquad (7\text{-}25)$$

对上式从导带底到导带顶积分,可得到导带中的电子密度:

$$n_0 = \int_{E_C}^{E'_C} dn = \int_{E_C}^{\infty} dn = N_C \exp\left(-\frac{E_C-E_F}{k_B T}\right) \qquad (7\text{-}26)$$

其中

$$N_C = 2\frac{(2\pi m_n^* k_B T)^{3/2}}{\hbar^3} \qquad (7\text{-}27)$$

N_C 称为导带有效状态密度,E'_C 是导带顶能级。

同样地,价带中的空穴密度为

$$dp = dP/V = g_{V(E)}\left[1-f_{B(E)}\right]dE/V$$

$$p_0 = \int_{E'_V}^{E_V} dp = \int_{-\infty}^{E_V} dp = N_V \exp\left(\frac{E_V-E_F}{k_B T}\right) \qquad (7\text{-}28)$$

其中,

$$N_V = 2\frac{(2\pi m_p^* k_B T)^{3/2}}{\hbar^3} \qquad (7\text{-}29)$$

称为价带有效状态密度,E'_V 为导带空能级的最小能级。

图 7-3 给出了半导体的能带,态密度函数 $g_{C(E)}$ 和 $g_{V(E)}$,电子的分布函数 $f_{(E)}$ 和空穴的分布函数 $1-f_{(E)}$,以及它们的密度分布等曲线。从图中可明显看出,导带中电子的大多数是在导带底附近,而价带中的空穴则在价带顶附近。

3. 半导体中载流子的密度积

根据电子和空穴的密度表达式(7-26)和式(7-28),可以得到它们的乘积为

$$n_0 p_0 = N_C N_V \exp\left(-\frac{E_C-E_V}{k_B T}\right) = N_C N_V \exp\left(-\frac{E_g}{k_B T}\right) \qquad (7\text{-}30)$$

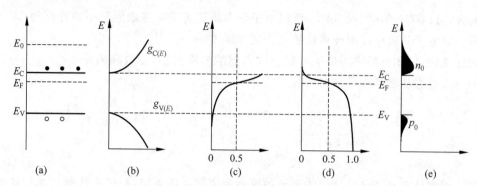

图 7-3 半导体中载流子分布规律

(a) 半导体的能带；(b) 态密度 $g_{C(E)}$ 和 $g_{V(E)}$；(c) 电子的分布函数 $f_{(E)}$；(d) 空穴分布函数 $1-f_{(E)}$；

(e) 载流子密度函数 $g_{C(E)} f_{(E)}$、$g_{V(E)}[1-f_{(E)}]$ 等曲线

代入 N_C 和 N_V 表达式，可得

$$n_0 p_0 = 4\left(\frac{2\pi k_B T}{\hbar^2}\right)^3 (m_n^* m_p^*)^{3/2} \exp\left(-\frac{E_g}{k_B T}\right) \tag{7-31}$$

可见，半导体中电子和空穴浓度的乘积与费米能级无关。对一定的半导体材料而言，乘积只取决于温度 T，与所含杂质无关。这表明，一定的半导体材料，在一定的温度下，载流子浓度的乘积是一定的。当然，不同的半导体材料因禁带宽度不同，乘积也不同。无论是本征半导体还是杂质半导体，只要是在热平衡状态下的非简并半导体，这个关系式都普遍适用。

7.3 半导体的类型和特征

半导体按其化学成分可分为本征半导体和杂质半导体，而杂质半导体根据多数载流子是电子还是空穴，又分为 n 型半导体和 p 型半导体。本征半导体是指没有杂质和缺陷的纯净半导体，是理想材料。人们为得到实用的半导体材料和器件，往往在半导体中有意掺杂杂质元素，构成杂质半导体。杂质半导体中的载流子是由杂质元素电离提供的，工作状态下杂质元素几乎全部电离，可提供稳定的载流子浓度，确保器件工作特性稳定。

7.3.1 本征半导体

本征半导体(intrinsic semiconductor)就是一块没有杂质和缺陷的半导体，半导体中的共价键是饱和、完整的。绝对零度时，价带中的全部量子态都被电子占据，导带中的量子态都是空的。$T>0K$ 时，半导体中有电子从价带激发到导带，同时价带中出现了空穴，这就是所谓的本征激发。由于电子和空穴成对产生，本征半导体导带中电子浓度 n_i 等于价带中的空穴浓度 p_i，亦称为本征半导体载流子浓度。图 7-4 给出了本征半导体的能带、载流子分布规律示意图。

本征激发情况下，

$$n_0 = p_0 = n_i \tag{7-32}$$

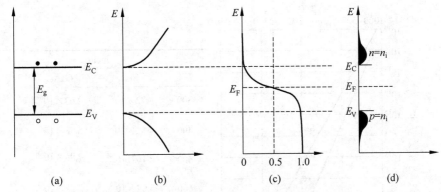

图 7-4 本征半导体的能带、载流子分布规律

(a) 简单能带；(b) $g_{(E)}$；(c) $f_{(E)}$；(d) $\mathrm{d}n_0/\mathrm{d}E$，$\mathrm{d}p_0/\mathrm{d}E$

代入式(7-26)和式(7-28)n_0 和 p_0 表达式：

$$N_C \exp\left(-\frac{E_C - E_F}{k_B T}\right) = N_V \exp\left(-\frac{E_F - E_V}{k_B T}\right)$$

对上式取对数，得

$$E_i = E_F = \frac{E_C + E_V}{2} + \frac{k_B T}{2} \ln \frac{N_V}{N_C}$$

代入式(7-27)、式(7-29)N_C、N_V 表达式，可得本征半导体的费米能级为

$$E_i = E_F = \frac{E_C + E_V}{2} + \frac{3 k_B T}{4} \ln \frac{m_p^*}{m_n^*} \tag{7-33}$$

这表明，室温下本征半导体的费米能级一般在禁带中线（稍偏上）位置。本征半导体中载流子浓度为

$$n_i = n_0 = p_0 = (N_C N_V)^{1/2} \exp\left(-\frac{E_g}{2 k_B T}\right) \tag{7-34}$$

可见，本征载流子浓度与半导体本身属性、禁带宽度和温度相关。代入 N_C、N_V 表达式，得

$$n_i = \frac{2 \times (2\pi k_B T)^{3/2}}{\hbar^3} (m_n^* m_p^*)^{3/4} \exp\left(-\frac{E_g}{k_B T}\right) \tag{7-35}$$

利用上式对数关系可实验测定能带宽度，计算一定温度下本征半导体的载流子浓度。图 7-5 给出了 Si 和 GaAs 半导体中载流子浓度随温度的变化。

本征载流子的浓度积为

$$n_0 p_0 = n_i^2 \tag{7-36}$$

上式说明，在一定温度下，任何非简并半导体的热平衡载流子浓度的乘积等于该温度下本征载流子浓度的平方，与所含杂质无关。此结论不仅适用于本征半导体材料，而且也适用于非简并的杂质半导体材料。

7.3.2 杂质半导体和杂质能级

由于本征半导体中的电子和空穴浓度相等，并且随温度的升高，载流子浓度成数量级提高。所以，当本征激发占主要地位时，器件将不能正常工作。因此，制造半导体器件一般不

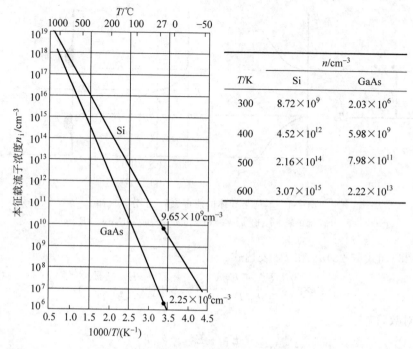

图 7-5　半导体中载流子的浓度和温度关系

使用本征半导体,而是使用含有一定杂质的半导体材料。在纯净半导体中用扩散的方法掺入少量其他元素,就构成了杂质半导体。在工作状态下,本征载流子浓度远低于杂质电离所提供的载流子浓度,半导体中的载流子浓度是一定的,器件就能稳定工作。杂质半导体的性质与本征半导体有很大差异,杂质在半导体内起到关键作用。实际的半导体器件中,载流子主要来源于杂质电离,本征激发可忽略不计。

根据半导体中载流子的类型,杂质半导体可分成 n 型和 p 型两种。将第 Ⅴ 族元素如磷和砷掺杂到硅半导体中,Ⅴ族原子有 5 个价电子,除为金刚石结构的硅晶体提供 4 个电子以构成 4 个共价键,每个杂质原子提供一个多余电子,半导体中的载流子主要是电子,这样的半导体称为 n 型半导体,提供电子的杂质称为施主杂质(donor impurity),如图 7-6 所示。类似地,掺杂到硅半导体的第 Ⅲ 族元素如铝、硼等,每个杂质原子在形成共价键以后还缺乏一个电子,这就为半导体提供了一个空穴。p 型半导体多数载流子是空穴,p 型半导体中的杂质称为受主杂质(acceptor impurity)。

当杂质部分电离的情况下,对 n 型半导体而言,相当于杂质能级上有电子占据,即未电离的施主杂质能级被电子所占据。要注意的是,杂质能级和半导体能级不同,半导体中杂质会在禁带中引入相应的杂质能级。在常温下,n 型半导体中施主杂质贡献的局域电子很容易吸收一个远小于禁带的能量而电离成为导带上的电子。这个离导带底的能量差为 E_D 的能级称为施主能级(donor level)。同样地,p 型半导体中受主杂质贡献的局域空穴很容易吸收一个很小的能量成为价带上的空穴,在禁带中这个离价带顶的能量差为 E_A 的杂质能级称为受主能级(acceptor level)。

半导体能带中的能态可以容纳自旋方向相反的两个电子,但杂质能态只可能被一个任意自旋方向的电子所占据,所以,电子占据杂质能级的分布概率和半导体能级上载流子分布

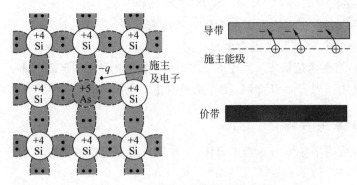

图 7-6　n 型硅半导体和能带示意图

概率不同。

电子占据施主能级概率：

$$f_D(E_D) = \cfrac{1}{1 + \cfrac{1}{2}\exp\left(\cfrac{E_D - E_F}{k_B T}\right)} \tag{7-37}$$

空穴占据受主能级概率：

$$f_A(E_A) = \cfrac{1}{1 + \cfrac{1}{2}\exp\left(\cfrac{E_F - E_A}{k_B T}\right)} \tag{7-38}$$

显然，杂质半导体中掺杂的施主浓度 N_D 或受主浓度 N_A 就是杂质的量子态密度，因此，施主能级上的电子浓度（即未电离的施主浓度）为

$$n_D = N_D f_D(E) = \cfrac{N_D}{1 + \cfrac{1}{2}\exp\left(\cfrac{E_D - E_F}{k_B T}\right)} \tag{7-39}$$

电离的施主浓度 N_D^+ 为

$$N_D^+ = N_D(1 - f_D(E)) = \cfrac{N_D}{1 + 2\exp\left(-\cfrac{E_D - E_F}{k_B T}\right)} \tag{7-40}$$

在 $E_D - E_F \gg k_B T$ 情况下，$n_D^+ = N_D$，施主充分电离。

同样，受主能级上的空穴浓度（即未电离的受主浓度）为

$$n_A = N_A f_A(E) = \cfrac{N_A}{1 + \cfrac{1}{2}\exp\left(\cfrac{E_F - E_A}{k_B T}\right)} \tag{7-41}$$

电离的受主浓度 N_A^+ 为

$$N_A^+ = N_A(1 - f_A(E)) = \cfrac{N_A}{1 + 2\exp\left(-\cfrac{E_F - E_A}{k_B T}\right)} \tag{7-42}$$

可以看出，杂质能级与费米能级的相对位置反映了电子和空穴占据杂质能级的情况。

(1) 当 $E_D - E_F \gg k_B T$ 时，$\exp\left(\dfrac{E_D - E_F}{k_B T}\right) \gg 1$，即费米能级 E_F 远在 E_D 之下时，可以认为施主杂质几乎全部电离。当施主杂质能级和费米能级一致时，$E_F = E_D$，$n_D^+ = 1/3 N_D$，即施主杂质有 $1/3$ 电离，还有 $2/3$ 没有电离。

(2) 同样地，当费米能级 E_F 远在 E_A 之上时，受主杂质几乎全部电离了。反之，受主杂质基本上没有电离。当 $E_F = E_A$ 时，受主杂质有 $1/3$ 电离，另外 $2/3$ 没有电离。

7.3.3　n 型半导体

只含施主杂质的半导体为 n 型半导体，半导体自身是电中性的，所以

$$n_0 = p_0 + n_D^+ \tag{7-43}$$

等式左边是单位体积中的负电荷数，实际上为导带中的电子浓度；等式右边是单位体积中的正电荷数，实际上是价带中的空穴浓度与电离施主浓度之和。代入各自表达式：

$$N_C \exp\left(-\frac{E_C - E_F}{k_B T}\right) = N_V \exp\left(-\frac{E_F - E_V}{k_B T}\right) + \frac{N_D}{1 + 2\exp\left(-\dfrac{E_D - E_F}{k_B T}\right)}$$

n 型半导体的能带结构、载流子分布规律简单图示为图 7-3。

一般常温工作状态下，大部分杂质电离，$n_0 \approx n_D^+ \approx N_D$，载流子浓度与温度无关。这种载流子浓度近似等于杂质浓度的状态称为强电离状态，这一状态存在的温度范围称为饱和区。

这时，$\exp\left(-\dfrac{E_D - E_F}{k_B T}\right) \ll 1$ 或 $E_D - E_F \gg k_B T$，即费米能级 E_F 明显在 E_D 以下，有

$$N_C \exp\left(-\frac{E_C - E_F}{k_B T}\right) = N_D$$

$$E_F = E_C + k_B T \ln \frac{N_D}{N_C} \tag{7-44}$$

可见，在强电离时，费米能级取决于温度及施主杂质浓度。在一般掺杂浓度下，$N_C > N_D$，因此，E_F 表达式中第二项为负，E_F 靠近导带；而且，温度越高，E_F 就越向本征费米能级 E_i 靠近。实际上，半导体中杂质的电离与温度相关，如图 7-7 所示。当温度很低时，大部分施主杂质能级仍为电子所占据，只有很少量施主杂质发生电离，即少量的电子进入导带，这种情况称为弱电离。在常温下，杂质大部分电离，导带中电子浓度等于施主浓度，处于饱和区，也就是杂质全部电离的理想状态。温度进一步升高时，载流子浓度随温度升高而迅速增加，出现本征激发产生的本征载流子数远多于杂质电离产生的载流子数现象，称为杂质半导体进入本征激发区。这种情况下，形同本征半导体一样，费米能级接近禁带中线。

同样地，作类似讨论，可以得到只含受主杂质的 p 型半导体在饱和强电离状态的系列公式：

$$p_0 \approx n_A^+ \approx N_A \tag{7-45}$$

$$E_F = E_V - k_0 T \ln \frac{N_A}{N_V} \tag{7-46}$$

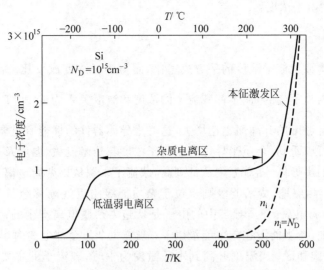

图 7-7 杂质半导体中的载流子浓度和温度关系

图 7-8 为杂质半导体能带的简单图示。

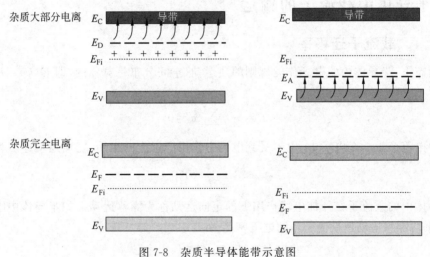

图 7-8 杂质半导体能带示意图

7.3.4 少数载流子浓度

n 型半导体中的主要载流子是电子，p 型半导体中的主要载流子是空穴。n 型半导体中的电子和 p 型半导体中的空穴称为多数载流子（简称多子），而 n 型半导体中的空穴和 p 型半导体中的电子称为少数载流子（简称少子）。少子浓度与杂质浓度及温度存在一定关系，在强电离情况下，多子浓度和杂质浓度相等，由于 $n_0 p_0 = n_i^2$，所以，杂质半导体的浓度如下。

n 型半导体中空穴浓度：

$$p_{n0} = \frac{n_i^2}{N_D} \tag{7-47}$$

p 型半导体中电子浓度:

$$n_{p0} = \frac{n_i^2}{N_A} \tag{7-48}$$

少子浓度与本征载流子浓度的平方成正比,而与多子浓度成反比。因为多子浓度在饱和区的温度范围内是不变的,而本征载流子的浓度和温度关系为 $n_i \propto T^3 \exp\left(-\dfrac{E_g}{k_B T}\right)$,所以少子浓度将随着温度的升高而迅速增大,这对半导体器件的性能有重要影响。

从以上讨论可以看到,杂质半导体的载流子浓度与费米能级、温度及杂质浓度相关。对于杂质浓度一定的半导体,随着温度从低到高,载流子来源从以杂质电离为主过渡到以本征激发为主的过程;相应地,费米能级则从位于杂质能级附近逐渐移至禁带中线处。譬如 n 型半导体,在低温弱电离区时,导带中的电子是从施主杂质电离产生的;随着温度升高,导带中电子浓度增加,费米能级在施主能级以下;当施主杂质全部电离时,导带中电子浓度等于施主浓度,处于饱和区;当温度升高到本征激发为主时,载流子的主要来源于本征激发,费米能级下降到禁带中线附近。

7.4 半导体中载流子的输运

7.4.1 载流子迁移率

平衡态下,半导体中的电子作无规则的热运动,空间分布是对称的,即 $E(k) = E(-k)$,所以

$$J = -q \sum_i \boldsymbol{v} = 0 \tag{7-49}$$

即没有净电流产生。在电场中,电子受到电场力作用产生定向运动,定向运动速度为

$$\boldsymbol{v} = \frac{\hbar \boldsymbol{k}}{m} = \frac{1}{\hbar} \nabla E_{(k)} \tag{7-50}$$

半导体中的载流子在外加电场作用下的定向运动称为漂移运动。如半导体中电子数密度为 n,平均漂移运动速度为 $\bar{v}_d$,则电流密度为

$$J = nq\bar{v}_d \tag{7-51}$$

由载流子迁移率的定义

$$\mu = \frac{\bar{v}_d}{E} \tag{7-52}$$

μ 相当于单位电场中电子的平均运动速度,称为电子的迁移率。这样,电流密度可表达为

$$J = nq\mu E \tag{7-53}$$

而电导率为

$$\sigma = nq\mu \tag{7-54}$$

半导体中存在空穴和电子两种载流子,载流子的浓度随着温度和掺杂浓度的变化而变化。所以,半导体的导电机制相对要比导体复杂些。在电场中空穴沿电场方向漂移,电子沿反电场方向漂移。因而,半导体中的导电作用应该是电子导电和空穴导电的总和。电子迁移率与空穴迁移率往往是不等的,前者要大些。以 μ_n 和 μ_p 分别代表电子和空穴迁移率,

这里 n 和 p 分别代表电子和空穴电流密度,则总电流密度为

$$J = J_n + J_p = (nq\mu_n + pq\mu_p)E \tag{7-55}$$

半导体电导率为

$$\sigma = nq\mu_n + pq\mu_p \tag{7-56}$$

对于 n 型半导体,$n \gg p$,$\sigma \approx nq\mu_n$;

对于 p 型半导体,$p \gg n$,$\sigma \approx nq\mu_p$;

对于本征半导体,$\sigma_i = n_i q(\mu_n + \mu_p)$。

在一定的温度下和外电场中,半导体的迁移率是一定的,原因在于电子受到散射作用。载流子在半导体中运动时,会不断地与热振动的晶格原子、杂质原子和结构缺陷发生碰撞,碰撞后载流子速度的大小及方向就会发生改变,如图 7-9(a)所示。相当于电子波在半导体中传播时遭到散射。所以,载流子在运动中由于不断被散射,载流子速度的大小及方向不断发生改变。载流子无规则的热运动也正是它们不断被散射的结果。载流子在外电场作用下的实际运动轨迹应该是热运动和漂移运动的叠加,漂移运动形成电流。图 7-9(b)中实线给出了在电场中电子的漂移现象。

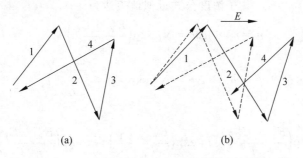

图 7-9　电场对半导体中电子运动轨迹的影响

(a) 无外场;(b) 外加电场

7.4.2　非平衡载流子

如果对半导体施加外界作用,破坏了原有的热平衡条件,使它处于非平衡状态。处于非平衡态的半导体载流子浓度发生变化,比平衡状态多出来的部分载流子称为非平衡载流子(excess carrier),有时也称为过剩载流子。产生非平衡载流子的方法很多,诸如光照产生非平衡载流子的光注入法,施加外电场的电注入法。

在平衡态载流子浓度基础上增加的那部分非平衡载流电子和空穴的浓度分别用 Δn 和 Δp 表示,$\Delta n = \Delta p$。一般情况下,注入的非平衡载流子浓度比平衡时的多数载流子浓度小得多,称为小注入条件。

非平衡载流子和平衡载流子是不可区分的。即使在小注入的情况下,非平衡少数载流子浓度还是比平衡少数载流子浓度大得多,所以,非平衡多数载流子的影响是不可忽略的,非平衡少数载流子在器件性能方面往往起到重要作用。

通常说的非平衡载流子都是指非平衡少数载流子。非平衡载流子的产生,对半导体的电导率产生附加电导:

$$\Delta\sigma = \mu_n \Delta n q + \mu_p \Delta p q = \Delta p q(\mu_n + \mu_p) \tag{7-57}$$

半导体中的电子系统处于热平衡状态时,整个半导体中有统一的费米能级,电子和空穴浓度都用它来描述。当外界的影响破坏了热平衡,使半导体处于非平衡状态时,就不再存在统一的费米能级。事实上,系统热平衡状态是通过跃迁实现的。在一个能带范围内,热跃迁十分频繁,极短时间内可导致能带内迅速达到平衡分布。两个能带之间因为中间隔着禁带,载流子热跃迁相对少得多,导带和价带之间往往处于不平衡状态。因此,当半导体的平衡态遭到破坏而存在非平衡载流子时,可以认为价带上的空穴和导带中电子各自基本上处于平衡态,也可以认为费米能级和统计分布函数对导带和价带各自仍然是有效的。这里分别引

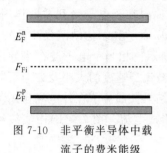

图 7-10　非平衡半导体中载流子的费米能级

入导带费米能级 E_F^n 和价带费米能级 E_F^p,它们都是单一载流子的费米能级,称为准费米能级。如图 7-10 所示。

导带和价带间的不平衡,表现在它们的准费米能级是不重合的,导带的准费米能级也称为电子准费米能级;相应地,价带的准费米能级称为空穴准费米能级。

只要非平衡载流子的浓度不太高,准费米能级不进入价带或导带内,非平衡状态下的载流子浓度就可以用平衡载流子浓度公式近似地表达为

$$n = n_0 + \Delta n = N_C \exp\left(\frac{E_F^n - E_C}{k_B T}\right) \tag{7-58}$$

$$p = p_0 + \Delta p = N_V \exp\left(-\frac{E_F^p - E_V}{k_B T}\right) \tag{7-59}$$

且

$$n = N_C \exp\left(\frac{E_F^n - E_C}{k_B T}\right) = n_0 \exp\left(\frac{E_F^n - E_F}{k_B T}\right) = n_i \exp\left(\frac{E_F^n - E_i}{k_B T}\right) \tag{7-60}$$

$$p = N_V \exp\left(-\frac{E_F^p - E_V}{k_0 T}\right) = p_0 \exp\left(-\frac{E_F^p - E_F}{k_0 T}\right) = n_i \exp\left(-\frac{E_F^p - E_i}{k_0 T}\right) \tag{7-61}$$

载流子浓度表达式表明,无论是电子还是空穴,非平衡载流子越多,准费米能级偏离平衡费米能级越远。而且,不同类型的半导体中,非平衡态载流子的准费米能级偏离平衡费米能级的程度不一样,呈数量级增长的少数非平衡载流子,相应的准费米能级偏离平衡费米能级的程度高。

载流子的积为

$$np = n_0 p_0 \exp\left(-\frac{E_F^n - E_F^p}{k_0 T}\right) = np = n_i^2 \exp\left(-\frac{E_F^n - E_F^p}{k_0 T}\right) \tag{7-62}$$

显然,两种载流子准费米能级之差直接反映了半导体偏离热衡态程度的大小,准费米能级间的差越大,偏离热平衡越明显,不平衡态势越显著;靠得越近,则说明越接近平衡态;两者重合时,形成统一的费米能级,半导体处于平衡态。因此,准费米能级可以更清楚地显示非平衡态的偏离程度。

产生非平衡载流子的外部作用撤除后,由于半导体系统内部作用,激发到导带的电子又回到价带,电子和空穴成对地消失。最终载流子浓度恢复到平衡时的值,半导体恢复到平衡态,这一过程称为非平衡载流子的复合。复合过程中,非平衡载流子浓度随时间而成指数规律减少。这说明非平衡载流子并不是立刻消失的,而是有一个延迟过程,即它们在导带或价

带上有一定的生存时间。非平衡载流子的平均生存时间称为非平衡载流子的寿命,用 τ 表示。相对于非平衡多数载流子,非平衡少数载流子的影响往往处于主导和决定地位,因而非平衡载流子的寿命常称为少数载流子寿命 τ。显然 $1/\tau$ 就表示单位时间内非平衡载流子的复合概率。通常把单位时间、单位体积内净复合消失的电子-空穴对数称为非平衡载流子的复合率。非平衡载流子浓度随时间成指数衰减的规律:

$$\Delta p(t) = \Delta p_0 \mathrm{e}^{-\frac{t}{\tau}} \tag{7-63}$$

其中,$\Delta p(t)$ 为 t 时刻非平衡空穴浓度,Δp_0 为零时刻非平衡空穴浓度。

非平衡载流子的复合过程从微观机制大致可以分为两类:一是直接复合——电子在导带和价带之间的直接跃迁,引起电子和空穴直接复合;二是间接复合——电子和空穴通过禁带中的能级(复合中心)进行复合。而根据复合过程发生的位置,又可以分为体内复合和表面复合。载流子复合时,一定会释放出多余能量,放出能量有三种途径:①发光复合或辐射复合,发射光子,有发光现象;②发射声子,载流子将多余的能量传给晶格,加强晶格的振动;③俄歇(Auger)复合,将能量给予其他载流子,增加它们的动能。

7.5 半导体的接触效应

半导体材料制成的元器件大多是由 p 型半导体、n 型半导体以及金属电极等形成各种接触,构成各种器件。这些接触的特性决定了器件的性能,本节介绍这些接触的构成和特性。

7.5.1 p-n 结

利用合金法、扩散、离子注入等工艺方法掺入 p 型或 n 型杂质,使半导体单晶体的不同区域分别具有 n 型和 p 型的导电类型,在二者的交界面处就形成了所谓 p-n 结。根据杂质分布规律,p-n 结可以简单分为两种:突变结和线性缓变结。一般合金方法制备的高掺杂浓度的浅扩散结可认为是突变结;低表面浓度的深扩散结,一般认为是线性缓变结。

以结界面位置 x_j 为界,杂质浓度分布情况如下所述。

突变结:

$$\begin{cases} x > x_j, & N = N_{\mathrm{A}} \\ x < x_j, & N = N_{\mathrm{D}} \end{cases} \tag{7-64}$$

线性缓变结(部分补偿):

$$\begin{cases} x < x_j, & N_{\mathrm{A}} > N_{\mathrm{D}} \\ x > x_j, & N_{\mathrm{A}} < N_{\mathrm{D}} \end{cases} \tag{7-65}$$

当半导体形成 p-n 结时,由于它们之间存在载流子浓度梯度,导致空穴从 p 区到 n 区、电子从 n 区到 p 区的扩散运动,结果在界面附近 p 区剩下不可移动的带负电荷的电离受主,n 区一边则形成电离施主构成的正电荷区。通常把 p-n 结附近的这些电离施主和电离受主所构成的电荷称为空间电荷,它们所存在的区域称为空间电荷区。

1. 无外电场作用的 p-n 结

如图 7-11 所示,空间电荷区中电离的施主和受主离子产生了从 n 区指向 p 区的电场,称为内建电场。在内建电场作用下，载流子作漂移运动。显然，电子和空穴的漂移运动方向与它们各自的扩散运动方向相反。因此，内建电场起到阻碍电子和空穴继续扩散的作用。最终载流子的扩散和漂移达到动态平衡，电子和空穴的扩散电流和漂移电流大小相等、方向相反而互相抵消，没有净电流流过 p-n 结。这时空间电荷的数量一定，内建电场一定，空间电荷区保持一定的宽度。一般称这种情况为热平衡状态下的 p-n 结，平衡状态下的 p-n 结的费米能级处处一致。

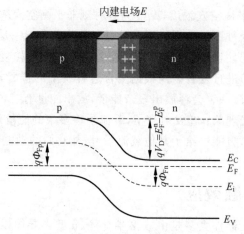

图 7-11　p-n 结的形成和能带结构

平衡时无净电流流过 p-n 结，流过的电子电流为零，即

$$J_n = J_漂 + J_扩 = nq\mu_n E + qD_n \frac{dn}{dx} = 0 \tag{7-66}$$

其中，D_n 是电子扩散系数。考虑电子静势垒 $-qV$ 随位置而变化，n 区平衡电子浓度与位置相关：

$$n(x) = N_C \exp\left(\frac{E_F + qV - E_C}{k_B T}\right) \tag{7-67}$$

对式(7-67)取对数可得

$$\frac{dn_x}{dx} = \frac{n_x}{k_B T} \frac{dV}{dx} \tag{7-68}$$

考虑势垒区本征费米能级 E_i 变化应与电子势能一致：

$$E_i = E_F^n + (-qV_{(x)}) \tag{7-69}$$

对上式微分

$$\frac{dE_i}{dx} = -q \frac{dV}{dx} = qE \tag{7-70}$$

其中，E 是内建电场，式(7-68)可改写为

$$\frac{dn_x}{dx} = -\frac{n_x E}{k_B T} \tag{7-71}$$

将上式代入式(7-66)可得

$$\frac{D_n}{\mu_n} = \frac{k_B T}{q} \tag{7-72}$$

式(7-72)给出了电子扩散运动和漂移运动的关系,称为爱因斯坦关系。对于空穴同样可以得到相似关系。

由式(7-60),n 区平衡电子浓度可以表达为

$$n(x) = n_i \exp\left(\frac{E_F - E_i}{k_B T}\right) \tag{7-73}$$

对上式取对数并代入式(7-70),可得

$$\frac{d\ln(n_x)}{dx} = \frac{1}{k_B T}\left(\frac{dE_F}{dx} - \frac{dE_i}{dx}\right) = \frac{1}{k_B T}\left(\frac{dE_F}{dx} - qE\right) \tag{7-74}$$

考虑式(7-72)爱因斯坦关系,式(7-66)电子电流表达为

$$J_n = J_漂 + J_扩 = nq\mu_n E + qD_n\frac{dn}{dx} = nq\mu_n\left(E + \frac{k_B T}{q}\frac{d\ln(n)}{dx}\right) = 0 \tag{7-75}$$

将表达式(7-74)代入上式,可得

$$J_n = J_漂 + J_扩 = n\mu_n\frac{dF_F}{dx} = 0 \quad 或 \quad \frac{dE_F}{dx} = \frac{J_n}{n\mu_n} \tag{7-76}$$

表明平衡态下 p-n 结各处费米能级相同。一般情况下,费米能级随位置的变化与电子数密度及电子电流相关,在电子电流密度一定时,电子数密度大的地方,费米能级随位置变化率小;反之变化率大。同样地,平衡态下 p-n 结的空穴电流为零,也可得到类似结论。

平衡 p-n 结的空间电荷区两端电势差 V_D,称为 p-n 结接触电势差或内建电势差,如图 7-11 所示。相应的电子电势能之差即能带的弯曲量 qV_D,称为 p-n 结的势垒高度。势垒高度正好补偿了 n 区和 p 区费米能级之差:

$$qV_D = E_{Fn} - E_{Fp} \tag{7-77}$$

平衡 p-n 结的空间电荷区的载流子、电场和电势分布如图 7-12 所示。

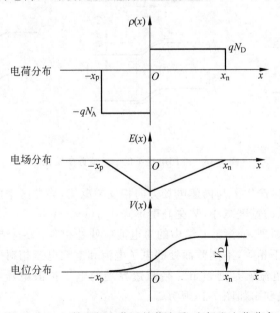

图 7-12　p-n 结空间电荷区的载流子、电场和电位分布

2. 外加电场的 p-n 结

无外电场存在的平衡状态 p-n 结中没有净电流通过,两种载流子的扩散电流和漂移电流互相抵消,费米能级处处相等,如图 7-13(a)所示。当 p-n 结两端加载电压时,p-n 结处于非平衡状态。

(1) 外加正向偏压,p 区接电源正极,n 区接负极。由于势垒区载流子浓度很小,电阻很大,势垒区外的 p 区和 n 区中载流子浓度很大,电阻很小,所以外加偏压基本降落在势垒区。正向偏压使势垒区电场减弱,破坏了原有载流子扩散运动和漂移运动之间的平衡,削弱了漂移运动,扩散流大于漂移流,如图 7-13(b)所示。所以加正向偏压时,产生了电子从 n 区向 p 区以及空穴从 p 区向 n 区的净扩散流。电子通过势垒区扩散入 p 区,在边界 $-x_p$ 处形成电子积累,成为 p 区的非平衡少数载流子,结果使该处电子浓度比 p 区内部高,形成了由势垒区边界向 p 区内部的电子扩散流。经过若干个扩散长度距离后全部被复合,这一区域称为扩散区。在一定的正向偏压下,单位时间内从 n 区扩散到边界处的非平衡少子浓度是一定的,并在扩散区内形成一稳定的分布,有一不变的向 p 区内部流动的电子扩散流。同理,在边界 x_n 处也有一不变的向 n 区内部流动的空穴扩散流。n 区的电子和 p 区的空穴都是多数载流子,分别漂移进入对方区域变为非平衡少数载流子。当增大正向压时,势垒降得更低,增大了注入 p 区的电子流和注入 n 区的空穴流,这种由外加正向偏压使非平衡载流子进入半导体的过程,称为非平衡载流子的电注入。

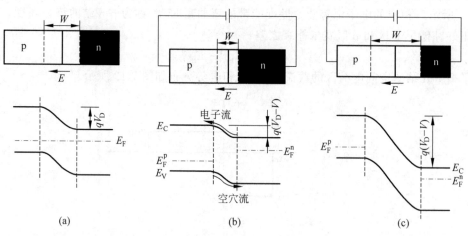

图 7-13 外加电场下的 p-n 结势垒变化

正向偏压在势垒区产生了与内建电场方向相反的电场,势垒区中的电场强度减弱,空间电荷相应减少,势垒区的宽度减小,势垒高度下降为 $q(V_D - V)$。

根据电流连续性原理,通过 p-n 结中的总电流应处处相等。p-n 结任一截面处通过的电子电流和空穴电流并不相等,不同截面处的电子电流和空穴电流相对大小不同,但总电流一定。通过 p-n 结的总电流就是通过 p-n 结两边界端的电子扩散电流与空穴扩散电流之和(两端少子扩散电流之和),如图 7-14 所示。

(2) 当 p-n 结加反向偏压($V<0$)时,反向偏压的电场与内建电场方向一致,势垒区的电场增强,势垒区变宽,势垒高度为 $q(V_D - V)$。势垒区电场增强破坏了载流子的扩散运动和漂移运动之间的原有平衡,增强了漂移运动,使漂移流大于扩散流,如图 7-13(c)所示。这时

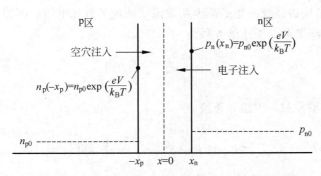

图 7-14　外电场存在条件下的 p-n 结区少数载流子分布

n 区边界 x_n 处的空穴被势垒区的强电场驱向 p 区,而 p 区边界处的电子被驱向 n 区。当这些少数载流子被电场驱走后,内部的少子需扩散过来补充,形成了反向偏压下的电子扩散电流和空穴扩散电流,好像是体内的少数载流子不断地被抽出来。p-n 结中总的反向电流等于势垒区两边界上少数载流子扩散电流之和。因为少子浓度很低,而扩散长度基本不变,所以反向偏压时少子的浓度梯度也较小。当反向电压很大时,边界处的少子浓度可以认为是零。这时少子的浓度梯度不再随电压变化,因此扩散流也不随电压变化,所以在反向偏压下,p-n 结的电流较小且趋于不变。

3. p-n 结 I-V 方程

考虑小注入条件,即注入的非平衡少数载流子浓度比平衡多数载流子浓度小得多,而且外加电压都降落在势垒区。势垒区中的电荷是由电离施主和电离受主的离子组成的,注入的少数载流子在势垒区是纯扩散运动。注入条件一定时,通过势垒区的电子和空穴电流为常量,如不考虑势垒区中载流子的产生与复合现象,根据 p 区载流子和准费米能级间关系式(7-60)和式(7-61),p 区非平衡载流子浓度表达式为

$$n_p = n_i \exp\left(\frac{E_F^n - E_i}{k_B T}\right) \tag{7-78}$$

$$p_p = n_i \exp\left(-\frac{E_F^p - E_i}{k_B T}\right) \tag{7-79}$$

如此,在 p 区边界 $x = -x_p$ 处,因 $E_F^n - E_F^p = qV$,所以

$$n_{p_{(-x_p)}} p_{p_{(-x_p)}} = n_i^2 \exp\left(\frac{qV}{k_B T}\right) \tag{7-80}$$

而 $p_{p(-x_p)} = p_{p0}$,$p_{p0} n_{p0} = n_i^2$,所以

$$n_{p_{(-x_p)}} = n_{p0} \exp\left(\frac{qV}{k_B T}\right) = n_{n0} \exp\left(\frac{qV - qV_D}{k_B T}\right) \tag{7-81}$$

注入 p 区边界 $x = -x_p$ 处非平衡少数载流子浓度为

$$\Delta n_p = n_{(-x_p)} - n_{p0} = n_{p0}\left[\exp\left(\frac{qV}{k_0 T}\right) - 1\right] \tag{7-82}$$

同样,注入 n 区边界 $x = x_n$ 处非平衡少数载流子浓度为

$$\Delta p_n = p_{(x_n)} - p_{n0} = p_{n0} \exp\left(\frac{E_{(x)} - E_{Vp}}{k_B T}\right) = p_{n0}\left[\exp\left(\frac{qV}{k_B T}\right) - 1\right] \tag{7-83}$$

可见,注入势垒区边界处的非平衡少数载流子浓度是外加电压的因数。小注入条件下,空穴扩散区稳定的非平衡少子连续方程为

$$D_p \frac{\partial^2 \Delta p_n}{\partial x^2} - \frac{\Delta p}{\tau_p} = 0 \tag{7-84}$$

其中,D_p 是空穴扩散系数。由边界条件 $x = x_n$,$p_{(x_n)} = p_{n0} \exp\left(\frac{qV}{k_B T}\right)$ 和 $x \to \infty$,$\Delta p = 0$,

$$\Delta p_n = p_{n(x)} - p_{n0} = p_{n0} \exp\left(\frac{x_n - x}{L_p}\right)\left[\exp\left(\frac{qV}{k_B T}\right) - 1\right] \tag{7-85}$$

同样,对于注入 p 区的非平衡少子浓度:

$$\Delta n_p = n_{(x)} - n_{p0} = n_{p0} \exp\left(\frac{x_p + x}{L_n}\right)\left[\exp\left(\frac{qV}{k_B T}\right) - 1\right] \tag{7-86}$$

其中,L_p 和 L_n 分别为空穴和电子的扩散长度,表示非平衡载流子深入样品的平均距离。载流子的扩散长度与扩散系数及其寿命相关:

$$L_p = \sqrt{D_p \tau_p} \tag{7-87a}$$

$$L_n = \sqrt{D_n \tau_n} \tag{7-87b}$$

以上是小注入条件下,p-n 结有外加电压时非平衡少数载流子在扩散区中的分布。可见,在外加正向偏压作用下,当外加电压 V 一定时,势垒区边界非平衡少数载流子浓度一定,所以这是稳定边界浓度的一维扩散。在扩散区,非平衡少数载流子按指数规律衰减,在势垒区两侧形成少子扩散电流密度分别为

$$J_p(x_n) = -q D_p \frac{\mathrm{d} p_n(x)}{\mathrm{d} x}\bigg|_{x=x_n} = \frac{q D_p p_{n0}}{L_p}\left[\exp\left(\frac{qV}{k_B T}\right) - 1\right] \tag{7-88}$$

$$J_n(-x_p) = q D_n \frac{\mathrm{d} n_p(x)}{\mathrm{d} x}\bigg|_{x=-x_p} = \frac{q D_n n_{p0}}{L_n}\left[\exp\left(\frac{qV}{k_B T}\right) - 1\right] \tag{7-89}$$

如不考虑势垒区内载流子的产生和复合作用,则通过 p-n 结的总电流密度 J 为两端少子扩散电流之和:

$$J = J_n(-x_p) + J_p(x_n) = \left(\frac{q D_n n_{p0}}{L_n} + \frac{q D_p p_{n0}}{L_p}\right)\left[\exp\left(\frac{qV}{k_B T}\right) - 1\right]$$

$$= J_s\left[\exp\left(\frac{qV}{k_B T}\right) - 1\right] \tag{7-90}$$

上式称为肖克利方程,其中,

$$J_s = \left(\frac{q D_n n_{p0}}{L_n} + \frac{q D_p p_{n0}}{L_p}\right) = q n_i^2\left(\frac{1}{N_A}\sqrt{\frac{D_n}{\tau_n}} + \frac{1}{N_D}\sqrt{\frac{D_p}{\tau_p}}\right)$$

在外加电压一定情况下,经过 p-n 结的电流一定。不同的载流子电流是变化的,如图 7-15(a)所示。总电流随电压的变化如图 7-15(b)所示,显现出二极管的电流-电压(I-V)特性。

4. p-n 结隧道效应

实验发现,对于两边都是重掺杂的突变 p-n 结,其电流-电压特性如图 7-16 所示,正向电流开始就随正向电压的增加而迅速上升达到一个极大值 I_p,称为峰值电流,对应的正向电

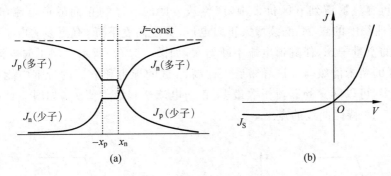

图 7-15　p-n 结的电流分布

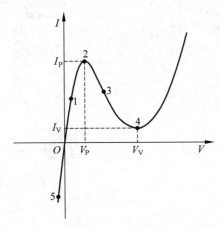

图 7-16　重掺杂 p-n 结的电流-电压特性

压 V_P,称为峰值电压。随后电压增加,电流反而减小,达到一极小值 I_V,称为谷值电流,对应的电压 V_V 称为谷值电压。当电压大于谷值电压后,电流又随电压而上升。在 V_P 到 V_V 这段电压范围内,电流随着电压的增大反而减小的现象称为负阻,这一段电流-电压特性曲线的斜率为负,这一特性称为负阻特性。反向时,反向电流随反向偏压的增大而迅速增加。由重掺杂的 p 区和 n 区形成的 p-n 结通常称为隧道结。这种隧道结制成的隧道二极管,由于具有正向负阻特性而获得多种用途,例如用于微波放大、高速开关等。p-n 结隧道结的这种电流-电压特性与隧道效应密切相关。

从能带角度来说,隧道效应与 p-n 结在不同偏置电压下的能带变化相关。重掺杂半导体中,n 型半导体的费米能级进入了导带,p 型半导体的费米能级进入了价带。两者形成隧道结后,势垒区很窄。由于量子隧道效应,n 区导带上的电子可穿过禁带到 p 区价带上,p 区价带上的电子也可能穿过禁带到 n 区导带上,从而有可能产生隧道电流。而且,隧道长度越短,电子穿过隧道的概率越大,产生越大的隧道电流。

在没有外加电压情况下,如图 7-17(a)所示,处于热平衡状态的 n 区和 p 区的费米能级相等,而且 n 区导带底比 p 区价带顶还低,因此,在 n 区的导带和 p 区的价带中出现具有相同能量的量子态。但费米能级以下能态被电子占满,而费米能级以上为空,没有明显的隧道电流。

正向电压 V 很小时,如图 7-17(b)所示,n 区相对于 p 区的费米能级提高 qV,n 区导带中的电子可穿过隧道到 p 区价带中,产生从 p 区向 n 区的正向隧道电流,这时对应于图 7-16 特性曲线上的点 1;继续增大正向电压,势垒高度下降,有更多的电子从 n 区穿过隧道到 p 区的空量子态,使隧道电流不断增大,如图 7-17(c)所示。当正向电流增大到 I_P 时,这时 p 区的费米能级与 n 区导带底一样高,n 区的导带和 p 区的价带中能量相同的量子态达到最多,可以隧穿的载流子数最多,正向电流达到极大值 I_P,如图 7-17(c)所示,这时对应于图 7-16 特性曲线的点 2。

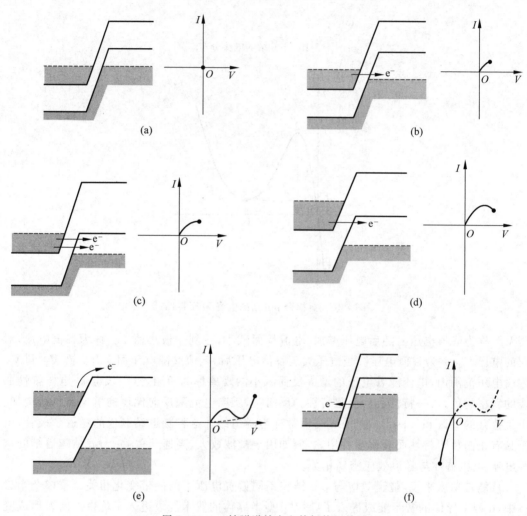

图 7-17 p-n 结隧道效应和外加偏压关系

进一步增大正向电压,势垒高度继续降低,p-n 结两边能量相同的量子态减少,使 n 区导带中可能穿过隧道的电子数以及 p 区价带中可接受隧穿电子的空量子态均减少,这时隧道电流减小,出现负阻现象,如图 7-17(d)所示,对应于图 7-16 特性曲线上的点 3。

正向偏压增大到 V_V 时,n 区导带底和 p 区价带顶一样高,这时 p 区价带和 n 区导带中没有能量相同的量子态,因此不能发生隧道穿通,隧道电流应该减少到零。如图 7-17(e)所示,对应于图 7-16 特性曲线上的点 4。实际上正向电流并不完全为零,而是一个很小的谷值

电流 I_V，称为过量电流。谷值电流基本上具有隧道电流的性质，产生原因是半导体能带边缘的延伸，能带边缘的延伸 n 区导带底有一个向下延伸的尾部，p 区价带顶有一个向上延伸的尾部，于是 n 区导带和 p 区价带仍有能量相同的量子态，这时仍可产生隧道效应，形成谷值电流。或者是通过禁带中的某些深能级所产生的隧道效应。

加反向偏压时，p 区能带相对于 n 区能带升高，结两边能量相同的量子态范围内，p 区价带中费米能级以下的量子态被电子占据，而 n 区导带中费米能级以上有空的量子态，如图 7-17(f)所示。因此，p 区中的价带电子就可以穿过隧道到 n 区导带中，产生反向隧道电流，随着反向偏压的增加，p 区价带中可以隧穿的电子数大大增加，故反向电流会迅速增加。

5. p-n 结击穿

p-n 结施加的反向偏压增大到某一数值 V_{RR} 时，反向电流密度突然迅速增大的现象称为 p-n 结击穿。发生击穿时的反向偏压称为 p-n 结的击穿电压。p-n 结击穿的根本原因是载流子数目的迅速增加，p-n 结击穿机理有雪崩击穿、隧道击穿和热电击穿等。

1) 雪崩击穿(avalanche breakdown)

在反向偏压下，流过 p-n 结的反向电流主要是由 p 区扩散到势垒区的电子电流和由 n 区扩散到势垒区的空穴电流组成的。当反向偏压很大时，势垒区中的电场很强，在势垒区内的电子和空穴由于受到强电场的漂移和加速作用，具有很大的动能。当它们与势垒区的原子发生碰撞时，能把价带上的电子碰撞出来，成为导电电子，同时产生一个空穴。从能带观点来看，就是高能量的电子或空穴把满带中的电子激发到导带，产生了电子-空穴对。它们在强电场作用下向相反方向运动，还会继续发生碰撞，不断产生电子-空穴对。如此下去，载流子大量增加，这种繁殖载流子的方式称为载流子的倍增效应。由于倍增效应，势垒区单位时间内产生大量载流子，迅速增大了反向电流，从而发生 p-n 结击穿。这就是雪崩击穿的机理，如图 7-18 所示。

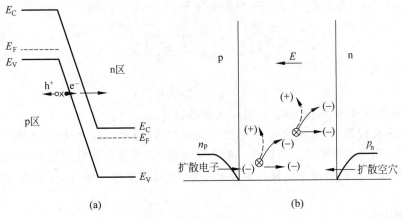

图 7-18　雪崩击穿示意图

雪崩击穿除了与势垒区电场强度有关，还与势垒区的宽度有关，因为载流子动能的增加，需要有一个加速过程和足够的加速距离。如果势垒区很薄，即使电场很强，由于载流子在势垒区中加速达不到产生雪崩倍增效应所必需的动能，也不能产生雪崩击穿。

2) 隧道击穿(齐纳击穿,Zener breakdown)

隧道击穿或齐纳击穿是指强电场作用下,因隧道效应,大量电子从价带穿过禁带而进入导带所引起的一种击穿现象,如图 7-19 所示。当 p-n 结加反向偏压 V_R 时,势垒区能带发生倾斜。反向偏压越大,势垒区的电场越强,势垒区能带也更加倾斜,甚至可以使 n 区的导带底比 p 区的价带顶还低。内建电场 E 使 p 区的价带电子得到附加势能 qE,当内建电场 E 大到某值后,价带中的部分电子所得到的附加势能 qE 可以大于禁带宽度 E_g,相同能量的 p 区价带电子和 n 区导带电子的水平距离 Δx 将变得更短。即当反向偏压达到一定数值,Δx 短到一定程度时,价带中的电子将通过隧道效应穿过禁带而到达 n 区导带上,量子力学证明,隧道击穿概率大小为

$$P = \exp\left[-4\pi\left(\frac{2m_n^*}{\hbar^2}\right)^{1/2}\int_{x_1}^{x_2}(E_{(x)} - E_q)^{1/2}\,dx\right] \tag{7-91}$$

其中,$E_{(x)}$ 表示点 x 处的势垒高度,E_q 为电子能量,x_1 及 x_2 为势垒区的边界。电子隧道穿过的势垒可看成三角形势垒。确定结构的 p-n 结,势垒区中的电场越大或隧道长度 Δx 越短,电子穿过隧道的概率越大。当电场 E 大到或 Δx 短到一定程度(隧道长度)时,会使 p 区价带中大量的电子隧穿过势垒到达 n 区导带上去,反向电流急剧增大,于是 p-n 结就发生隧道击穿,这时外加的反向电压即隧道击穿电压(或齐纳击穿电压)。

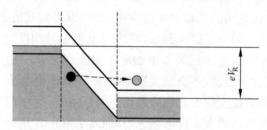

图 7-19 隧道击穿示意图

由 $E(x) = qE$,考虑 $E_g = \Delta x qE$,反向偏压下 $V_S = V_D - V$,所以

$$\Delta x = \frac{E_g X_D}{q(V_D - V)} = \frac{E_g}{q}\sqrt{\frac{2\varepsilon_0\varepsilon_r}{qV_S}\left(\frac{1}{N_D} + \frac{1}{N_A}\right)} \tag{7-92}$$

隧道击穿概率为

$$P \propto \exp(-\Delta x \cdot E_g^{1/2}) \tag{7-93}$$

可见,反向偏压越大,杂质浓度越高,隧道击穿越容易。

在杂质浓度较低时,反向偏压变大,势垒宽度增大,隧道长度会变长,不利于隧道击穿,但是却有利于雪崩倍增效应。所以在一般杂质浓度下,雪崩击穿机制是主要的。高杂质浓度时,反向偏压不高的情况下就能发生隧道击穿,所以在重掺杂情况下,隧道击穿机制是主要的。

3) 热电击穿

当 p-n 结上施加反向电压时,流过 p-n 结的反向电流会引起热损耗。反向电压逐渐增大,反向饱和电流密度随温度按指数规律上升,$J_s \propto n_i^2 \propto T^3 e^{-E_g/k_0T}$。因此,随着结区温度上升,反向饱和电流密度迅速上升,产生的热能也迅速增大,导致结区温度上升和反向饱和流密度进一步增大。如此反复,最后使 J_s 急剧增长而发生击穿。这种由热不稳定性引起

的击穿,称为热电击穿。窄禁带半导体在室温下易于出现热电击穿现象。

7.5.2　金属-半导体接触

1. 金属和半导体的功函数

金属中的自由电子在体内自由运动,一般情况下电子不能脱离金属逸出体外。这说明金属中的电子是在金属体三维空间尺寸范围的势阱中运动,电子的能级低于体外能级。要使电子从金属中逸出,就必须由外界给它以足够的能量。用 E_0 表示真空中静止电子的能级,金属功函数 W_m 定义为 E_0 与费米 E_{Fm} 能级之差,即

$$W_m = E_0 - E_{Fm} \qquad (7\text{-}94)$$

功函数的大小标志着电子被束缚在金属体内的强弱,所以又称逸出功。它表示一个起始能量等于费米能级的电子,由体内逸出到体外所需要的最小能量。W_m 越大,电子越不容易离开金属。金属的功函数为几电子伏。

同样地,在半导体中,导带底 E_C 和价带顶 E_V 一般都比 E_0 低几电子伏。要使电子从半导体中逸出,也必须给它以足够高的能量。和金属类似,把 E_0 与费米能级 E_{Fs} 之差称为半导体的功函数,用 W_s 表示,于是,

$$W_s = E_0 - E_{Fs} \qquad (7\text{-}95)$$

半导体的费米能级随杂质浓度变化,因而 W_s 也与杂质浓度有关。另外,取

$$x = E_0 - E_C \qquad (7\text{-}96)$$

x 称为电子亲合能,表示要使半导体导带底的电子逸出体外所需要的最小能量。所以,半导体的功函数又可表示为

$$W_s = E_0 - E_{Fs} = x + E_C - E_{Fs} = x + E_n \qquad (7\text{-}97)$$

其中,E_n 为半导体的导带底和费米能级间距。

2. 金属-半导体接触势垒

金属和半导体形成金属-半导体接触,根据它们功函数的大小和半导体类型,需分别讨论。

例如考虑金属和 n 型半导体构成的接触,假定金属的功函数大于半导体的功函数,即 $W_m > W_s$,如图 7-20(a)和(b)所示。它们接触前,半导体的费米能级 E_{Fs} 高于金属的费米能级 E_{Fm},即

$$E_{Fs} - E_{Fm} = W_m - W_s \qquad (7\text{-}98)$$

金属和半导体形成接触后构成统一的电子系统,由于 n 型半导体的费米能级 E_{Fs} 高于金属的费米能级 E_{Fm},半导体中的电子将向金属流动,使金属表面带负电,半导体表面区域带正电。它们所带的电荷在数值上相等,保持整个系统为电中性。结果降低了金属的电势,提高了半导体的电势。随之内部电子能级及界面处的电子能级都发生相应的变化。达到平衡状态时,金属和半导体的费米能级在同一水平上,这时不再有电子的净流动。它们之间产生电势差并完全补偿了原来费米能级的不同。即相对于金属的费米能级,半导体的费米能级下降了 $W_m - W_s$,金属和半导体接触产生的电势差称为接触电势差 V_{ms}。在这个过程中,金属接触的表面堆积电子,同时 n 型半导体表面区域带等量的正电荷。由电离施主离子构成的这些正电荷分布在半导体表面一定厚度区域,形成了一个空间电荷区。在空间电荷区

内存在一定的电场,造成能带弯曲,使半导体表面和内部之间存在电势差 V_s,称为表面势。若金属和半导体紧密接触,电子可自由穿过界面,这时接触电势差绝大部分降落在空间电荷区。即

$$V_s = (W_s - W_m)/q \tag{7-99}$$

半导体一侧的势垒高度为

$$qV_D = -qV_s = (W_s - W_m), \quad V_s < 0 \tag{7-100}$$

金属一边的势垒高度为

$$q\phi_{ns} = qV_D + E_n = -qV_s + E_n = W_m - W_s + E_n = W_m - x \tag{7-101}$$

从上可看出,金属和 n 型半导体接触时,如金属的功函数大于半导体的功函数,则半导体近表面形成带正电的空间电荷区,内建电场方向指向金属,$V_s < 0$。半导体近表面区域的电子能量高于体内,能带向上弯曲,形成表面势。空间电荷主要由电离施主构成,这里电子密度远小于体内,是高阻区,称为空间阻挡层,内建电场阻止电子进一步流向金属。

金属与 n 型半导体接触时,若 $W_s > W_m$,电子将从金属流向半导体,电子在半导体表层积累形成负的空间电荷区。电场方向由表面指向体内,$V_s > 0$,能带向下弯曲。这里电子浓度比体内大得多,是一个高电导的区域,称为反阻挡层。反阻挡层是很薄的高电导层,对半导体和金属接触电阻的影响很小。在器件中的电气连接常常希望形成反阻挡层,构成无势垒的电阻接触,如图 7-20(c)和(d)所示。

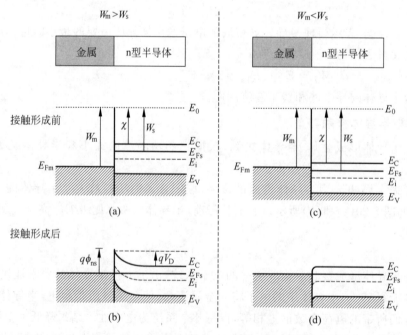

图 7-20 金属和半导体接触

相似地,p 型半导体和金属构成接触,当 $W_s > W_m$ 时,形成的势垒成为空穴阻挡层;当 $W_s < W_m$ 时,半导体的费米能级高于金属,形成反阻挡层。

以上讨论的是理想情况,实际半导体的表面因为晶体结构在表面中断而产生悬键,表面结构会和内部不同,会在禁带范围内出现所谓的表面态能级。当表面态密度很高时,由于它

可屏蔽金属接触的影响,使半导体内的势垒高度与金属的功函数几乎无关。

3. 肖特基势垒

金属半导体接触形成阻挡层时,会在金属半导体接触面附近产生一个势垒,称为肖特基势垒(Schottky barrier)。以 n 型半导体阻挡层为例,外加电压为正(金属接正极)时,势垒下降,形成从金属到半导体的正向净电流;外加反向电压,这时势垒增高,从半导体到金属的电子数目减少,电流很小。这样,阻挡层具有类似于 p-n 结的电流-电压特性,具有整流作用,如图 7-21 所示。

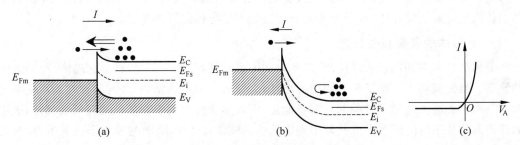

图 7-21　金属半导体接触电流-电压关系

金属-半导体接触的整流理论,根据势垒区的宽度分别提出了扩散理论和热电子发射理论。所谓扩散理论是指,当势垒的宽度比电子的平均自由程大得多时,电子通过势垒区要发生多次碰撞,经扩散越过势垒,流过势垒的电流密度为

$$J = J_{sD}\left[\exp\left(\frac{qV}{k_B T}\right) - 1\right] \tag{7-102}$$

上式表达了金属-半导体接触的 I-V 特性关系,其中,

$$J_{sD} = \sigma\left[\frac{2qN_D}{\varepsilon_r \varepsilon_0}(V_D - V)\right]^{1/2}\exp\left(-\frac{qV_D}{k_B T}\right) \tag{7-103}$$

当 $V>0$ 时,如 $qV \gg k_B T$,则

$$J = J_{sD}\exp\left(\frac{qV}{k_B T}\right) \tag{7-104}$$

当 $V<0$ 时,如 $-qV \gg k_B T$,则

$$J = -J_{sD} \tag{7-105}$$

如 n 型阻挡层很薄,以至于电子平均自由程大于势垒宽度,电子在势垒区的碰撞可以忽略。这种情况下,势垒的形状并不重要,起决定作用的是势垒高度。半导体内部的电子只要有足够高的能量超越势垒的顶点,就可以自由地通过阻挡层进入金属;同样,金属中能超越势垒顶的电子都可能到达半导体一边。所以,电流的计算归结为单位时间越过势垒的载流子数目,这就是热电子发射理论。通过势垒结的总电流密度为

$$J = J_{sm} + J_{ms} = A^* T^2\exp\left(-\frac{q\phi_{ns}}{k_B T}\right)\left[\exp\left(-\frac{qV}{k_B T}\right) - 1\right]$$

$$= J_{sT}\left[\exp\left(-\frac{qV}{k_B T}\right) - 1\right] \tag{7-106}$$

$$J_{sT} = A^* T^2\exp\left(-\frac{q\phi_{ns}}{k_B T}\right) \tag{7-107}$$

其中，$A^* = \dfrac{4\pi q k_{\mathrm{B}}^2 m_{\mathrm{n}}^*}{\hbar^3}$。

由热电子发射理论得到的 I-V 特性关系式(7-107)与扩散理论所得到的结果(7-103)形式上一样，所不同的是，J_{sT} 与外加电压无关，更强烈地依赖于温度的函数。

7.5.3 半导体表面电子状态

半导体器件的特性一般都与半导体的表面性质有密切的关系。例如，半导体的表面状态对器件和半导体集成电路的参数及其稳定性有很大的影响，在某些情况下，往往不是半导体的体内效应起主导作用，而是其表面效应支配着半导体器件的特性。

1. 半导体的表面和表面态

晶体结构的周期性在表面中断，并在表面形成悬键，如图 7-22 所示是硅晶体(111)面上的悬键。悬键破坏了三维结构的周期对称性，会形成表面特殊结构，并对表面性质产生显著影响。由于表面大量原子键的断开需要能量，所以形成所谓的表面能。为降低表面能，表面和近表面的原子层间距发生变化而出现表面弛豫现象；另外，表面的原子会重新组合，改变表面原子的结构对称性，出现所谓的表面再构现象；其次，表面吸附原子同样可降低表面能、改变表面结构。

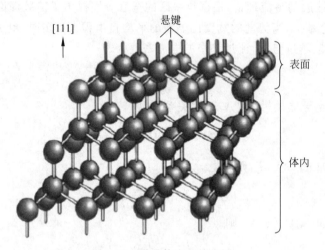

图 7-22　硅晶体表面的悬键

由于悬键的性质，表面还可与体内交换电子或空穴。例如，呈 n 型的悬键从体内获得电子，使表面带负电。这样，表面的负电荷可排斥近表面层电子使之成为耗尽层，甚至变为 p 型反型层。表面能级有两组：一是施主能级(带电子为中性，失去电子带正电)，靠近导带；二是受主能级(不带电子为中性，得到电子带负电)，靠近价带。除此以外，在表面处还存在由晶体缺陷或吸附原子等原因引起的表面态，这种表面态的特性与表面处理方法有关。

半导体表面的特殊结构，会在禁带中产生附加能级。电子或空穴被限定在表面，如此电子或空穴的状态称为表面态，表面态的能级称为表面能级。每个表面原子在禁带中对应一个表面能级，这些表面能级组成表面能带。单位表面积上的原子数约为 $10^{15}\,\mathrm{cm}^{-2}$，故单位表面积上的表面态数也具有相同的数量级。从化学键方面来说，晶格在表面处突然终止，在表面外层的每个硅原子将有一个未配对的电子，即有一个未饱和的悬键，与之对应的电子能态就是表面态。

2. 表面电场效应

在外加电场作用下,半导体表面层会产生一些现象,这些现象在半导体器件得到重要应用。有多种因素可以在半导体表面层产生电场,例如,功函数不同的金属和半导体接触、半导体表面吸附带电粒子等。考虑最简单的金属-绝缘层-半导体组成的 MIS 结构,在金属与半导体间施加电压时就能产生表面电场。假设 MIS 结构中金属与半导体的功函数相同,绝缘层不导电且没有任何可迁移电荷,绝缘层与半导体界面处不存在任何界面态的理想情况。如此 MIS 结构相当于一个电容,在金属与半导体之间施加电压,这一电容就被充电。因金属中自由电子数密度高,电荷基本上分布在表面原子层厚度范围内,而半导体中自由载流子密度低得多,电荷分布在一定厚度的表面层中,这个带电的表面层也称为空间电荷区。在空间电荷区内,从表面到内部电场逐渐减弱,半导体表面相对体内就产生电势差,使能带发生弯曲。常把空间电荷区两端的电势差称为表面势,用 V_s 表示。这里规定表面电势比内部高时,V_s 取正值;反之取负值。表面势及空间电荷区内电荷的分布情况随外加电压 V_G 而变化,以 p 型半导体为例,基本上可归纳为多数载流子堆积、耗尽和反型三种情况。

(1) 多数载流子堆积状态:当外加负电压(金属接负,$V_G < 0$ 时)时,半导体表面电势低于体内,表面势为负,$V_s < 0$。表面空穴能量低于体内,表面处能带向上弯曲,如图 7-23(a)所示。热平衡情况下,表面处价带顶靠近甚至高过费米能级,空穴浓度增加,表面层内因空穴堆积而带正电荷。

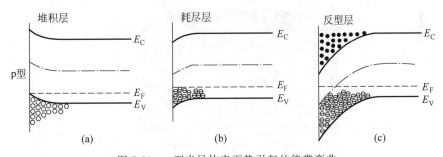

图 7-23　p 型半导体表面势引起的能带弯曲
(a) 多子堆积;(b) 多子耗尽;(c) 反型状态

(2) 多数载流子耗尽状态:当外加正电压(指金属接正,$V_G > 0$)时,表面势为正值,表面处能带向下弯曲,如图 7-23(b)所示,表面层负电荷基本上是由电离受主杂质构成,表面处空穴浓度较体内空穴浓度低得多,这种状态称作载流子耗尽。

(3) 少数载流子反型状态:当外加正电压进一步增大时,$V_G \gg 0$。半导体表面处能带相对于体内将进一步向下弯曲,如图 7-23(c)所示,表面处费米能级可能高过禁带中间能级 E_i,费米能级离导带底比离价带顶更近一些。这意味着表面处的电子浓度超过空穴浓度,即表面区域相当于 n 型半导体,与原来 p 型半导体导电类型相反,故称为反型层。近表面区域为反型层,从反型层到半导体内部还夹着一层耗尽层。在这种情况下,半导体空间电荷层内的负电荷由两部分组成,一部分是电离的受主负电荷,另一部分是反型层中的电子,后者主要堆积在近表面区。

同样,对于 n 型半导体构成的理想 MIS 结构,当金属与半导体间加正电压时,形成多数载流子电子的堆积；当金属与半导体间加负电压时，半导体表面内形成耗尽层；随着负电压的进一步增大，出现少数载流子空穴堆积的反型层。

金属-绝缘体-半导体系统在技术应用有十分特殊的作用，典型的 MOS(金属-氧化物-半导体)器件就是利用半导体表面效应制成的。例如，硅片上生长薄氧化膜后再覆盖一层铝就是最常见的 MOS 结构。以 n 沟道 MOS 结(n-channel MOS system)为例，如图 7-24 所示。MOS 基本结构中的半导体是 p 型的，在 MOS 结两侧的 p 型半导体表面增加两个 n 型半导体区域，引出的电极称为源极(source,S)和漏极(drain,D)，在两个 n 型区域之间外加电压。将 MOS 结中整个 p 型半导体衬底接地，在金属膜上接一个可调电压，称为栅极电压(grid voltage)。当栅极电压为零时，两个 n 型区域之间的电流相当于要通过两个背对背的 p-n 结，因此电流很小。当栅极电压逐渐增大时，p 型半导体衬底中的多数载流子空穴渐渐离开绝缘体-半导体表面附近，而少数载流子电子渐渐聚集到 p 区表面。当栅极电压达到一定程度时，p 区表面的电子浓度超过空穴浓度而成为局域的多数载流子(能带在栅极附近弯曲)。此时在两个 n 区之间不再是两个背对背的 p-n 结，p 区表面有一个电子始终是多数载流子的通道，可以通过较大的电流。所以，上述 MOS 晶体管在不同的栅极电压控制下可以处于导通和截止两种状态，利用这一性质做成的 MOS 集成电路，是大规模集成电路中重要的结构之一。

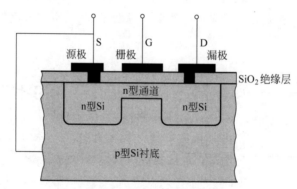

图 7-24　MOS 器件结构图

7.5.4　异质结

顾名思义，所谓异质结就是由两种不同的半导体材料组成的 p-n 结，前面讨论的由导电类型相反的同一种半导体材料组成的 p-n 结通常称为同质结。

根据构成异质结的两种半导体单晶材料的导电类型，异质结又分为以下两类：由导电类型相反的两种不同的半导体构成的反型异质结，以及由导电类型相同的两种不同半导体所形成的同型异质结。一般表述方法是把禁带宽度较小的半导体写在前面，例如，由 n 型 Ge 与 n 型 GaAs 形成的异质结即同型异质结，记为 n-nGe-GaAs 或(n)Ge-(n)GaAs。根据界面结构过渡区的尺寸，可分为突变型异质结和缓变型异质结两种。过渡区只有几个原子层厚度范围称为突变异质结，过渡区有数个扩散长度范围则称为缓变异质结。

研究异质结的特性时，异质结的能带图起到重要作用。在不考虑界面态情况下，任何异质结的能带图都取决于形成异质结的两种半导体的电子亲和能、禁带宽度以及功函数。

图 7-25 分别为 p-n 型和 p-p 型异质结的能带图。由于形成异质结的半导体的能带宽度不同,载流子分布显示有别于同质结的特殊性。

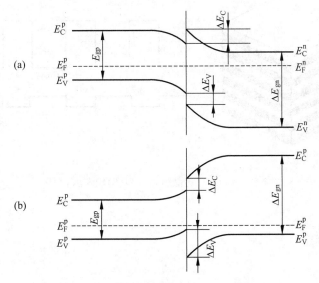

图 7-25　(a)p-n 型异质结能带和(b)p-p 型异质结能带

　　图 7-25(a)所示的 p-n 异质结中,n 型半导体的费米能级位置较高,电子从 n 型半导体流向 p 型半导体,同时空穴向反方向流动,直至达到费米能级相等时,异质结达到平衡状态,交界面的两边形成了空间电荷区(即势垒区或耗尽层)。

　　图 7-25(b)所示为 p-p 异质结,禁带宽度大的 p 型半导体费米能级比禁带宽度小的低,空穴将从前者向后者流动。结果在能带宽度小的 p 型半导体一边形成空穴积累,而另一边形成耗尽层。这种情况和反型异质结不同,反型异质结界面两边都是耗尽层,而在同型异质结的界面,一边是积累层,一边是耗尽层。

　　异质结具有许多不同于同质结的性质,利用异质结可以制作许多电子元器件,诸如利用异质结制作的激光器、发光二极管、光电探测器、应变传感器,比利用同质结制作的同类元件有着特殊的优越性能。

7.5.5　超晶格材料

　　半导体超晶格是指由两种半导体材料薄层交替生长组成的周期性多层叠加结构,且薄层厚度周期小于电子的平均自由程。理想超晶格结构如图 7-26 所示,沿半导体薄层交替生长方向,由于两种材料的禁带宽度不同而引起附加周期性势场,薄层厚度即势垒宽度,周期分布的势阱称为量子阱。

　　超晶格结构可分为成分超晶格和掺杂超晶格两类,前者是周期性改变薄层的成分而形成的超晶格,后者是周期性改变同一成分各薄层中的掺杂类型而形成的超晶格。如由 n 型和 p 型的硅薄层与本征层相间组成的周期性结构 NIPI,并称为 NIPI 晶体(N、P、I 依次代表 n 型层、p 型层、本征层)。

　　超晶格材料已用于研制量子阱激光器、量子阱光电探测器、光学双稳态器件、调制掺杂场效应晶体管等实用器件。

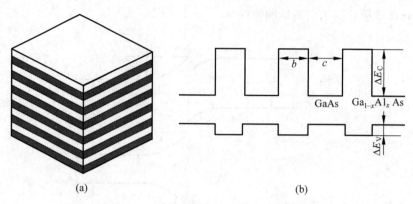

图 7-26 (a)理想超晶格结构和(b)能带示意图

第8章

材料的磁学特性

本章导读：

理解磁性是物质的基本属性，材料的磁性来源于原子磁矩，而原子磁矩是由原子核外未排满电子壳层中的电子自旋和轨道磁矩决定的。在外磁场中原子磁矩的定向排列呈现宏观磁性，即磁化现象。

掌握自发磁化现象是因为磁体中相邻原子间的静电作用产生的交换力作用，磁性材料是由许多个自发磁化磁畴小区域构成的。磁体在外磁场中的磁化过程包含磁畴的壁移极化和畴转极化机制。

了解磁性材料的应用，包括物质的磁效应（如磁光、磁弹性、磁电阻和磁致伸缩效应等）和磁功能材料。

磁性材料主要是指过渡元素铁、钴、镍及其合金等能够直接或间接产生磁性的物质。磁性呈现的范围很广，从微观粒子到宏观物体以至宇宙天体都存在着磁现象。早在公元前4世纪，我国史册就有关于天然磁石的记载。指南针的应用也可以追溯到公元前3世纪左右。磁性材料按成分分为金属和非金属两类，前者主要有电工钢、镍基合金和稀土合金等，后者主要是铁氧体材料；按使用性能又可分为软磁材料、永磁材料和功能磁性材料。

磁性材料是现代社会不可或缺的材料之一。磁性材料应用于现实生活的各个方面，如电子产品、电机产品以及家电、数据存储器等许多领域。随着科技的不断进步，对磁性材料提出了更高的要求，使得新型磁性材料的开发与研究成为材料领域的重要分支之一。

8.1 材料磁性的物理基础

8.1.1 磁矩及其物理本质

磁矩是表示磁性强弱的物理量。从原子角度看，物质的磁性来源于原子的磁矩，原子磁矩是由原子核磁矩和电子磁矩组成的。原子核磁矩很小可不予考虑，原子的磁矩可看成是核外运动的电子磁矩。电子磁矩由两部分组成：一是电子绕核运动产生的轨道磁矩，是由于核外电子的轨道运动（相当于闭合电流线圈）而产生的磁矩；二是电子自旋运动产生的磁矩，称为自旋磁矩。原子磁矩 p_m 可视为轨道磁矩和自旋磁矩的矢量和。所以说，电子轨道运动和自旋运动是物质产生磁性的基础。

如果原子中自旋方向相反的电子数目一样多，则它们产生的磁矩会互相抵消，以至于整个物体对外没有磁性，如图 8-1 所示。对于大多数自旋方向电子数目不同的原子来说，电子自旋磁矩不能相互抵消，原子具有一定的磁矩。例如铁、钴、镍等元素，原子在不同自旋方向上的电子数量不同，电子磁矩相互抵消以后还剩余一部分磁矩，即原子具有不为零的总磁矩，称为原子固有磁矩，如图 8-2 所示。不同原子的未成对电子数量不同，原子磁矩不同，故不同物质的磁性强弱也不同。例如，铁原子中没有被抵消的电子磁矩数最多，原子总剩余磁性最强；而镍原子中自旋没有被抵消的电子数量很少，相对磁性较弱。所以说原子磁矩是由核外未排满电子壳层中的电子磁矩决定的。构成大多数物质的原子磁矩之间往往作用很弱，它们是混乱排列的，所以整个物体没有宏观磁性。当原子间存在强静电作用时，可迫使相邻原子磁矩产生有序排列，即所谓的"交换作用"，整个物体也就有了宏观磁性。

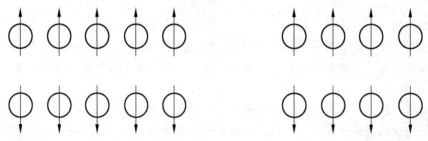

图 8-1　向上与向下自旋的电子数相等　　　　图 8-2　向上与向下自旋的电子数不等

物质磁性的机理认识上有两个观点。其一是分子环流理论，将物质的磁性看成是由电子轨道运动和自旋运动产生的，把它们等效为环绕回路流动的电荷产生磁矩。当材料未磁化时，环电流磁矩沿空间各方向的取向无序分布，$\sum \boldsymbol{p}_m = 0$；当材料磁化时，磁矩沿磁化外场排列起来，产生一个沿外场的磁化强度。磁矩定向排列的程度越高，磁化强度矢量也越大。可见，磁化强度 $\boldsymbol{M}$ 是一个反映物质磁化状态的物理量。电磁学已经证明，对于一条均匀磁化的试棒，磁化的宏观效果相当于试棒侧面出现环形束缚电流，且磁化强度在数值上等于单位试棒长度上束缚电流的大小，故磁化强度 $\boldsymbol{M}$ 的单位与磁场强度一样采用"安/米"（A/m）。

另一种磁性来源理论是磁荷理论，把具有一定磁性的原子或分子看成小磁体，称为磁偶极子。偶极矩大小由外磁场作用在磁偶极子上的最大力矩来度量，称为磁偶极矩。磁偶极矩的单位是韦·米（Wb·m）。介质未磁化时，体内大量的磁偶极子取向处于无序状态，偶极矩的矢量和 $\sum j_m = 0$，不显示磁性。当施加一个磁化场后，偶极子受外场作用转向外磁场方向，磁偶极子整齐排列，极性首尾相接互相抵消，磁化的宏观效果表现为试棒两端出现磁极，称为磁极化。从磁荷观点描述材料的磁化，引入磁极化强度矢量的概念，把单位体积内磁偶极矩的矢量和定义为磁极化强度：

$$J = \frac{\sum j_m}{V} \tag{8-1}$$

其中，磁极化强度 $\boldsymbol{J}$ 的单位是特斯拉（T）。若想象磁化试棒的一端集中磁北极，而在另一端集中磁南极，则试棒总的磁偶极矩为

$$J = ml = \sigma sl \tag{8-2}$$

其中，m 为棒端磁极强度，l 为试棒长度，s 为试棒截面积，σ 为表面磁荷密度。将此关系式代入式(8-1)中，得磁偶极矩大小为

$$J = \frac{\sigma sl}{sl} = \sigma \tag{8-3}$$

可见，试棒的磁极化强度等于棒端表面磁荷密度。

显然，原子磁性来源的分子环流理论与磁偶极子理论是等价的。一个磁矩为 $\boldsymbol{p}_m$ 的电流环可以看成是一个偶极矩为 $\boldsymbol{j}_m$ 的磁偶极子，磁偶极子的磁矩 $\boldsymbol{p}_m$ 和磁偶极矩 $\boldsymbol{j}_m$ 有如下关系：

$$\boldsymbol{j}_m = \mu_0 \boldsymbol{p}_m \tag{8-4}$$

分子电流观点中的磁化强度 $\boldsymbol{M}$ 和磁荷观点中的磁极化强度 $\boldsymbol{J}$ 之间的关系为

$$\boldsymbol{J} = \mu_0 \boldsymbol{M} \tag{8-5}$$

其中，$\mu_0 = 4\pi \times 10^{-7}$ 亨利/米(H/m)为真空磁导率。表 8-1 列出了采用两种不同观点时相对应的概念、模型和物理量。

表 8-1 原子磁性来源的两种不同观点对照表

分子电流观点	等效磁荷观点	附　注
环电流	磁偶极子	统称磁分子
环电流整列	磁偶极子整列	加外场时
环电流任意取向	磁偶极子任意取向	无外场时
表面束缚电流，I	棒端磁荷，m	等效
磁矩，$\sum \boldsymbol{p}_m = NIS$	磁偶极矩，$\sum \boldsymbol{j}_m = ml = \sigma sl$	$\boldsymbol{j}_m = \mu_0 \boldsymbol{p}_m$
磁化强度，$\boldsymbol{M}$ $M = \dfrac{NIS}{sl} = \dfrac{N}{l} = nl$	磁极化强度，$\boldsymbol{J}$ $J = \dfrac{\sigma sl}{sl} = \sigma$	$\boldsymbol{J} = \mu_0 \boldsymbol{M}$
(棒单位长度上的束缚电流)	(棒端表面磁荷密度)	等效

8.1.2　磁化现象与磁化强度

一般情况下，大多数磁性材料并不表现出宏观磁性，只是在磁场作用下才表现出来。物质在外磁场中由于受磁场作用所表现出来的磁性现象称为磁化。通常把能磁化的物质称为磁介质。所有物质都能被磁化，都是磁介质，只是磁性强弱不同而已。

衡量物质有无磁性或磁性大小的物理量是磁化强度，所谓磁化强度($\boldsymbol{M}$)，定义为单位体积内材料磁矩的矢量和：

$$\boldsymbol{M} = \frac{\sum \boldsymbol{p}_m}{V} \tag{8-6}$$

其中，V 为试样的某宏观体积元，$\sum \boldsymbol{p}_m$ 代表该体积内磁矩的矢量和。磁化强度 $\boldsymbol{M}$ 反映磁介质的磁化状态，是矢量，单位是 A/m。

8.1.3　材料的磁性

由大量原子构成的物质，由于组分和结构的不同，原子间以及原子和外场之间发生各种

相互作用,电子及原子磁矩处于不同状态,物质显示出多种多样的磁性。

对顺磁质和抗磁质,材料的宏观磁性一般用磁化率 χ 来唯象地描述。处于磁感应强度为 $\boldsymbol{B}$ 的外磁场中,材料的磁化强度 $\boldsymbol{M}$ 与该磁感应强度 $\boldsymbol{B}$ 的关系表示为

$$\boldsymbol{M} = \chi\boldsymbol{B} \tag{8-7}$$

磁感应强度 $\boldsymbol{B}$ 指空间某处磁场的大小,单位是特斯拉(T);磁化率 χ 反映材料磁化的难易程度。对于各向同性的立方对称晶体来说,χ 是标量;对于各向异性晶体,χ 是二级张量。根据材料的磁化率大小,如图 8-3 所示,把材料的磁性大致分为五类。

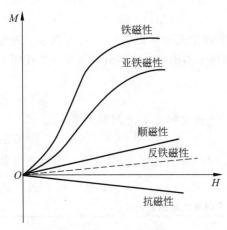

图 8-3 材料的磁性和磁化率关系

(1)铁磁性:铁磁性物质的主要特点是:①$\chi>0$,并且 χ 的数值很大,一般为 $10^{-1}\sim10^{5}$;②χ 不但随 T 和 $\boldsymbol{B}$ 而变化,而且与磁化历史有关;③存在磁性变化的临界温度,即居里温度(T_c)。当温度低于居里温度时,呈铁磁性;当温度高于居里温度时,呈顺磁性。这是最早研究并得到实际应用的强磁性物质。

(2)亚铁磁性:这类磁体像铁磁性,但 χ 没有铁磁性么大。它的主要特点是:①$\chi>0$,并且 χ 的数值较大($10^{-1}\sim10^{4}$);②χ 是 B 和 T 的函数,并与磁化历史有关;③存在临界温度,即居里温度,当温度低于居里温度时为亚铁磁性;当温度高于居里温度时为顺磁性。

一般所说的磁性材料就是指具有强磁性的铁磁体和亚铁磁体。

(3)顺磁性:其重要特点是 $\chi>0$,但数值很小(为 $10^{-6}\sim10^{-3}$)。

(4)反铁磁性:反铁磁性物质的 $\chi>0$,χ 的数值为 $10^{-5}\sim10^{-3}$,类似顺磁性。与顺磁性的最主要区别在于:在 χ-T 关系曲线上 χ 出现极大值。极大值所对应的温度为一临界温度(奈尔温度)。当温度低于奈尔温度时,为反铁磁性的磁有序结构,晶格中近邻原子磁矩反平行;当温度高于奈尔温度时,变为顺磁性。

(5)抗磁性:这类物质的主要特点是 $\chi<0$,即它在外磁场中产生的磁化强度与磁场方向相反。其次,这类物质的磁化率绝对值 $|\chi|$ 非常小,大约在 10^{-6} 数量级。它们在磁场中受到微弱斥力。

8.2 磁性材料的磁化曲线及磁滞回线

8.2.1 磁化曲线

无宏观磁性或退磁状态的磁性物质在外磁场中磁化,其磁化强度 $\boldsymbol{M}$、磁极化强度 $\boldsymbol{J}$ 和内部磁感应强度 $\boldsymbol{B}$ 随外磁场强度 $\boldsymbol{H}$ 的增强而增加,它们与 $\boldsymbol{H}$ 所构成的关系曲线称为磁化曲线或起始磁化曲线,如图 8-4 所示。

图 8-5 为软钢的磁化曲线,若起始状态为完全退磁,则 $\boldsymbol{H}=0$ 时,$\boldsymbol{M}=0$。随着磁场 $\boldsymbol{H}$ 的增大,磁化强度 $\boldsymbol{M}$ 开始增加缓慢。当 $\boldsymbol{H}$ 达到 $0.6\times10^{-3}\mathrm{A/m}$ 之后 $\boldsymbol{M}$ 开始急剧上升,在外磁场

强度在 $2.4 \times 10^{-3} \sim 1.2 \times 10^{-3} A/m$ 的区间内,磁化强度从 $0.8 \times 10^{-4} A/m$ 增大到 $1.2 \times 10^{-3} A/m$。继续增大外磁场,M 的增加变得越来越缓慢。在磁场约 $3.2 \times 10^2 A/m$ 时,磁化强度的增加已经停止,即达到饱和磁化强度 M_s。所有铁磁性物质从退磁状态开始的基本磁化曲线都有如图 8-4 的形式,磁性材料一般具有很高的磁化率 χ,即在微弱的磁场下就可以引起激烈的磁化。图 8-6 给出了一些工业化金属材料的磁化曲线。这种从退磁状态直到磁化饱和之间的磁化过程称为技术磁化。这些金属材料磁化曲线的差别仅在于磁化开始阶段的区间大小、M_s 的大小以及上升陡度的不同。

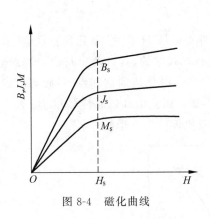

图 8-4 磁化曲线

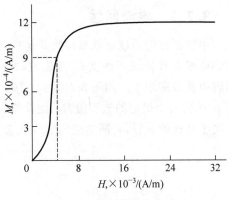

图 8-5 软钢的磁化曲线

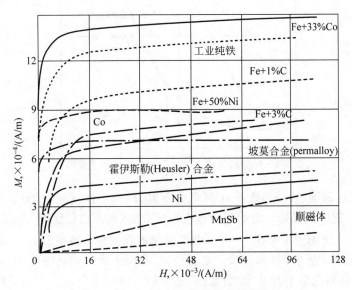

图 8-6 一些工业化金属材料的磁化曲线

磁性材料在外磁场中磁化,内部原子磁矩有序排列会产生一个附加磁场,材料体内的磁感应强度 B 是外磁场和磁化附加磁场之和:

$$B = \mu_0 (H + M) \tag{8-8}$$

在真空中,磁感应强度和外磁场成比例:

$$B = \mu_0 H \tag{8-9}$$

磁感应强度又称为磁通密度,单位是特斯拉。根据式(8-8)和式(8-7),材料的磁感应强

度可写为

$$\boldsymbol{B} = \mu_0(\boldsymbol{H} + \boldsymbol{M}) = \mu_0(1 + \chi)\boldsymbol{H} = \mu_0\mu_r\boldsymbol{H} = \mu\boldsymbol{H} \tag{8-10}$$

式中,$\mu_r = 1 + \chi$ 为材料的相对磁导率。

磁导率 μ 是磁化曲线上任一点对应的 $\boldsymbol{B}$ 与 $\boldsymbol{H}$ 的比值。由磁化曲线可知,磁导率不是常量。磁导率在不同条件下有多种定义,例如,磁化开始阶段的磁导率称为初始磁导率 μ_i;磁化曲线上斜率最大的磁导率是最大磁导率 μ_m;考虑具体一个工作点的磁导率,往往利用微分磁导率 μ_d 表示。

8.2.2 磁滞回线

由铁磁性物质或亚铁磁性物质构成的磁性材料,在外加磁场 H 作用下,磁化强度 M 或磁感应强度 B 随磁场强度 H 变化的磁化曲线一般来说是非线性的,具有两个特点,即磁饱和现象及磁滞现象。如图 8-7 所示,当磁场强度 H 足够大时,磁化达到饱和点 S,磁感应强度 $\boldsymbol{B}$ 达到一个确定的饱和值 B_s,继续增大 $\boldsymbol{H}$,B_s 保持不变。磁化饱和磁感应强度 B_s 大小取决于材料的成分,它所对应的物理状态是材料内部的磁化矢量整齐排列。

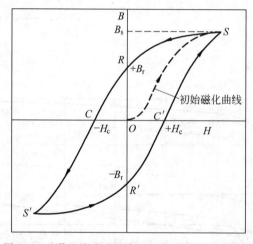

图 8-7 磁滞回线或磁导率随磁场强度的变化曲线

当材料磁化达到饱和后,外磁场 H 降低为零时,B 并不恢复为零,而是从饱和点沿 SR 曲线减小到 B_r。磁体仍保持一定的剩余感应强度 B_r 或剩余磁化强度 M_r,需要加上反向磁场才能消除剩磁。使 $M = 0$ 或 $B = 0$ 时反向外磁场的强度称为矫顽力 H_c。H_c 大小与材料的成分及缺陷、杂质、应力等因素相关。必须指出,不同于饱和磁化强度 M_s,剩余磁化强度 M_r、矫顽力 H_c 和磁化率 χ 等是"组织敏感"磁参数。它们不但取决于材料的组成(化学组分与相组成),而且受材料的显微组织、形态和成分分布等因素的强烈影响,即与材料的制造工艺密切相关。如果磁体反向磁化,则磁化场继续增大到 $-H_s$ 时,样品将反方向磁化到达饱和点 S',磁化强度为 $-M_s$。此后若使反向磁化场减小到零,则需要正方向磁场增加到 H_c。继续增大外磁场,样品磁化状态将沿曲线 $R'S$ 回到正向饱和磁化状态。可见,在磁化场由 H_s 变到 $-H_s$,再从 $-H_s$ 变到 H_s 反复变化过程中,磁化状态变化经历着原点对称的闭合磁化曲线所描述的循环过程,该闭合曲线称为磁滞回线。剩余磁感应强度 B_r、剩余磁化强度 M_r 和矫顽力 H_c 等,都是磁滞回线上的特征参数。

一个循环的可逆磁化过程，M 是 H 的单值函数，可以证明，B-H 磁滞回线所包围的面积正比于在一次循环磁化中的能量损耗。

磁滞回线 B_r/B_s 比值大小可以反映磁滞回线的形状，称为矩形比。人们通常将矫顽力 H_c 很大和 χ 很小的材料称为硬磁材料或永磁材料，磁滞回线呈矩形。矩形比大，为硬磁材料的特征；将 H_c 很小而磁化率 χ 很大的材料称为软磁材料，矩形比小。某些磁滞回线趋于矩形的材料则称为矩磁材料。

8.3　自发磁化与磁畴结构

8.3.1　自发磁化

磁性的本质告诉我们，磁性来源于原子磁矩。如果每个原子的磁矩是混乱排列的，那么整个材料并不具有磁性。只有原子的磁矩沿一个方向整齐地排列，就像很多小磁针首尾相接才会对外显示磁性。键合理论认为原子相互接近产生静电相互作用，称为交换力。交换力迫使相邻原子的自旋磁矩平行或者反向平行有序排列，这样，原子间相互作用产生附加作用能，称为磁交换能。

如自旋磁矩自发地同一方向排列，则交换能大，实现自发磁化而具有铁磁性；如自旋磁矩反向平行排列，则这种排列产生所谓反铁磁性。若相邻原子的反向磁矩相等，则相互抵消，自发磁化强度趋于零；如反向磁矩不等，也表现出一定宏观磁性，即亚铁磁性。

自发磁化理论可以解释许多铁磁特性。例如温度对铁磁性的影响，材料的磁性并不是在任何温度下都存在的，一般随温度升高而下降。每一铁磁体都有一确定的温度，达到此温度时，自发磁化消失，由铁磁性转变为顺磁性，该临界温度称为磁性转变点或居里温度 T_c。这是由于温度升高时，原子间距增大，交换作用降低，同时热运动加剧也破坏了原子磁矩的规则取向，自发磁化强度降低，直至居里温度完全破坏了原子磁矩的规则取向，自发磁化现象消失，材料由铁磁性变为顺磁性。

8.3.2　磁畴及其结构

软铁、硅钢之类的强磁性材料在不受外磁场作用时并不具有磁化强度，在外磁场中才会显现出强烈的磁性。实验观察证实，是因为材料中存在磁畴结构。所谓磁畴（magnetic domain），是指在没有外磁场情况下，铁磁体内部自发形成许多磁化到饱和状态的小区域。每个磁畴内自发磁化使原子磁矩相互平行达到磁饱和。磁畴的形成是材料系统能量最小化的结果。宏观磁体总是含有许多磁畴，每个磁畴都达到饱和磁化，因磁畴尺寸大小差异导致磁畴磁矩不等，磁矩方向各不相同，磁畴相互抵消，矢量和为零，所以大块铁磁体对外并不显示磁性，如图 8-8 所示。

一般地，两个相邻磁畴的磁化指向不同方向，从一个磁畴到另一个磁畴的磁化强度方向的变化并不是在界面上原子间距突然转向的，而是在两个磁畴交界处一定厚度范围逐步过渡完成的。磁化方向由一个方向变到另一个方向的过渡区域称为磁畴壁。磁畴壁厚随材料而异，通常为几十到上千个原子间距（10^{-7}～10^{-5} cm），材料中磁畴与畴壁的组合称为磁畴结构。图 8-9 为两个磁化方向相反的磁畴壁内原子磁矩方向的变化。

从能量角度来说，畴壁结构提高了体系的能量。因为畴壁内原子磁矩的逐渐转向，不仅

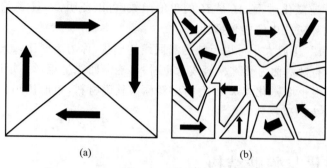

图 8-8　磁畴结构

（a）单晶磁畴结构；（b）多晶磁畴结构

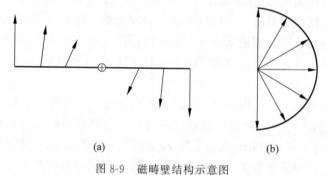

图 8-9　磁畴壁结构示意图

（a）畴壁中原子磁矩方向的变化；（b）沿畴壁法线观察原子磁矩方位变化

造成交换能增大,而且原子磁矩偏离了易磁化方向,使磁晶能增加。磁晶能和磁的各向异性相关,磁化强度矢量沿晶体易磁化方向时能量最低,沿难磁化方向时能量最高。磁化强度矢量沿不同晶向的能量简称磁晶能。另外,原子磁矩方向的不断变化还导致畴壁局部原子间距发生变化而产生磁弹性能,以上能量之和称为畴壁能。显然,单位面积畴壁能与其厚度和面积相关。

　　磁体分畴的原因是体系能量最低的要求。因磁体总是有一定的形状和尺寸,如整个磁体均匀磁化,只存在一个自发磁化区,结果必然会产生磁极,如图 8-10(a)所示。有磁极就必然会产生退磁场,从而给系统增加了退磁能,这个退磁场显然要削弱自发磁化。矛盾相互作用的结果将使大磁畴分割为小磁畴,如图 8-10(b)和(c)所示,把磁体分成若干个平行反向的自发磁化区域。如能形成封闭畴结构,磁通连续,可大幅减少磁极,显著降低退磁能。分畴虽使退磁能减少,但增加了畴壁能,因此不能无限制地分畴下去。随磁畴数目的增加,退磁能减少而畴壁能增加,当退磁能与畴壁能之和达到最小值时,分畴就停止了,形成如图 8-10(d)所示的封闭式磁畴结构,体系的总能量最低,磁畴结构就达到稳定状态。

　　实际应用的铁磁体一般是多晶体材料,多晶体中晶粒的方向是杂乱的,且每一个晶粒都可能包含多个磁畴。同时体内存在晶界、第二相、晶体缺陷、夹杂、应力、成分不均匀等结构缺陷,这些都对畴结构有显著影响。在一个磁畴内,磁化强度一般都沿晶体的易磁化方向,而不同磁畴的磁化取向不同,由于大量磁畴磁化沿各个方向,整体来说,材料的磁性显示各向同性。晶界两侧磁畴的磁化方向一般会转过一个角度,磁通保持连续,可确保在晶界上不

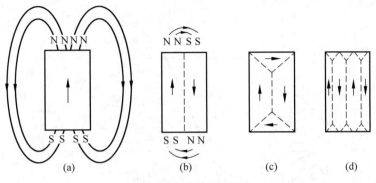

图 8-10　磁畴的起因

容易出现磁极,退磁能低,磁畴结构稳定。实际的磁畴结构中,往往每个晶粒分成不同取向的片状磁畴,还有许多附加畴来更好地实现能量最低原则,如图 8-11 所示。

如果材料存在非磁性夹杂物、空洞、应力等不均匀现象,会使畴结构复杂化。特别是在夹杂、空洞处,磁通的连续性遭到破坏,势必出现磁极和退磁场而提高退磁能。在夹杂或空洞的磁极附近,往往通过形成与主畴垂直的楔形畴,以减小磁极强度,降低退磁能,如图 8-12所示。畴壁通过夹杂、空洞减少畴壁面积,降低畴壁能。所以,畴壁经过夹杂或空洞时体系的退磁能和畴壁能都较小,这些结构缺陷就像能吸引畴壁,对畴壁有钉扎作用。

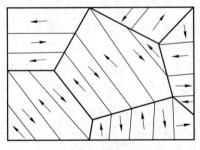

图 8-11　多晶体磁畴结构

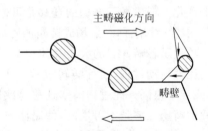

图 8-12　夹杂和畴壁及附加畴结构

8.3.3　技术磁化

磁性材料在外加磁场中,磁畴的磁矩就会和磁场发生相互作用,使磁畴磁矩向外磁场方向转动,导致这些磁矩不再相互抵消,结果磁矩的矢量和不等于零而产生磁化。外磁场作用下铁磁体从完全退磁状态到磁化饱和的变化过程称为技术磁化。技术磁化过程实质上是外磁场对磁畴的作用过程,即外磁场把各个磁畴的磁矩方向转到外磁场方向或接近外场方向的过程。按照极化机理差异,磁化过程可分为三个阶段,如图 8-13 所示。

当外磁场 $H=0$ 时,铁磁体中各磁畴的磁矩之和等于零:

$$\sum_i M_S V_i \cos\theta_i = 0 \tag{8-11}$$

其中,V_i 是第 i 个磁畴的体积,M_S 是第 i 个磁畴的磁矩,θ_i 是该磁畴磁化方向与外磁场方向的夹角。

当加上外磁场时,铁磁体被磁化,沿 H 方向产生磁化强度 M_H,磁化强度变化量为

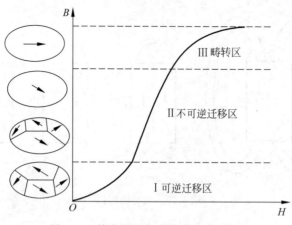

图 8-13 技术磁化的三阶段分区示意图

$$\delta M_H = \sum_i (M_S\cos\theta_i\delta V_i + M_S V_i\sin\theta_i\delta\theta_i + V_i\cos\theta_i\delta M_S) \tag{8-12}$$

式中第一项表示各磁畴中 M_S 的大小和方向不变，但磁畴的体积发生变化。实验证明，磁畴结构对外磁场比较敏感，很小的磁场就能显著改变磁畴结构的状态。磁化的起始阶段，磁场作用弱，自发磁化强度 M_S 方向靠近外磁场 H 方向的那些磁畴因静磁能低而易于长大，而 M_S 的方向与 H 的夹角为钝角的磁畴缩小。这一过程是通过磁畴壁的位移实现的，故称为畴壁位移极化过程，简称壁移极化。此过程磁化曲线较为平坦，磁导率不高，宏观上使材料微弱磁化。弱磁场下畴壁的迁移是可逆的，即第一阶段壁移极化是可逆的，如图 8-13 所示。随外磁场继续增强，与磁场成钝角的磁畴会瞬时转向与磁场成锐角的易磁化方向。式(8-12)第二项表示各畴 M_S 的大小及体积 V_i 不变，但 M_S 的方向改变，转向外磁场 H 的方向，故称为磁畴转动过程，简称畴转过程。大量的磁畴持续转向产生强烈磁化，磁化曲线急剧上升，磁导率很高。此过程畴壁迁移是跳跃式的，称为巴克豪森跳跃（Barkhausen jump）。此过程的畴壁迁移是不可逆的，使磁体内所有的磁畴磁化方向都转向与磁场成锐角的易磁化方向，磁体成为单畴，此即磁化的第二阶段。此阶段是磁畴通过合并迅速长大的过程，总体上还是看成是壁移极化，是不可逆的磁化过程。当外磁场继续增大时，磁化成为单一畴的磁矩通常沿易磁化轴方向，与外磁场并不一致。在强磁场作用下磁化方向逐渐转向外磁场方向，通过畴转过程，M_S 完全沿 H 方向取向，从而达到技术磁饱和，如图 8-13 所示的磁化第三阶段。技术磁化的饱和磁化强度就等于该温度下的自发磁化强度。

式(8-12)中第三项表示 M_S 本身数值的增加。这是由于强磁场的作用克服了热运动的影响，使单位体积内平行于磁场的自旋磁矩数增加。此过程与顺磁性有类似之处，故称为顺磁过程。在极强磁场中，铁磁体的磁化强度趋于其绝对零度时的自发磁化强度值。一般情况下顺磁过程对磁化强度的增加贡献很小，所以铁磁体磁化曲线的进程主要取决于前两种技术磁化过程。一般地说，在弱磁场中，壁移过程占主导，接着是畴转过程，只有在强磁场中才产生顺磁过程。

8.3.4 动态磁化

技术磁化是外磁场中磁性介质准静态的缓慢磁化过程，尽管涉及磁化的不可逆问题和磁滞现象，但没有考虑建立平衡态过程的时间问题。磁性材料在实际应用中，一般是在交变电磁场中工作,因而要考虑磁化的时间效应,这种在交变磁场下的磁化行为称为动态磁化。

1. 交变磁场中铁磁材料磁化的时间效应

铁磁体在交变磁场中的磁化与静磁场中的磁化不同,磁化是个时间过程,磁化状态变化需要一定时间,交变磁场 H 中铁磁体的磁感应强度 B 比 H 落后一个相位,$\delta = \omega\tau$,表现为动态磁化的时间效应。磁化的时间效应表现出以下现象:磁滞现象、涡流现象和磁后效应。

涡流现象是指因磁化过程中磁化强度的变化而产生感应电流,在铁磁体内形成电流回路,称为涡流。涡流是导致磁化时间滞后效应之一,也是相位差来源之一。

磁后效应是指某一时刻外磁场突变阶跃,相应铁磁体磁化强度 M 需要一定时间持续变化才能达到与磁场相应的平衡值,即磁化强度(或磁感应强度)跟不上磁场变化的延迟现象。磁后效应弛豫过程的产生一般认为是晶体点阵中间隙原子 C、N 的分布位置易受磁场变化扰动的缘故。磁场的强度或方向发生变化时,间隙原子发生微扩散,导致磁化强度滞后于外磁场变化,这种弛豫过程称为扩散磁后效。永磁材料长期使用时剩磁会逐渐变小,即磁性随着时间的推移而变弱,这种磁后效现象称为磁减落现象。

2. 交变磁场中磁导率及其意义

交变磁场和磁感应强度可表达为

$$\begin{cases} H = H_m \sin\omega t \\ B = B_m \sin(\omega t - \delta) \end{cases} \tag{8-13}$$

两者之间相位差为 δ,B 可改写为

$$B = B_m \sin(\omega t - \delta) = B_m \cos\delta \sin\omega t + B_m \sin\delta \sin(\omega t - \pi/2) \tag{8-14}$$

其中,第一项与 H 相位相同,第二项落后于 H 相位 $\pi/2$。根据复数磁导率的概念:

$$\mu' = \frac{B_m \cos\delta}{\mu_0 H_m} = \mu_m \cos\delta \quad \text{为复数磁导率的实部}$$

$$\mu'' = \frac{B_m \sin\delta}{\mu_0 H_m} = \mu_m \sin\delta \quad \text{为复数磁导率的虚部}$$

则

$$B = \mu'\mu_0 H_m \sin\omega t + \mu''\mu_0 H_m \sin\left(\omega t - \frac{\pi}{2}\right) \tag{8-15}$$

磁导率的实部 $\mu' = \dfrac{B_m}{\mu_0 H_m}\cos\delta$ 和虚部 $\mu'' = \dfrac{B_m}{\mu_0 H_m}\sin\delta$ 的物理意义分别为铁磁体的磁储能与磁损耗。铁磁体在磁场作用下因磁化而具有一定能量,称为磁储能。单位体积的能量密度为 $W = \boldsymbol{B} \cdot \boldsymbol{H}$,在静磁场中就是静磁能,在交变磁场中,

$$W_{储磁} = \frac{1}{T}\int_0^T H_m \sin\omega t \cdot B_m \sin(\omega t - \delta)\, \mathrm{d}t$$

$$= \frac{1}{2} H_m B_m \cos\delta$$

$$= \frac{1}{2}\mu_0 \mu' H_m^2 \tag{8-16}$$

即储能密度与磁导率的实部相关,这里 $T = \omega/2\pi$ 是交变磁场的周期,磁导率实部 μ' 相当于稳定磁场中的实数磁导率,也称为弹性磁导率,决定了单位体积铁磁体在磁化过程中的磁能储藏量。

交变磁化过程中磁化曲线为磁滞回线，磁滞回线的面积是磁化一个周期的能量损耗：

$$
\begin{aligned}
W_{损耗} &= \oint H \, \mathrm{d}B = \int_0^T H_{\mathrm{m}} \sin\omega t \, \mathrm{d}\left[B_{\mathrm{m}} \sin(\omega t - \delta)\right] \\
&= \int_0^T H_{\mathrm{m}} \sin\omega t \cdot B_{\mathrm{m}} \cos(\omega t - \delta) \, \mathrm{d}\omega t \\
&= \omega H_{\mathrm{m}} B_{\mathrm{m}} \int_0^T \sin\omega t \, (\cos\omega t \cos\delta + \sin\omega t \sin\delta) \, \mathrm{d}t \\
&= \omega H_{\mathrm{m}} B_{\mathrm{m}} \int_0^T \left[\frac{\cos\delta}{2}\sin2\omega t + \frac{\sin\delta}{2}(1 - \cos2\omega t)\right] \mathrm{d}t \\
&= \frac{T}{2}\omega H_{\mathrm{m}} B_{\mathrm{m}} \sin\delta \\
&= \pi\mu_0\mu'' H_{\mathrm{m}}^2
\end{aligned}
\tag{8-17}
$$

即磁导率的虚部与磁化损耗相关，决定了材料磁滞损耗的大小。类似于介电材料的参数，铁磁材料的磁性品质因数同样定义为

$$
Q = \frac{\mu'}{\mu''} \tag{8-18}
$$

高品质因数意味着磁损耗小，这是软磁材料的要求。磁损耗系数或磁损耗角正切值为

$$
\tan\varphi = \frac{1}{Q} = \frac{\mu''}{\mu'} \tag{8-19}
$$

3. 动态磁化的时间效应

铁磁材料在交变磁化时，铁磁体内磁通量也发生同频变化，这种变化将在铁磁体内产生垂直于磁通量的环形感应电流——"涡流"，导致涡流损耗。涡流损耗在软磁材料中是有害的因素。

根据铁磁体的种类以及外磁场交变频率和强度，动态磁化也有很多方式。铁磁材料在交变磁场中反复磁化时，磁化始终处于非平衡状态，磁滞回线表现为动态特性。磁滞回线的形状往往介于静态磁滞回线和椭圆之间，如图 8-14 所示。如果外磁场比较弱，磁化基本上

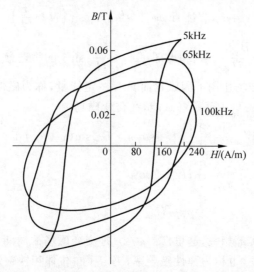

图 8-14　坡莫合金带在不同频率交变磁场中的磁滞回线

为可逆,动态磁滞回线是一个椭圆;如果磁场较强,导致材料磁化饱和,那么这时的磁滞回线将不再是椭圆,磁滞回线与静态饱和磁滞回线相似。当外磁场的振幅不大时,随着交变磁场频率的提高,磁滞更明显,得到以原点为中心对称变化的磁滞回线,称为瑞利磁滞回线。

8.4 磁物理效应

8.4.1 磁致伸缩效应

磁性材料由于磁化状态的改变,其宏观尺寸和体积会发生微小的变化,这种现象称为磁致伸缩或磁致伸缩效应。磁致伸缩有三种表现:沿着外磁场方向尺寸的变化称为纵向磁致伸缩;垂直于外磁场方向尺寸的变化称为横向磁致伸缩;磁体体积的相对变化称为体积磁致伸缩。体积磁致伸缩量很小,甚至小到可以忽略不计。纵向和横向的磁致伸缩统称为线性磁致伸缩。通常讨论的磁致伸缩就是指线性磁致伸缩。磁致伸缩效应的大小通常用磁致伸缩系数 λ 来衡量:

$$\lambda = \Delta L / L \tag{8-20}$$

图 8-15 为磁性材料的磁致伸缩常数与外磁场强度 H 的关系示意图,显示磁致伸缩的大小与外磁场强度有关。外磁场达到磁化饱和时,纵向磁致伸缩系数为一确定值,用 λ_S 表示,称为磁性材料的饱和磁致伸缩系数。饱和磁致伸缩系数也是磁性材料的一个磁性参数。

不同材料的饱和磁致伸缩系数 λ_S 是不同的,有的小于零,有的大于零。饱和磁致伸缩系数大于零的称为正磁致伸缩,铁的磁致伸缩行为就属于这一类;小于零的称为负磁致伸缩,镍的磁致伸缩属于这一类。

磁致伸缩产生的机理可用如图 8-16 所示的模型简单描述,即铁磁体的磁致伸缩是由原子或离子的自旋与轨道运动的耦合作用产生的。图 8-16 中的黑点代表原子核,箭头代表原子磁矩方向,椭圆代表原子核外电子云形态。图(a)描述了 T_c 温度以上顺磁状态下的原子排列状态;图(b)显示 T_c 温度以下自发磁化,原子磁矩定向排列,出现的自发磁致伸缩量为 $\Delta L'/L'$;图(c)为施加垂直方向的磁场,原子磁矩旋转 90°取向排列,磁致伸缩量为 $\Delta L/L$。

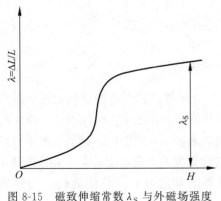

图 8-15 磁致伸缩常数 λ_S 与外磁场强度 H 的关系

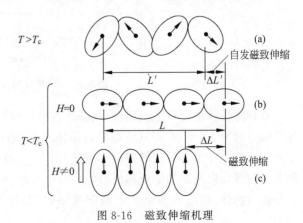

图 8-16 磁致伸缩机理

铁磁体在外磁场作用下能够导致磁致伸缩,引起物体几何尺寸的变化。反过来,通过对磁性材料施加拉应力或压应力,可引起材料的磁性能变化,即所谓的压磁效应,这是磁致伸缩效应的逆效应。研究铁磁体的磁致伸缩现象,一方面可以了解磁体内部各种相互作用的本质以及磁化过程与形变的关系;另一方面,可以根据材料的压磁效应原理制成一些实用器件。

8.4.2 磁各向异性

一般情况下,铁磁体的自由能大小取决于自发磁化方向,自发磁化方向在能量取最小值时最稳定,而磁化方向发生改变,能量会增加。这种性质称为磁各向异性,对应的自由能为磁各向异性能。把容易磁化的方向称为易磁化方向或易轴,不容易磁化的方向称为难磁化方向或难轴。特别是铁磁单晶体中,反映晶格对称性的磁各向异性称为晶体磁各向异性,与此相关的能量称为晶体磁各向异性能。

1. 晶体磁各向异性能

图 8-17 为 Fe 单晶体不同晶向测定的磁化曲线。可以看出,存在易磁化晶体学方向和难磁化晶体学方向,如图 8-18 所示,Fe 单晶〈100〉的 3 个轴为易磁化轴,〈111〉的 4 个轴为难磁化轴。面心立方结构的 Ni 单晶〈111〉为易磁化轴,〈100〉为难磁化轴。

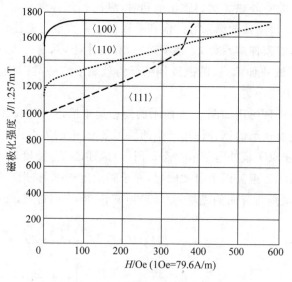

图 8-17 Fe 单晶的磁化曲线

在铁磁性体中先设定基准轴(或基准方向),以自发磁化与该轴夹角的函数表述磁各向异性能。对于 Fe 及 Ni 等立方晶系的晶体来说,晶体磁各向异性能 E_a 可以用自发磁化与相互正交的晶体学主轴间的方向余弦$(\alpha_1,\alpha_2,\alpha_3)$的函数来表示,如图 8-19 所示。由于自发磁化正向或反向涉及的能量相同,因此,可用方向余弦的偶次方来表示能量大小。考虑到立方晶体对称性,利用方向余弦的数学关系式,晶体磁各向异性能 E_a(单位 J·m^{-3})可表示为

$$E_a = K_1(\alpha_1^2 + \alpha_2^2 + \alpha_3^2) + K_2\alpha_1^2\alpha_2^2\alpha_3^2 + \cdots \tag{8-21}$$

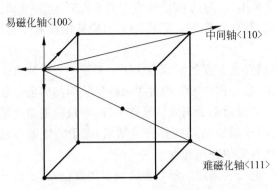

易磁化轴⟨100⟩　中间轴⟨110⟩　难磁化轴⟨111⟩

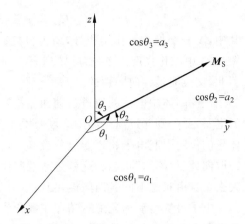

图 8-18　Fe 的晶体结构及易磁化轴和难磁化轴　　　图 8-19　立方晶系中自发磁化的方向余弦

其中，K_1、K_2 称为立方磁体磁各向异性常数，为物质常数，通常仅考虑 K_1 项或到 K_2 项即可。如果 K_2 项也能忽略，则 $K_1>0$ 时，⟨100⟩方向为易磁化轴；$K_1<0$ 时，⟨111⟩方向为易磁化轴。

　　对于六方结构晶体，如图 8-20 所示，若自发磁化与 c 轴所成的角度为 θ，自发磁化在 c 面上投影与 a 轴的夹角度为 φ，则晶体磁各向异性能 E_a 可表示为

$$E_a = K_{u1}\sin^2\theta + K_{u2}\sin^4\theta + K_{u3}\sin^6\theta + \cdots \tag{8-22}$$

其中，K_{u1}、K_{u2} 称为单轴晶体磁各向异性常数，为物质常数，通常只考虑 K_{u1} 项或到 K_{u2} 项即可。如果 K_{u2} 项也能忽略，则 $K_{u1}>0$ 时，c 轴为易磁化方向；$K_{u1}<0$ 时，与 c 轴垂直的方向为易磁化方向（也可以表现为 c 轴为易磁化面）。

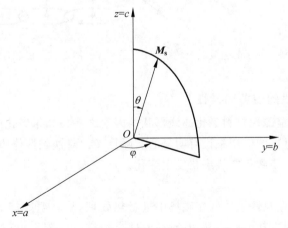

图 8-20　六方晶系中自发磁化的方位角

2. 磁晶各向异性的起源

　　磁晶各向异性能是磁性材料因磁化方向改变而发生能量变化，究竟是什么原因导致了磁体的磁晶各向异性呢？图 8-21 给出了铁磁性材料的自发磁化强度从一个方向（图(a)）转到另一个方向（图(b)）示意图。原子间强烈的交换作用使相邻自旋始终保持平行。根据交换作用模型，两相邻原子自旋磁矩 S_i 与 S_j 间的交换作用能为

$$E_{ex} = -2AS_iS_j = -2AS^2\cos\varphi \tag{8-23}$$

其中,A 为交换相互作用积分,S 为自旋磁矩大小,φ 为两相邻自旋方向 S_i、S_j 间的夹角。图 8-21 中磁化强度由图(a)旋转到图(b)时,所有自旋都保持平行,$\varphi = 0$,交换能没有变化。因此,交换能是各向同性的。

磁性晶体中电子的轨道运动和晶格离子间存在着强烈的耦合作用。对于一个磁性离子的电子,要受到邻近离子的库仑场及电子作用,这一作用的平均效果可以等价为晶体场。晶体场的作用引起电子轨道能级分裂,使轨道简并度由部分消除成全部消除,导致轨道角动量的取向处于"冻结"状态。这就是通常所说的电子轨道角动量猝灭。结果,电子的轨道运动失去了自由状态下的各向同性,变成了与晶格有关的各向异性。

电子自旋运动和轨道运动存在耦合作用,电子轨道运动随自旋取向发生变化,由于电子云的分布是各向异性的,因此电子自旋在不同取向时,电子云的交叠程度与交换作用均不相同。这样磁体在晶体不同方向磁化时,就需要不同的能量,这就是磁晶各向异性的起源。其物理模型如图 8-22 所示。图(a)为磁体水平磁化时,原子间电子云交叠少,相互交换作用弱;图(b)为磁体在垂直方向磁化时,原子间电子云交叠程度很大,交换作用强。

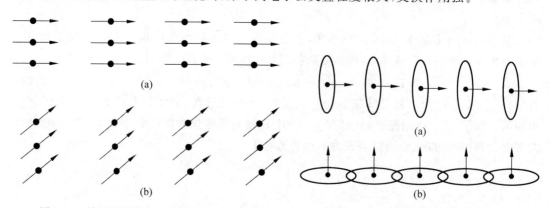

图 8-21　铁磁性材料中原子的自旋磁矩转动　　　　图 8-22　磁晶各向异性来源模型

3. 各种诱导产生的磁各向异性

磁各向异性是决定磁性材料磁化曲线形状的因素之一。如果磁化曲线的形状可自由地进行控制,则对磁性材料的应用来说有明显的实际意义。对铁磁性体施行"方向性处理",可产生新的磁各向异性,使磁化曲线形状发生变化。这种人为方法引发的磁各向异性称为诱导磁各向异性。

例如将铁磁性合金及铁氧体等在磁场中进行热处理,从高温冷却下来可诱导单轴磁各向异性,此称磁场中的冷却效应。又如,对铁磁性合金进行轧制也可产生单轴磁各向异性。再有,使铁磁性材料在磁场中发生晶体结构相变,或加载应力同时进行退火等手段都可诱导产生磁各向异性。

另一种重要的各向异性是形状磁各向异性。对于有限大小的铁磁性体,除非是球形,否则因形状尺寸不同,不同方向的抗磁场系数各异。因此,伴随磁化方向的不同,静磁能将发生明显变化,从而产生各向异性。

8.4.3　巨磁阻效应

1. 磁电阻

所谓磁电阻(magnetoresistance,MR),是指对通电的导体或半导体材料施加磁场作用时会引起电阻值的变化,亦称为磁电阻效应。

对非磁性金属和半导体而言,电子在磁场中受到洛伦兹力的影响,传导的载流子在行进中会偏转,不仅出现霍尔效应,同时因载流子运动路径变成曲线,载流子行进路径长度增加,发生碰撞的概率增大,从而使材料的电阻增加。磁阻效应最初于 1856 年由威廉·汤姆孙(William Thomson)发现,但是在一般材料中,电阻的变化通常小于 5%,这样的磁阻效应后来称为"常磁阻(OMR)效应"。

通常表征磁电阻效应大小的物理量为磁电阻系数 η,即

$$\eta = \frac{R_{(H)} - R_{(0)}}{R_{(0)}} = \frac{\rho_{(H)} - \rho_{(0)}}{\rho_{(0)}} \tag{8-24}$$

其中,$R_{(0)}$、$R_{(H)}$ 及 $\rho_{(0)}$、$\rho_{(H)}$ 分别是无磁场和有磁场条件下材料的电阻和电阻率。

磁电阻效应一般分为正磁电阻效应和负磁电阻效应。在外磁场中电阻随磁场增大而增大的,称为正磁电阻效应;反之,则称为负磁电阻效应。大多数金属磁电阻率的变化值为正,而过渡金属和类金属合金的磁电阻率变化值一般为负。磁电阻效应在不同形态材料中差异明显,除由磁场直接引起的正常磁电阻,还有与技术磁化相联系的各向异性磁电阻。对于存在各向异性磁电阻的铁磁金属或合金,当磁场方向与电流方向平行时,往往表现为正磁电阻效应;当磁场方向与电流方向垂直时,表现为负磁电阻效应。利用磁电阻效应,可以制成磁敏电阻元件,常用的材料有锑化铟、砷化铟等。磁敏电阻元件主要用来构建位移传感器、转速传感器、位置传感器和速度传感器等。为了提高灵敏度,增大阻值,可把磁敏电阻元件串联起来使用。

2. 巨磁电阻效应

所谓巨磁电阻效应(giant magnetoresistance,GMR),是指磁性材料的电阻率在磁场中时较之无磁场时存在显著变化的现象,这是磁性多层膜和颗粒膜材料特有的磁电阻效应,是 1988 年由法国科学家阿尔贝·费尔(Albert Fert)和德国科学家彼得·格林贝格尔(Peter Grünberg)在研究 Fe、Cr 多层膜电阻时同时发现的。微弱的磁场变化可以导致电阻的急剧变化,其变化的幅度比一般磁阻效应高十多倍,故命名为巨磁阻现象,他们因此于 2007 年获诺贝尔物理学奖。图 8-23 是费尔的铁铬多层膜结构及其磁阻实验结果,图 8-23(b)中三条曲线分别是指中间顺磁层不同 Cr 膜厚度对磁电阻的影响。格林贝格尔的三层结构,磁电阻系数只有 1.5%;费尔的多层结构,磁电阻系数高达 80%。

巨磁阻是一种量子效应。这种层状磁性薄膜结构是由铁磁材料和非铁磁材料薄膜交替构成的多层膜。无磁场时,上、下铁磁层的磁矩反向平行,与自旋有关的载流子受到强散射,电阻大;外磁场中上、下铁磁层的磁矩同向,载流子受到的散射小,电阻也小。

从量子理论来说,一般金属中,自由电子自旋是能态简并的,参与导电的电子是费米面附近的电子,自旋向上和自旋向下的数量一样多,输运过程中的电子流没有净磁矩,是非极化和非磁性的。但在典型的铁磁金属 Fe、Co、Ni 中,由于交换作用,简并度下降,费米面附近自旋向上能态全部或绝大部分被电子占据,而自旋向下的能态仅小部分被电子占据,两者

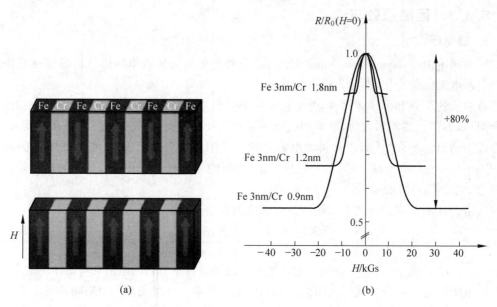

图 8-23　巨磁阻多层膜结构及其在磁场中的磁阻效应

之间的电子数之差正比于原子磁矩。同时费米面附近自旋向上和自旋向下的电子态密度相差很大，在费米面附近自旋向上与自旋向下的能态密度不等，不同自旋取向的电子受到的散射不一样，自旋向上与自旋向下的电子的平均自由程也不相同。理论和实验证明，铁磁金属或合金中电子的输运过程可分解为自旋向上和自旋向下两个几乎相互独立的电子导电通道，这就是与自旋相关散射的二流体模型。是由 Mott 提出来的铁磁金属导电理论，Gurney 在 1993 年通过实验验证了自旋向上和向下的电子具有不同的电导，它们的平均自由程相差很大。

　　如图 8-24 所示，巨磁阻效应多层膜主要有三层结构：下面的参考层或钉扎层（reference layer 或 pinned layer）和上面的自由层（free layer）是铁磁性材料，中间的普通层（normal layer）是顺磁性材料。参考层具有固定磁化方向，其磁化方向不受外界磁场影响。普通层为非磁性薄膜层，将两层磁性薄膜层分隔开来。自由层的磁化方向会随着外界平行磁场方向的改变而改变。

　　如图 8-24 所示，图（a）表示两层磁性材料磁化方向相同，当自旋磁矩方向与磁性材料磁化方向相同的电子通过时，电子较容易通过两层磁性材料，呈现低阻抗。图（b）表示两层磁性材料磁化方向相反，底层磁性材料中自旋磁矩方向与上层磁性材料磁化方向相同的电子较容易通过，但自旋磁矩方向与磁化方向相反的电子较难通过，因而呈现高阻抗。

　　图 8-25 给出的测试结果显示，随外磁场的增大，输出电压线性增大，即电阻线性增大。当外磁场使上、下铁磁膜达到完全平行耦合时，电阻不再随磁场的增大而变化，进入磁饱和区。施加反向磁场，磁阻变化呈对称性。磁电阻率可达 60%，磁场正、反向加载所得曲线的差异主要是与材料的磁滞相关。

　　巨磁阻效应自从被发现以来就被用于开发研制硬磁盘的体积小而灵敏的数据读出头（read head），使存储单字节数据所需的磁性材料尺寸大为减少，从而使得磁盘的存储能力

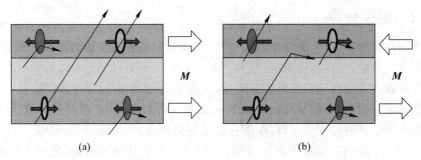

图 8-24　巨磁阻层结构以及电子自旋与磁化方向示意图

（a）磁化状态下电子的运输；（b）非磁化状态下电子的运输

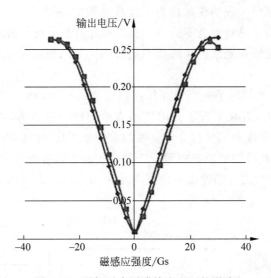

图 8-25　磁场对多层膜输出电压的影响

得到大幅提高。到目前为止，巨磁阻技术已经应用于计算机、数码相机和其他电子产品，并成为标准技术。

3. 庞磁阻效应

美国国际商业机器（IBM）公司发现，Mn 氧化物在超低温下磁电阻变化率可高达10 000％以上，由于这一数值远远超过多层膜、颗粒膜等材料的巨磁电阻效应，所以称为庞磁电阻效应（CMR），其磁阻随外加磁场有多个数量级的变化。庞磁阻效应产生的机制与巨磁阻效应不同，而且要大得多，所以被称为超巨磁阻。如同巨磁阻效应一样，庞磁阻效应亦被认为可应用于高容量磁性储存装置的读写头。不过，由于其相变温度较低，不像巨磁阻材料可在室温下显现其特性，因此离实际应用尚有一定距离。

庞磁阻效应和材料中的铁磁-反铁磁转变相关，相应的电性能从导体转变为半导体或绝缘体时，电阻率产生突变。研究发现，锰氧化物中存在相分离，其电阻-温度曲线在居里温度附近突变。由铁磁金属相转变为反铁磁绝缘体是在超低温区域，产生磁电阻效应的温区也很窄。庞磁阻效应磁场灵敏度低，一般需加数个特斯拉的磁场才能出现。庞磁电阻现象的机理解释还有待完善，这一定程度上也限制了庞磁电阻材料的应用。

8.4.4　磁光效应

置于外磁场中的物体,在光与外磁场作用下,其光学特性(如光吸收,折射等)发生变化的现象叫作磁光效应,包括塞曼效应、法拉第效应、科顿-穆顿(Cotton-Mouton)效应和克尔磁光效应等。这些效应均起源于物质的磁化,反映了光与物质磁性间的联系。

(1)塞曼效应:原子在磁场中的能级和光谱发生分裂的现象。1896年,塞曼发现原子在足够强的磁场中光谱线发生分裂,在垂直磁场方向观察,可以看到分裂为3条,裂距与磁场强度成正比。中间的谱线与无磁场时的波长相同,但它是线偏振光,振动方向与磁场平行;两边的两条谱线是振动方向与磁场垂直的线偏振光;在平行磁场方向观察,只能看到两边的两条谱线,它们是圆偏振光。后来进一步研究发现,有许多原子的光谱线在磁场中分裂更为复杂。人们把塞曼发现的现象称为正常塞曼效应,更为复杂的分裂现象称为反常塞曼效应。正常塞曼效应是总自旋为零的原子能级和光谱在磁场中的分裂;反常塞曼效应是总自旋不为零的原子能级和光谱线在磁场中的分裂。从应用角度来看,塞曼效应尚有待于进一步开发。

(2)法拉第效应:光和原子磁矩相互作用而产生的现象,1845年由法拉第发现。当线偏振光在介质中传播时,若在平行于光的传播方向上加一强磁场,则光振动方向将发生偏转,偏转角度与磁感应强度和光穿越介质长度的乘积成正比,偏转方向取决于介质性质和磁场方向,上述现象称为法拉第效应或磁致旋光效应。若在入射光垂直的方向施加磁场,则如图8-26所示,入射光将分裂为沿原方向的正常光束和偏离原方向的异常光束,称为科顿-穆顿效应。

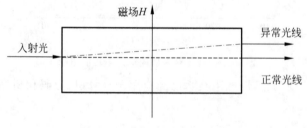

图 8-26　光与磁场的相互作用

对铁磁性材料来讲,法拉第旋转角 θ_F 由下式表示:

$$\theta_F = FL(M/M_S) \tag{8-25}$$

其中,F 为法拉第旋转系数,L 为材料的长度,M_S 为饱和磁化强度,M 为沿入射光方向的磁化强度。所有透明物质都会产生法拉第效应,已知的法拉第旋转系数大的磁体主要是稀土石榴石系物质。该效应被利用来制作光隔离器和红外调制器,在光通信、混合碳水化合物成分分析和分子结构研究方面有重要应用。

(3)克尔磁光效应:当光入射到被磁化的物质或磁场作用下的物质表面时,发射光的偏振面发生旋转,该现象是1876年由克尔发现的。克尔磁光效应分为极向、纵向和横向三种,分别对应于物质的磁化强度与反射表面垂直、与表面和入射面平行、与表面平行而与入射面垂直三种情形。极向和纵向克尔磁光效应的磁致旋光都正比于磁化强度,一般极向的效应最强,纵向次之,横向则无明显的磁致旋光。

　　利用磁光克尔效应制作的光磁记录光盘的磁记录层如图 8-27 所示,可以看出,当具有直线偏振的激光入射到磁记录介质层的表面时,反射光的偏振面因磁性膜的磁化作用而发生旋转(克尔效应)。在光盘中,记录位的磁化为反平行状态(逆磁化),非记录位正磁化造成的旋转方向为 θ_{-k},记录位逆磁化造成的旋转方向为 θ_k。由此,读出系统可读出记录位记录的信息。

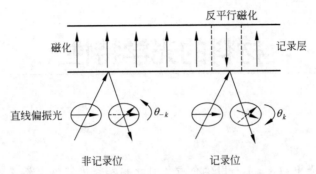

图 8-27　光盘利用克尔磁光效应进行光磁记录的原理

第9章

材料的光学特性

本章导读：

理解光的本质是电磁波,光与固体介质之间的相互作用宏观上表现为光的折射、反射、吸收与色散作用等,微观上是光和原子之间的相互作用表现出来的复杂现象,诸如电子能级跃迁、介质极化、偶极子振动等过程。

掌握光激发或发光是材料中电子或激子能级间跃迁的结果。

理解无机材料、有机材料和半导体材料发光机制的特征差异和影响因素。

了解人们利用发光材料或 p-n 结形成的系列发光材料和发光器件,以及发光材料或器件在特定的激发条件下产生粒子数反转,实现光放大和产生激光的原理。

9.1　光与固体的相互作用

一般地,光是由一系列波长和强度不同的光波组合而成,如图 9-1 所示。光的本质是电磁波(electromagnetic wave),一般用波长(wavelength)和强度(intensity)来描述。近代物理研究认为,光的基本组成单元是光子。作为光量子,光子没有静质量,但是以光速传播,所以有动量或动质量。光子的波长 λ 和能量 E 的关系为

$$E = h\nu = \frac{hc}{\lambda} \tag{9-1}$$

其中,ν 是光的频率,c 是光速,h 是普朗克常量。

材料的光学性质体现在光与物质间的相互作用,这种作用过程主要是光吸收和光辐射。光与固体介质之间的相互作用宏观上表现为光的折射、反射、色散,以及光的吸收和散射等现象。

从能量守恒角度来看,入射光强度 I_0 是透射光 I_t、反射光 I_r、光散射 I_s 及光吸收 I_a 的强度之和:

$$I_0 = I_t + I_r + I_s + I_a \tag{9-2}$$

或者光的透射率 T、反射率 R、散射率 S 及吸收率 A 之和为 1:

$$T + R + S + A = 1 \tag{9-3}$$

光与介质作用的本质是光子与物质中原子或分子相互作用而产生吸收或辐射的结果,

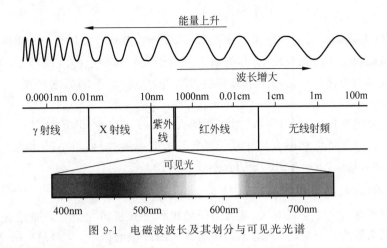

图 9-1 电磁波波长及其划分与可见光光谱

主要有以下两种方式。

（1）原子能态变化（电子跃迁）：原子核外电子吸收入射光的光子，能级发生变化。激发态又会迅速回落到基态而辐射出光子，形成反射光或散射光。

（2）介质电极化（电子极化）：光作为电磁波，介电材料因吸收光而产生极化，因能量被部分吸收而降低其在介质中的光速，并发生折射现象。

关于光的吸收和辐射，我们将在后面进一步讨论。

9.1.1 光的折射

当光从真空入射到密实的固体介质材料中时，其传播速度会有所降低。光在真空和介质中的速度之比称为材料的折射率 n：

$$n = \frac{v_{真空}}{v_{固体}} = \frac{C}{v_{固体}} \tag{9-4}$$

若光从材料 1 通过界面传入材料 2 时，与界面法向构成的入射角 i_1、折射角 i_2 与两种材料的折射率 n_1 和 n_2 有如下关系：

$$\frac{\sin i_1}{\sin i_2} = \frac{n_2}{n_1} = n_{21} = \frac{v_1}{v_2} \tag{9-5}$$

其中，v_1 及 v_2 分别表示光在材料 1 和材料 2 中的传播速度，n_{21} 为材料 2 相对于材料 1 的相对折射率。材料的折射率是永远大于 1 的正数。例如，固体氧化物 $n=1.3 \sim 2.7$，硅酸盐玻璃 $n=1.5 \sim 1.9$。不同的材料因结构和组分差异，它们的折射率也不相同，影响 n 的因素有以下几个方面。

1. 构成材料元素的半径

根据麦克斯韦（Maxwell）电磁波理论，光在介质中的传播速度为

$$v = \frac{c}{\sqrt{\varepsilon \mu}} \tag{9-6}$$

其中，c 为真空中的光速，ε 为介质介电常数，μ 是介质磁导率。由式（9-4）和式（9-6）可得

$$n = \sqrt{\varepsilon \mu} \tag{9-7}$$

一般非磁性无机材料 $\mu=1$，所以

$$n = \sqrt{\varepsilon} \tag{9-8}$$

因而,介质的折射率随介质的介电常数 ε 的增大而增大,而介电常数 ε 与介质的极化现象相关。当光的电磁辐射作用到介质上时,介质中的原子受到外加电磁波的作用,正、负电荷中心发生相对偏离而极化。正是由于电磁辐射和原子的电子体系间的这种相互作用,光波被减速了。

从材料的介电常数随离子尺寸的增大而增大的规律可以推知,折射率 n 也随离子尺寸的增大而增大。因此可以利用大尺寸离子制备高折射率的材料,用小尺寸离子获得低折射率的材料,例如,PbS 的 $n = 3.912$,$SiCl_4$ 的 $n = 1.412$。

2. 材料的结构、晶型和非晶态

光的折射率除与离子半径有关,还与离子的排列方式密切相关。光通过各向同性的非晶态或立方晶系等均匀介质时,光速不因传播方向的改变而改变,材料只有一个折射率,这种材料称为均质介质。除此以外其他晶型都是非均匀介质。光进入非均匀介质后一般分为传播速度不等且振动方向相互垂直的两束波,它们分别构成两条折射光线,这个现象称为双折射现象。双折射是非均匀晶体的特征,这些晶体的光学性质与双折射现象密切相关。

双折射产生的两条折射光线中,一条是振幅方向平行于入射面的 o 光,其折射率称为正常光折射率 n_o。o 光严格服从折射定律,无论入射光的入射角如何变化,n_o 始终为一常数。另一条是垂直于入射面的 e 光,其折射率则随入射线方向的改变而变化,称为非常光折射率 n_e,它不服从折射定律。一般来说,沿着晶体中原子密排方向的折射率 n_e 较大。当光在非均匀晶体中沿某个特殊方向传播时不发生双折射,该方向称为晶体的光轴。当光沿晶体光轴方向入射时,只有 n_o 存在;当光垂直于晶体光轴方向入射时,n_e 最大值,记为 n_{em},此值为材料特性。例如,石英的 $n_o = 1.543$,$n_{em} = 1.552$;方解石的 $n_o = 1.658$,$n_{em} = 1.486$;刚玉的 $n_o = 1.760$,$n_{em} = 1.768$。

另外,材料受到应力作用也会影响折射率,平行于拉应力方向的折射率小,垂直于拉应力方向的折射率大。发生同素异构体转变的材料折射率也会产生变化,一般高温晶型折射率较低,低温晶型的折射率较高。

9.1.2　光的反射

当光线由介质 1 入射到介质 2 时,光在两种介质界面上分成了反射光和折射光,这种反射和折射可以连续发生。如图 9-2 所示,当光线从空气进入介质时,一部分光被反射出来,另一部分折射进入介质。当遇到另一界面时,又有一部分发生反射,另一部分折射进入空气。

界面反射作用使透过部分的光强度减弱。设光的总能量为 W,如忽略界面吸收,则

$$W = W' + W'' \tag{9-9}$$

其中,W、W' 和 W'' 分别为单位时间通过单位

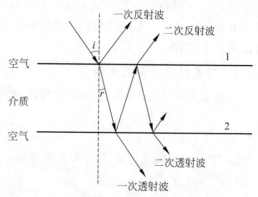

图 9-2　光通过透明介质分界面时的反射与透射

面积界面的入射光、反射光和折射光的能流。根据波动理论,入射光的强度或能流大小关系为

$$W \propto A^2 vS \tag{9-10}$$

其中,A 为入射光波振幅,v 是光速,S 是光入射截面积。考虑反射波的传播速度及反射横截面积都与入射波相同,这样反射光的能流占比为

$$\frac{W'}{W} = \left(\frac{A'}{A}\right)^2 \tag{9-11}$$

其中,A' 为反射波振幅。

把光波振动分为垂直于入射面的振动和平行于入射面的振动,菲涅耳(Fresnel)推导出

$$\left(\frac{W'}{W}\right)_\perp = \left(\frac{A'_s}{A_s}\right)^2 = \frac{\sin^2(i-r)}{\sin^2(i+r)} \tag{9-12}$$

$$\left(\frac{W'}{W}\right)_{//} = \left(\frac{A'_p}{A_p}\right)^2 = \frac{\tan^2(i-r)}{\tan^2(i+r)} \tag{9-13}$$

其中,i 是入射角,r 是折射角。自然光在各方向振动的机会均等,可以认为一半的入射光振动方向与入射面平行,另一半振动方向与入射面垂直,所以总的能流之比为

$$\frac{W'}{W} = \frac{1}{2}\left[\left(\frac{W'}{W}\right)_\perp + \left(\frac{W'}{W}\right)_{//}\right] = \frac{1}{2}\left[\frac{\sin^2(i-r)}{\sin^2(i+r)} + \frac{\tan^2(i-r)}{\tan^2(i+r)}\right] \tag{9-14}$$

当入射角 i 和折射角 r 都很小,即接近垂直入射时,

$$\frac{\sin^2(i-r)}{\sin^2(i+r)} + \frac{\tan^2(i-r)}{\tan^2(i+r)} = \frac{(i-r)^2}{(i+r)^2} + \frac{\left(\frac{i}{r}-1\right)^2}{\left(\frac{i}{r}+1\right)^2} \tag{9-15}$$

考虑介质 2 对介质 1 的相对折射率:

$$n_{21} = \frac{\sin i}{\sin r} \approx \frac{i}{r} \tag{9-16}$$

于是得到

$$\frac{W'}{W} = \left(\frac{n_{21}-1}{n_{21}+1}\right)^2 = m \tag{9-17}$$

其中,m 称为反射系数。

由式(9-17)可知,在垂直入射的情况下,光在界面上的反射多少取决于两种介质的相对折射率 n_{21}。如果 n_1 和 n_2 相差很大,那么界面反射系数非常高;如果 $n_1 = n_2$,则 $m = 0$,在垂直入射的情况下几乎没有反射。如果介质 1 为空气,可以认为 $n_1 = 1$,则 $n_{21} = n_2$。

根据式(9-9)可得

$$\frac{W''}{W} = 1 - \frac{W'}{W} = 1 - m \tag{9-18}$$

其中,$1 - m$ 称为透射系数。

由于多数材料的折射率比空气大,所以光在材料上反射明显。如果玻璃透镜系统是由许多块透镜串联组成,则反射损失更高。为了减少这种界面反射,常常采用折射率和玻璃相近的胶将它们粘起来,这样,除了上、下表面是玻璃和空气的相对折射率,内部各界面都是玻璃和相对折射率接近的胶,从而可大大减小界面反射。

9.1.3　光的色散

物理上将复色光分解为单色光而形成光谱的现象叫作光的色散。材料的折射率大小与入射光的波长相关,随着入射光波长的增加,介质的折射率减小的性质称为折射率的色散,折射率随波长的变化率称为材料的色散率,表示为

$$色散率 = \mathrm{d}n/\mathrm{d}\lambda \tag{9-19}$$

色散的大小一般用色散系数表示,即

$$\gamma = \frac{n_\mathrm{D} - 1}{n_\mathrm{F} - n_\mathrm{C}} \tag{9-20}$$

其中,n_D、n_F 和 n_C 分别是利用钠的 D 谱线(5893Å)、氢的 F 谱线(4861Å)和 C 谱线(6563Å)作为光源测得的折射率。

由于光学玻璃一般都具有色散现象,用这种材料制成的单片透镜成像不够清晰,利用自然光成像时周围会环绕一圈色带。克服色散的方法是用不同牌号的光学玻璃,分别磨成凸透镜和凹透镜组成复合镜头以消除色差。

9.1.4　光的散射

光通过不均匀介质时,例如遇到空气中的烟尘或微粒、固体或溶液中的杂质及成分不均匀的微区,部分光线会偏离原来的传播方向弥散开来,这种现象称为光的散射。光在均匀纯净介质中的吸收成指数衰减,遵循朗伯定律(Lambert law),各种散射因素引起光强随传播距离的减弱现象一般也符合指数衰减规律,所以光通过不均匀介质的衰减可表达为

$$I = I_0 \mathrm{e}^{-\alpha l} = I_0 \mathrm{e}^{-(\alpha_\mathrm{a} + \alpha_\mathrm{s})l} \tag{9-21}$$

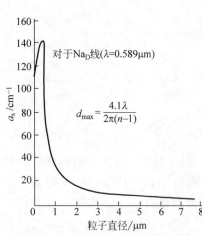

图 9-3　质点尺寸对散射系数的影响

其中,α_a 和 α_s 分别为吸收系数和散射系数(scattering coefficient)。散射系数同散射质点的大小、数量以及散射质点与基体的相对折射率等因素有关,如图 9-3 所示,当光的波长约等于散射质点的尺寸时,出现散射峰值。

图 9-3 是 Na 的 D 谱线($\lambda = 0.589\mu\mathrm{m}$)通过玻璃时的光强变化,玻璃中含有 1%(体积比)的 TiO_2 散射质点,二者相对折射率 $n_{21} = 1.8$。散射最强时,质点的直径为

$$d_{max} = \frac{4.1\lambda}{2\pi(n-1)} = 0.48\mathrm{nm} \tag{9-22}$$

材料对光的散射是光与物质相互作用的基本过程之一。当光波作用于物质中的原子、分子等微观粒子时,这些微观粒子因获得能量诱导极化成为振动偶极子。这些受迫振动的微观粒子就会成为发光中心,成为二次波源向各个方向发射球面次波。在均匀纯净的介质中,这些次波相互干涉,使光线只能在原来折射方向上传播,其他方向上则相互抵消,所以没有散射光出现。非均匀介质中的杂质或微粒,包括体系因热涨落引起的不均匀性,破坏了二次波源的相干性,散射的光波从各个方向都能看到,这也是我们白天看得见明亮天空的原因之一。

结构均匀的固体和纯净的液体中都含有大量的微观粒子,它们在光照下无疑也会发射次波。但由于液体和固体中的分子排列密集,彼此之间的结合力很强,各个原子或分子的受迫振动是互相关联的,合成的次波主要沿着原来光波的方向传播,其他方向非常微弱。通常我们把发生在光波前进方向上的散射归为透射。

9.2　光的吸收

9.2.1　光吸收的一般规律

光作为一种能量流穿过介质时,会引起介质价电子跃迁或者增强原子热振动而消耗能量被吸收。另外,介质中的自由电子也会吸收光子能量而激发,电子在运动中与原子或分子发生碰撞,能量发生传递而造成光能衰减。即使是对光不发生散射的透明介质(如玻璃、水溶液),入射光也会有能量损失,即产生光吸收。

假设强度为 I_0 的平行光束穿过厚度为 l 的均匀介质,光通过一段距离 dl 之后,强度减弱 dI。实验证明,入射光强减少率 dI/I 与吸收层的厚度 dl 成正比,假定光通过单位距离时能量损失的比例为 α,则

$$\frac{dI}{I} = -\alpha \, dl \qquad (9-23)$$

其中,负号表示光强随着厚度 l 的增加而减弱;α 为吸收系数,取决于介质的性质和光的波长,单位为 cm^{-1}。对一定波长的光波而言,吸收系数是介质性质相关常数。式(9-23)积分可得

$$I = I_0 e^{-\alpha l} \qquad (9-24)$$

上式称为朗伯定律,显示在介质中传播的光强随传播距离成指数衰减。α 越大或材料越厚,被吸收的光就越多,透过的光强度就越弱。不同材料的 α 差别很大,空气的 $\alpha \approx 10^{-5} \, cm^{-1}$,玻璃的 $\alpha \approx 10^{-2} \, cm^{-1}$,金属的吸收系数则达几万到几十万,所以金属是不透明的。

9.2.2　光吸收与波长的关系

研究发现,几乎所有物质都对特定波长范围的光表现为透明,而对其他波长的光不透明。金属对可见光吸收十分强烈,这是因为金属外层的价电子处于未填满能带中,吸收光子后即成激发态,不必跃迁到高能带就可以和声子发生碰撞而发热。由图 9-4 中可见,在电磁波谱的可见光区,金属和半导体的吸收系数都很大。但是电介质材料,包括大部分的玻璃、陶瓷等无机材料,在这个波谱区内都有良好的透过性,吸收系数很小。这是因为电介质材料的价电子所处的能带是填满的,可见光的光子能量不足以使满带电子跃迁到高能级能带上去,电子不能吸收光子产生跃迁,所以吸收系数很小。

在紫外区,无机材料出现了明显的吸收峰,这是因为波长越短,光子能量越大。当光子能量达到或超过禁带宽度时,电子就会吸收光子能量产生带间跃迁,吸收系数骤然增大。由吸收光的波长可求得材料的禁带宽度 E_g:

$$E_g = h\nu = h \times \frac{c}{\lambda} \qquad (9-25)$$

其中,h 为普朗克常量,c 为光速。

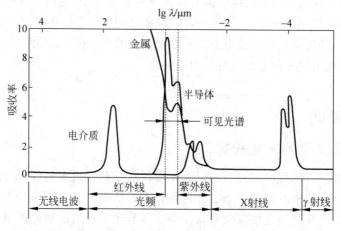

图 9-4 金属、半导体和电介质的光吸收率随波长的变化

可见,如希望材料在可见光区透过率高,就要求禁带宽度大。常见材料的禁带宽度变化较大,半导体材料的 E_g 为 $1\sim2\mathrm{eV}$;而电介质材料的 E_g 大,一般在 $10\mathrm{eV}$ 左右,如 NaCl 的 $E_g=9.6\mathrm{eV}$。

9.2.3　光吸收过程

光的吸收还可分为均匀吸收和选择性吸收。例如石英在整个可见光波段都很透明,吸收系数很小且几乎不变,这种现象称为一般吸收或普遍吸收。一般吸收与波长无关,不改变材料颜色。如果介质在可见光范围对各种波长的吸收程度相同,则称为均匀吸收。在此情况下,随着吸收程度的增加,颜色从灰变到黑。石英在 $3.5\sim5.0\mu\mathrm{m}$ 的红外线区表现为强烈吸收,且吸收率随波长剧烈变化。同一物质对某一波长的吸收系数可以非常大,而对另一波长的吸收系数可以非常小,这种现象称为选择性吸收。材料因对可见光选择吸收而呈现不同的颜色。物质都有这两种吸收形式,只是不同物质的选择性吸收的波长范围不同而已。

根据光吸收本质的不同,半导体光吸收可以有以下基本方式:本征吸收、自由载流子吸收、晶格吸收、杂质吸收和激子吸收等。

1. 基本吸收或本征吸收

材料中的电子因吸收光子而从价带跃迁到导带的过程称为基本吸收或本征吸收。基本吸收的光子能量大于禁带宽带,即

$$h\nu > E_g \tag{9-26}$$

因此,基本吸收光谱会存在一个长波限。吸收限的长波方向表现为一般吸收,短波方向表现为选择性吸收。

理论上,电子从价带跃迁到导带必须服从一定的选择规则。例如,半导体中电子吸收光子的跃迁过程需要满足能量守恒和动量守恒,即电子跃迁需满足跃迁选择定则。波矢量为 $\boldsymbol{k}$ 的电子吸收光子后跃迁到 $\boldsymbol{k}'$ 状态,必须满足动量守恒,即电子状态变化等于吸收光子的动量:

$$\hbar\boldsymbol{k}' - \hbar\boldsymbol{k} = \boldsymbol{p} \tag{9-27}$$

即跃迁过程中必须满足 $\boldsymbol{k}' - \boldsymbol{k} =$ 光子矢量。一般地,半导体所吸收的光子的动量远小于电

子的动量,光子动量可忽略不计,即认为电子吸收光子产生跃迁时电子能量增加而波矢量保持不变,即 $k' = k$。

2. 自由载流子吸收

价带中的空穴或导带上的电子吸收光子而在能带内发生跃迁的过程称为自由载流子吸收,例如导带内的电子吸收光子而跃迁到自身能带的高能级上去。为满足动量守恒,电子的动量改变可以通过与晶格交换声子或与杂质离子发生散射而得到补偿。

自由载流子吸收谱一般没有精细结构,吸收系数 α_a 常与波长成指数关系单调上升:

$$\alpha_a = A\lambda^s \tag{9-28}$$

其中,指数 s 一般在 $1.5 \sim 3.5$,s 大小与电子散射方式相关,例如,受到长波声子散射,吸收小;受到光学波声子散射,吸收大;受到电离杂质散射,吸收最大。

3. 晶格吸收

所有材料都有一个由晶格振动和光子相互作用引起的吸收区,吸收能量较低的光子,并将其能量直接转换为晶格的振动能。由于是长波声子和红外光子发生耦合,所以一般在红外波段、远红外区形成一个连续吸收带,这种吸收称为晶格吸收。离子晶体或者离子性较强的化合物具有明显的晶格吸收现象。原因在于,光作为电磁场使离子化合物发生电极化,正、负离子形成电偶极矩需要从光场中吸收能量,从而产生晶格振动模式变化或产生新的声子。当光的频率等于晶格振动频率时,光吸收达到最大值。

4. 杂质吸收

在半导体和离子晶体中存在一定的杂质和结构缺陷,引起局域范围周期性势场的破坏。处于这些特殊局域中的电子往往占据特殊能态,能级在禁带范围内。在适当能量的光子作用下,这些杂质能级所束缚的电子和空穴也可以产生光跃迁。例如杂质电子因光吸收而跃迁脱离原子束缚成为自由电子,这个跃迁过程对应于图 9-5 中所示的 a 过程,是施主杂质与导带之间的跃迁,电子跃迁需要的能量也称为杂质电离

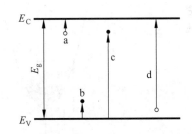

图 9-5 杂质能级与主能级之间的跃迁

能。如此类似还有其他方式,例如,b 过程是价带与中性受主杂质之间的跃迁,c 过程是价带与中性施主杂质之间的跃迁,d 过程是中性受主杂质与导带之间的跃迁。

对离子晶体而言,杂质原子可以以替位或间隙方式存在,晶体内部点缺陷有肖特基缺陷和弗仑克尔缺陷两类,其中能吸收光的点缺陷称为色心。色心有电子中心和空穴中心两大类。离子晶体中负离子空位束缚一个电子的组合的色心称为 F 心。例如碱卤化物晶体中,卤素离子空位带正电荷,能够俘获一个电子,形成一个 F 心。实际上一个负离子空位是一个正电中心,能束缚一个电子,这个电子被周围正离子所共有。当受到足够能量光照下,这个电子会受激跃迁到导带,这个正离子空位的正电中心相当于 n 型半导体的施主。同样,一个正离子空位会束缚一个空穴而达到电中性。这个缺陷称为 V 心,是一个空穴型色心。结构完整的离子晶体是无色透明的,众多的色心缺陷会使晶体呈现一定颜色。碱金属卤化物晶体在碱金属蒸气气氛下加热骤冷,在高温下出现大量的空位与间隙原子。原来透明的晶体就出现颜色,这个过程称为增色。

5. 激子吸收

半导体中的电子和空穴之间由于库仑力作用,有可能形成类似于氢原子结构的电子束

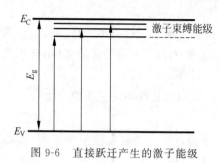

图 9-6　直接跃迁产生的激子能级

缚态,这种由电子和空穴形成的束缚态称为激子。激子吸收的物理本质是价带电子吸收光子后直接跃迁到导带下面的激子能级所引起的光吸收,如图 9-6所示。激子不仅在吸收边外吸收光子,而且还会在光子能量低于带间跃迁吸收谱的一侧出现若干激子吸收峰。与杂质吸收不同,激子吸收是分立能级与确定的主能带之间的跃迁,而杂质吸收是杂质能级与能带之间的跃迁。

9.2.4　本征吸收与直接跃迁和间接跃迁

半导体因光吸收或光辐射而产生电子在导带和价带能之间的跃迁,称为本征跃迁。根据电子在本征跃迁过程中波矢变化与否,分为直接跃迁和间接跃迁,图 9-7 为半导体能带结构的 E-k 关系图。直接跃迁是指跃迁前、后两状态垂直对应于相同的波矢状态,导带底和价带顶对应于相同的波矢 k。例如,常见半导体第Ⅲ-Ⅴ族化合物中的 GaN、GaAs、GaSb 和 InP,第Ⅱ-Ⅵ族化合物中的 ZnO、ZnS、CdSe 和 CdTe 等,这些常用于发光的半导体材料都是直接带隙半导体。

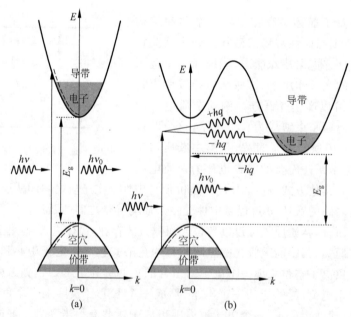

图 9-7　本征半导体的能带结构

(a) 直接带隙;(b) 间接带隙

另外,还有不少半导体的导带和价带的极值并不对应于相同的波矢,如图 9-7(b)所示,称为间接带隙半导体。这样半导体中电子跃迁所吸收的光子能量比禁带宽度大。在跃迁过程中,电子不仅吸收光子,同时还和晶格交换能量,放出或吸收一个声子。所以非直接跃迁

或间接跃迁过程是电子、光子和声子三者同时参与的过程,能量关系为

$$\Delta E = h\nu_0 \pm E_p \tag{9-29}$$

其中,ΔE 是电子跃迁能带间的能量差;$h\nu_0$ 是光子能量;E_p 为声子能量;"＋"号是吸收声子,"－"号是发射声子。

声子作为准粒子,也具有能量和动量,波矢量为 q。在间接跃迁过程中,伴随声子的吸收或发射,动量守恒关系满足:

$$\hbar(k' - k) = p \pm \hbar q \tag{9-30}$$

其中,p 为光子动量。如光子动量不计,则电子跃迁的动量变化等于声子动量:

$$(k' - k) = \pm q \tag{9-31}$$

在非直接跃迁过程中,电子的波矢 k 发生改变,伴随着发射或吸收适当的声子。这种除了吸收光子外还与晶格交换能量的非直接跃迁,也称为间接跃迁。

因为声子的能量非常小,比禁带宽度还小两个数量级,可以忽略不计。因此,电子在跃迁前后的能量差近似等于所吸收的光子能量。因此,直接跃迁和非直接跃迁的能量关系均可表达为

$$\Delta E = E_g = h\nu_0 \tag{9-32}$$

常见的 IV 族半导体 Si 和 Ge,III-V 族化合物半导体 AlAs 和 GaP 等是间接带隙半导体。在本征跃迁过程中,只存在电子和光子的相互作用,只发生直接跃迁;如果同时存在电子与晶格的相互作用而发射或吸收一个声子,则是非直接跃迁。间接跃迁的吸收过程,一方面依赖于电子与光子相互作用,另一方面还依赖于电子与晶格的相互作用,在理论上是一种二级过程。所以,发生间接跃迁的概率比直接跃迁的概率小得多,间接跃迁的光吸收系数相比于直接跃迁的光吸收系数成数量级减少。研究半导体的本征吸收光谱,不仅可以根据吸收限决定禁带宽度,还可以了解能带的复杂结构,作为区分直接带隙和间接带隙半导体的重要依据。

9.3　材料的颜色与透光性

9.3.1　光与颜色

物质世界中目光所及,感受到的是光和色彩。色彩是人的一种视像感觉,这种感觉是基于物体对光的反射和人类视觉器官的感受。不同波长的可见光照射到物体上,部分波长的光被吸收,部分波长的光被反射出来刺激人的眼睛,经过视神经传输到大脑皮层视区,形成物体的色彩信息,即人的色彩感觉。

物质呈现的颜色与它吸收光的颜色有一定关系。简单地说,物质显现的颜色往往是吸收光颜色的互补色。所谓互补色是相对于不同颜色波长组成的白光可见光而言的。如图 9-8 所示,径向两端相对的颜色互补为白色。一般地,如果物质对白光中所有颜色的光全部吸收,它就呈现出黑色;如反射所有颜色的光,则呈现出白色;若透过所有颜色的光,则为无色。人的眼睛对颜色的敏感度

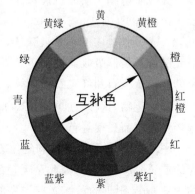

图 9-8　白光的颜色互补图

并不高,由蓝、绿、红三原色就可以组合出任何颜色,这是感光器、显示器表达彩色的基本工作原理。

对不透明材料来说,眼睛接收到的光是经过材料表面反射或漫反射的光线,失去了被材料吸收的那部分波长的光线,材料呈现的颜色是被吸收光的互补色。对透明材料来说,呈现的颜色也是吸收光的互补色。例如白光通过硫酸铜溶液时,铜离子选择性地吸收了部分黄色光,使透射光中的蓝色光不能被完全互补而呈现蓝色。当然,实际材料呈现的颜色是复杂的,材料表面反射光或散射光和表面特征相关,反射光强度与波长也有一定关系,这些都一定程度上会影响材料所呈现的实际颜色。

进一步地从原子尺度看,材料的颜色是光和原子相互作用所决定的,更准确地说是光子和原子核外电子作用的结果。原子核外电子因吸收光子而产生状态变化,使原子处于激发态,激发态原子回到基态释放能量而重新发射光子。原子吸收或辐射光子的波长与电子状态变化的能级相关,带有化学元素的特征,而且,不同组织结构的材料对光的吸收和辐射也是有区别的。原子振动激发或吸收的波长一般处于红外区,但水或冰因分子间的氢键作用,吸收光的波长在橙红色范围。另外,晶体材料的颜色往往与结构的点缺陷相关。材料电中性的要求会在点缺陷处束缚电子或空穴而成为可见光的吸收中心,缺陷部位电子跃迁所需能量在可见光范围,这些缺陷部位就会产生对可见光的选择性吸收,使晶体呈现不同颜色。晶体中这种对可见光选择性吸收的缺陷称作吸收中心或色心。碱卤化物晶体结构如果没有色心缺陷,晶体是完全透明的。色心缺陷的出现可以使其着色。例如加热后骤冷的 $NaCl$ 晶体中可形成超过化合比的 Na^+,形成负离子空位型色心而呈黄色。

9.3.2　材料透光性

本质上,物质对光的吸收是有选择性的,吸收连续光谱中特定波长的光子,激发原子中电子跃迁并通过辐射释放。固体材料中原子间的强相互作用导致能级的分裂,能级扩展为能带。吸收光展宽为一定波长范围的吸收区,发射光的谱线展宽。具有较宽波长的吸收区称为吸收带,剩下的部分成为反射光和透射光。

光学意义上,透明是指材料允许光通过且不分散的物理性质。材料的透明与否,取决于是否吸收可见光。如果对整个可见光频段都不吸收,就意味着透明;否则就是不透明。

光线照射到一块绿色玻璃上时,其反射率、透射率和吸收率与波长的关系如图 9-9 所示。由图可见,对于波长为 $0.4\mu m$ 左右的光波,其反射率和吸收率为 0.05,而透射率达到 0.90。光吸收造成电子受激跃迁,当从激发态回到低能态时又会重新发射出光子。因此,透射光的波长是非吸收光波和重新发射光波的混合波,透明材料的颜色是由混合波的颜色决定的。以蓝宝石和红宝石为例,蓝宝石是 Al_2O_3 单晶,呈无色。红宝石是含有少量 Cr_2O_3 的单晶氧化物,这样,在单晶 Al_2O_3 禁带中引进 Cr^{3+} 的杂质能级,造成了不同于蓝宝石的选择性吸收而显现红色。

图 9-10 给出了蓝宝石和红宝石透射光的波长分布。蓝宝石在整个可见光范围内透射光的波长分布很均匀,因此是无色的。而红宝石对波长约为 $0.4\mu m$ 附近的蓝紫色光和波长约为 $0.6\mu m$ 附近的黄绿光有强烈的选择性吸收,非吸收光和重新发射的混合光波决定了其呈现红色。

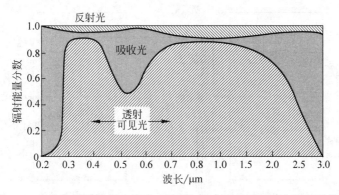

图 9-9 光线入射到绿色玻璃时,反射率、吸收率和透过率与波长的关系

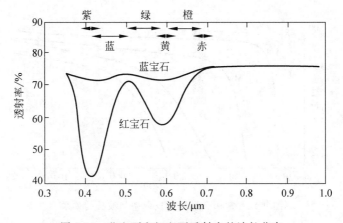

图 9-10 蓝宝石和红宝石透射光的波长分布

当然,不同材料在透明与否的机理上有一定差异。

1. 金属

金属对可见光是不透明的,原因在于金属价电子能带结构的特殊性。在金属的电子能带结构中,如图 9-11 所示,费米能级以下的状态被电子占据,费米能级以上有大量的空能级。当金属受到光线照射时,自由的价电子容易吸收入射光子的能量而被激发到费米能级以上的能级。由于费米能级以上有大量的空能级,因而各种不同频率的可见光或可见光波段的光子都能被吸收。研究证明,只要金属箔的厚度达到 $0.1\mu m$,便可以吸收全部可见光。因此,只有厚度小于 $0.1\mu m$ 的金属箔才可能透过可见光。事实上,金属对所有的低频电磁波(从无线电波到紫外光)都是不透明的,只有对 X 射线和 γ 射线高频电磁波才是透明的。

大部分被金属材料吸收的光又会从表面以同样波长的光发射出来,如图 9-11(b)所示,即反射光。在费米能级附近的价电子易吸收不同波长的光线而激发,激发电子回落到基态又辐射出光子,表现为金属表面的光反射现象。大多数金属的反射系数在 0.9~0.95。还有小部分以热的形式耗损。金属这种高反射性质常用来镀在其他材料衬底上,构成金属膜作为反光镜(reflector)使用。图 9-12 给出了常用金属膜的反射率与波长的关系曲线。Ag 的反射率最高,是制备反射膜的常用材料。

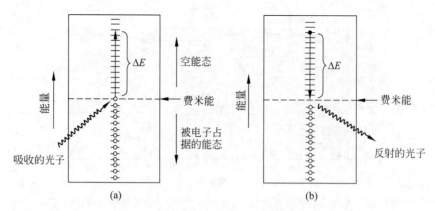

图 9-11 金属吸收光子后电子能态的变化

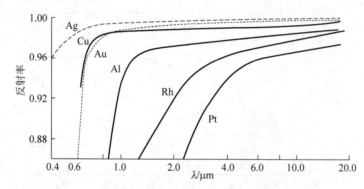

图 9-12 常用金属膜的反射率与波长的关系

金属表面富有金属光泽,不同金属的光泽差异与金属中电子的费米能级及能态密度相关。例如,Ag、Al 可反射所有波长可见光而呈现为白色,如图 9-12 所示;而 Au 和 Cu 中的电子激发能级小于可见光短波区,它们不反射从紫到蓝波段的光,只反射长波段的光而显现为黄色。

2. 半导体

半导体的颜色与其禁带宽度相关。能量达到或超过禁带宽度以上的光子被吸收,能量在禁带宽度以下的光子被反射,呈现出反射光线的颜色。例如,CdS 的禁带宽度是 2.4eV,蓝色及以下波长被吸收,波长大于蓝色的光被反射而呈现为橘红色;Si 半导体的禁带宽度为 1.1eV,可吸收可见光所有波段而呈现灰暗金属色。宽禁带半导体的禁带宽度明显大于可见光能量,例如 GaN 宽禁带半导体反射所有可见光而表现为无色透明。半导体可以通过成分变化而改变禁带宽度,掺杂半导体则受到掺杂元素的影响而充当色心,实际半导体的颜色会产生一定变化。

3. 陶瓷材料

单晶陶瓷材料是透明介质,影响陶瓷透明性的因素包括晶体结构对称性、晶粒尺寸、气孔率以及表面光洁度等。本来透明的材料也可以被制成半透明或不透明的。其原理是设法使光线在材料内部发生多次反射(包括漫反射)和折射,使透射光线变得十分弥散。当散射作用非常强烈,以至于几乎没有光线透过时,材料看起来就不透明了。引起内部散射的原因是多方面的,例如,折射率各向异性的多晶材料中晶粒的无序取向,使光线在相邻晶界面上发生反射和折射,光线经多次反射和折射后变得十分弥散,使得材料显现为半透明或不透明。同理,当光线通过弥散分布的两相体系时也因两相的折射率不同而发生散射。两相的折射率相差越大,散射作用越强。米氏散射(Mie scattering)理论显示,入射光波长和晶粒尺寸相当时散射最大,透过率最低。

大多数陶瓷材料是多晶体多相体系,由晶相、玻璃相及气相(气孔)组成。因此,陶瓷材料多是半透明或是不透明的。需要指出的是,实际陶瓷材料如乳白玻璃、釉、搪瓷、瓷器等,它们对光的反射和透射很大程度上决定了它们的外观和用途。

4. 高分子材料

在纯高聚物中,非晶均相高聚物应该是透明的,而结晶高聚物一般是半透明或不透明的。这是因为,结晶高聚物是晶区和非晶区混合的两相体系,晶区和非晶区折射率不同,而且结晶高聚物多是晶粒取向无序的多晶体系,所以光线通过结晶高聚物时易发生散射。结晶高聚物的结晶度越高,散射越强,除非是厚度很薄或者薄膜中结晶尺寸比可见光波长更小。一般结晶高聚物是半透明或不透明的,如聚乙烯、全同立构聚丙烯、尼龙、聚四氟乙烯、聚甲醛等。另外,高聚物中的嵌段共聚物、接枝共聚物和共混高聚物多属两相体系,除非特意使两相折射率很接近,否则一般多是半透明甚至是不透明的。

9.4 材料发光和发光材料

9.4.1 发光的概念

当物质受到诸如光照、电场或高速粒子轰击之类的能量激发时,只要不因此发生化学变化,则被激发的原子或分子总是要回到原来的稳定状态。这个过程中,一部分能量会通过光或热的形式释放。如果这部分能量是以可见光或近可见光的形式发射出来的,这种现象就称为发光。概括地说,发光就是物质以光的形式发射出来的多余能量,并且这种光发射过程具有一定的时间持续性。

发光是一种特殊的能量发射现象,与热辐射有根本的区别。发光也有别于反射、散射等其他的非平衡辐射现象。发光有一个相对较长的延续时间,根据发光持续时间的长短把发光分为两个过程:物质在受激发时的发光称为荧光,而外激发条件停止后的发光称为磷光。一般常以持续时间 10^{-8} s 为分界,持续时间短于 10^{-8} s 的发光称为荧光,持续时间长于 10^{-8} s 的发光称为磷光。这是习惯上沿用的两个名词,现在已不大区分荧光和磷光的发光过程。因为任何形式的发光都以余辉的形式来显现其衰减过程,衰减时间可能极短($<10^{-8}$ s),也可能很长(数个小时或更长)。

9.4.2 发光的分类

根据不同的激发方式,发光现象可分为光致发光、电致发光、阴极射线发光、X射线及高能粒子发光、化学发光和生物发光等。

利用光激发发光的过程叫作光致发光,大致经过光吸收、能量传递及光发射三个阶段。光吸收及发射都发生于电子在能级之间的跃迁过程。光致发光的光强与光谱结构是材料分析测试常用的手段,利用紫外到红外光频范围的各种波长激发,由此来研究物质结构,包括材料中的杂质和缺陷及其能量状态的变化,激发能量的转移和传递,以及化学反应中的激发态过程、光生物过程等。

电致发光又称为电场发光,是通过外电场激发电子碰击发光中心,导致电子能级跃迁与复合而发光的一种物理现象。电致发光方式之一是本征电致发光,是指电子在能带间的跃迁,导带上的电子跃迁到价带与空穴复合而引起的发光现象。起初由法国科学家德斯特里奥(Georges Destriau)在 1936 年发现,因而又称作德斯特里奥效应。电致发光的另一种方式是半导体 p-n 结的注入式电致发光。当半导体 p-n 结在正向偏压作用下,电子(空穴)会注入到 p(n)型材料区。注入的少数载流子会通过直接或间接的途径与多数载流子复合而发光。这种由载流子注入引起的电子-空穴复合发光称为注入式电致发光。

阴极射线发光是发光物质在高能电子束激发下产生的发光。通常电子束流的电子能量很大,有几千甚至上万电子伏。与光致发光相比,这个能量巨大。因此,阴极射线发光的激发过程和光致发光不一样,是一个更复杂的过程。在光致发光过程中,通常一个激发光子被吸收后,只能产生一个辐射发光光子。从能量角度来说,一个高速电子的能量是光子能量的数千倍甚至更大,足以产生成千上万个辐射光子。事实上,高速电子入射到发光物质后,首先离化原子中深能级上的电子,因它们获得很大的动能,成为高速的次级发射电子,如此会产生速度越来越低的"次级"电子,直到发光体中出现大量的能量在几到十几电子伏的低速电子,这些低能量的电子激发发光物质而产生发光。阴极射线发光是示波器、显示器、电视、雷达等应用中重要的显示手段。

X 射线及高能粒子发光是指在 X 射线、γ 射线、α 粒子等高能射线或高能粒子激发下发光物质所产生的发光。上述射线都是高能量的,所以它们也是通过产生次级电子激发发光。其中 X 射线发光的主要应用就是医用 X 射线透视屏和摄像增感屏,利用某些发光材料的放射线发光还可以做成辐射剂量计。此外,还有化学发光,是通过化学反应过程中释放出来的能量激发发光物质所产生的发光。

9.4.3 发光中心与发光材料

发光体吸收外界的能量经过传输、转换等过程,最后以光的形式发射出来,光的发射对应着电子在能级之间的跃迁。如果所涉及的能级是属于离子、离子团或分子时,这种离子、离子团或分子称为发光中心(luminescent center)。发光中心在晶体中并不是孤立地存在,根据发光中心在发光过程中的机制不同,即根据被激发的电子是否进入基质的导带,将发光中心划分为分立中心和复合中心。

如果被激发的电子没有离开发光中心就回到基态产生发光,这类中心叫作分立发光中心。分立中心在晶格中比较独立,在分立中心的发光过程中,参与发光跃迁的电子是分立中心离子本身的电子,电子的跃迁发生在中心离子自身的能级之间,发光中心的光谱特性主要取决于离子本身。具有离子发光中心的发光材料一般是无机发光材料,目前有机发光材料也成为研究和应用的重要方面。

如果电子被激发后离开发光中心进入基质的导带,通过特定中心与空穴复合产生发光,这类中心叫作复合发光中心。复合发光伴随着光电导产生,一般为强共价性的半导体发光。

9.4.4 无机发光材料及其应用

无机发光材料一般是由稀土离子或过渡族金属离子在固体中充当分立发光中心。实际发光材料是以基体化合物（基质）和少量甚至微量掺杂的杂质离子作为激活剂组成,广泛用作荧光材料。激活剂是一种掺入的杂质,含量可以少到万分之一。本来不发光的物质可以因激活剂的掺入而发光,本来发光的物质也可以因激活剂的掺入而改变发光颜色或增加发光效率。总之,许多情况下,激活剂决定发光的性能,这是无机发光材料的一个特点。优点是吸收能力强,转换率高。窄带发射有利于全色显示,物理化学性质稳定。

1. 稀土发光材料

稀土离子具有丰富的能级和 $4f$ 电子跃迁特性,这使稀土成为主要的发光激活剂,常应用于显示、照明、光存储等许多领域。常见的无机荧光材料是以碱土金属的硫化物（如 ZnS、CaS）、铝酸盐（$SrAl_2O_4$、$CaAl_2O_4$、$BaAl_2O_4$）等作为发光基质,以稀土镧系元素（铕（Eu）、钐（Sm）、铒（Er）、钕（Nd）等）作为激活剂或助激活剂。

稀土元素的原子具有未填满的受到外层屏蔽的 $4f5d$ 电子组态,有丰富的电子能级和长寿命激发态。稀土化合物的发光是基于它们的 $4f$ 电子在 f-f 组态或 f-d 组态之间跃迁,有巨量的能级跃迁通道,可以产生多种多样的辐射吸收和发射,发光波长覆盖了从红外到紫外范围。稀土离子的发光特性主要取决于稀土离子 $4f$ 壳层电子的性质。随着 $4f$ 壳层电子数的变化,稀土离子表现出不同的电子跃迁形式和极其丰富的能级跃迁。

大部分三价稀土离子的光吸收和发射来源于内层的 $4f$-$4f$ 跃迁,其特点是发射光谱成线状,色纯度高,荧光寿命长。$4f$ 轨道处于内层,很少受到外界环境的影响,材料的发光颜色基本不受基质影响,光谱很少随温度而变化。二价态稀土离子的光谱特性是 d-f 跃迁,跃迁发射的光频呈一定带宽,强度较高,荧光寿命短,发射光谱随基质组分的改变而发生明显变化。四价态稀土离子的光谱特性是它们的电荷跃迁能量较低,基本上在可见光区。

发光材料的某些功能往往可通过稀土价态的改变来实现,例如,稀土三基色荧光材料中的蓝光发射是由低价稀土离子 Eu^{2+} 产生的。因此,掌握价态转换规律和价态转换机制,寻求非正常价态稳定条件及其控制方法,可为发现新型的稀土发光材料和改善材料发光性能提供路径。

纯稀土氧化物氧化钇（Y_2O_3）、氧化铕（Eu_2O_3）、氧化钆（Gd_2O_3）、氧化镧（La_2O_3）、氧化铽（Tb_4O_7）等制成的各种荧光体,广泛应用于彩色电视机、彩色显示器,还用于制作节能灯荧光粉、标识发光油墨、光致变色玻璃等。

人们将稀土元素引入高分子材料中,稀土元素作为发光中心,通过掺杂、共聚、共价嫁接等方法制备稀土高分子发光材料。基于高分子材料廉价且易于成型的特点,高分子发光材料具有重要应用,如含有稀土 Eu、铽（Tb）等三价离子的高分子配合物在紫外线照射下发出蓝、绿、红三色荧光,可用作彩色显示材料。

2. 过渡族发光材料

过渡金属离子充当发光中心是固体发光材料之一。过渡金属离子有未填满的 d 层,其电子组态为 d^n。作为离子掺杂到基质晶体结构中时,相应电子组态的能级劈裂为多个能级。有的能级间光辐射位于可见光区间,这种类型的跃迁称为晶体场跃迁。因有未填满的

d 电子层,过渡金属离子发光因具有丰富的颜色而受到青睐。

9.4.5　有机发光材料及其应用

有机化合物种类繁多,分子设计相对灵活,发光可调性好,色彩丰富,色纯度高,特别适用于柔性光电子发光器件。有机分子的共价结构使电子成对地处于各能级上,自旋之和为

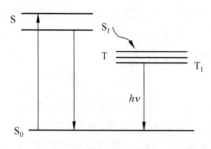

图 9-13　有机激发和发光过程简图

零,处于单重基态(S_0)。如图 9-13 所示,如一个电子被激发,自旋不变,则处于单重激发态(S);如激发过程自旋翻转,则处于激发三重态(T)。如电子被激发到单重激发态,则弛豫到单重激发态的最低能级(S_1),由 S_1 回到 S_0 产生荧光。如中间经过能量最低的三重激发态(T_1),即由 S_1 到 T_1 再到 S_0,则后一步产生磷光。有机发光材料的发光中心是分子,根据不同的分子结构,有机发光材料可分为有机小分子发光材料、有机高分子发光材料和有机配合物发光材料。有机发光分子一般含有 π 电子的共轭结构,或带有共轭杂环及各种生色团,诸如恶二唑、三唑、噻唑、咔唑结构及其衍生物之类,可通过引入烯键、苯环等不饱和基团及各种生色团来改变共轭长度,使化合物光电性质发生变化。

有机发光材料具有功耗低、响应速度快、柔性好的优点,已广泛应用于液晶显示器、发光二极管等技术中,主要有以下用途。

(1) 光致发光粉材料:有机光致发光粉是发光涂料、发光塑料、发光油墨、发光安全标识的制作材料。

(2) 光刻胶:半导体集成电路工业不可或缺的材料,用于光刻工艺中作抗腐蚀涂层,其性能直接影响半导体电路的集成度和最终微电子产品的性能优劣。

(3) 有机发光二极管(organic light-emitting diode,OLED):在外电场作用下,从阳极注入空穴,阴极注入电子,二者在发光功能层中复合成为激子,激子很不稳定,很快便会释放出能量并转移到发光分子,激发发光分子的跃迁而发光。目前认为电子和空穴分别在有机分子的最低未占分子(LUMO)轨道和最高占据分子(HOMO)轨道上发生迁移,也就是说从阴极注入的电子在外电场的作用下会到达有机材料的 LUMO 轨道,而从阳极注入的空穴则在外电场的作用下到达 HOMO 轨道上。电子和空穴在复合区内因库仑力作用相互结合形成不稳定的激子(exciton)。激子作为一种准粒子,寿命很短,因复合而消失。最终激子将能量转移到发光分子上,导致发光分子跃迁到激发态,激发态的分子通过辐射回到基态,这一过程出现发光现象。发光分子激发态和基态之间的能量差决定发光的波长和颜色。

OLED 发出的光也分为荧光和磷光,通过单线态的激子所发出的光为荧光,而同时通过单线态和三线态的激子所发出的光为磷光。激子的单线态和三线态的数量有固定比值,为 1:3。所以从理论上来说,只利用单线态激子的荧光器件的内量子效率最高只有 25%,而发出磷光时内量子效率则能够达到 100%。

大多数的 OLED 器件一般具有叠层结构,如图 9-14 所示。早期的 OLED 是简单的单层器件,如图 9-14 的 a 过程,单层有机发光层(EL)置于阴、阳两极之间。由于每一种有机材料具有的功能有限,运输载流子往往是单一的,只能传输空穴或电子中的一种,难以达到平

衡运输的苛刻条件,也无法实现器件的性能要求。因此在阴、阳两极之间由两种甚至多种材料构成的多层器件便应运而生。通常由空穴传输层(HTL)、发光层(EL)、电子传输层(ETL)组成。结构中每一层都有其特定功能,多层结构易于调节器件性能,是目前应用最广泛的结构。

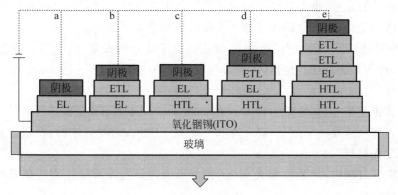

图 9-14　OLED 器件结构图

9.5　半导体发光

半导体中的电子可以吸收一定能量的光子从价带激发到导带。同样,处于激发态的电子也可以从导带跃迁回价带,并以光辐射的形式释放能量。一般情况下,半导体的光学跃迁与能带结构相关,通常发生在价带顶和导带底之间,所以又称为带边光学跃迁。

9.5.1　半导体的激发发光过程

半导体产生光子发射的主要条件是系统必须处于非平衡状态,也就是半导体需要某种激发过程,再通过非平衡载流子的复合而发光。根据不同的激发方式,激发发光过程主要有电致发光(场致发光)、光致发光和阴极发光等。

半导体材料受到激发时,电子由价带导带跃迁成为非平衡载流子。这种处于激发态的电子在半导体中运动一段时间后,又回复到低能量的价带,并发生电子-空穴对复合。复合过程中,以不同形式释放出多余的能量。如图 9-15 所示,从高能量状态到低能量状态的电子跃迁主要辐射过程如下所述。

(1) 带与带之间的跃迁:导带底的电子直接跃迁到价带顶部,与空穴复合,如图 9-15 过程 a;导带热电子跃迁到价带顶与空穴复合,或导带底的电子跃迁到价带与热空穴复合,如图 9-15 过程 b。

(2) 有杂质或缺陷参与的跃迁:导带电子跃迁到未电离的受主能级,与受主能级上的空穴复合,如图 9-15 过程 c;中性施主能级上的电子跃迁到价带,与价带中空穴复合,如图 9-15 过程 d;

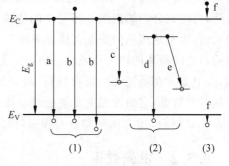

图 9-15　半导体中电子跃迁辐射过程

中性施主能级上的电子跃迁到中性受主能级,与受主能级上的空穴复合,如图 9-15 过程 e。

（3）热载流子在带内跃迁,如图 9-15 过程 f。

电子从高能级向较低能级跃迁时,必然释放一定的能量。如跃迁过程伴随着放出光子,则这种跃迁称为辐射跃迁。作为半导体发光材料,必须是辐射跃迁占优势。当然,不是每一种跃迁过程都辐射光子,也不是任一激发条件下以上各种跃迁过程都会同时发生。

从半导体能带结构分析,跃迁可分为本征跃迁和非本征跃迁。

（1）本征跃迁（带与带之间的跃迁）：导带的电子跃迁到价带,与价带空穴复合,并伴随着发射光子,称为本征跃迁。显然,这种带与带之间的电子跃迁所引起的发光过程,是本征吸收的逆过程。

对于直接带隙半导体,导带与价带极值都在 k 空间原点,本征跃迁为直接跃迁。直接跃迁的发光过程只涉及一个电子-空穴对和一个光子产生,辐射效率高,所以直接带隙半导体是常用的发光材料。

在间接跃迁过程中,除了发射光子,还有声子参与。这种跃迁比直接跃迁的概率小得多,发光比较微弱。

显然,带与带之间的跃迁所发射的光子能量与带隙直接相关。直接跃迁能量至少满足：

$$h\nu = E_C - E_V = E_g \tag{9-33}$$

而间接跃迁,在发射光子的同时,还发射一个能量为 E_p 的声子,光子能量应满足：

$$h\nu = E_C - E_V - E_p \tag{9-34}$$

（2）非本征跃迁：电子从导带跃迁到杂质能级,或杂质能级上的电子跃迁入价带,或杂质能级之间的跃迁,都可以引起发光,这些跃迁称为非本征跃迁。对间接带隙半导体来说,本征跃迁概率很小,非本征跃迁起主导作用。

当半导体材料中同时存在施主和受主杂质时,两者之间的库仑作用力使受激态能量增大,增量 ΔE 与施主和受主杂质之间距离 r 成反比。由于施主与受主之间的跃迁效率高,多数发光二极管是利用这种跃迁机理。当电子从施主向受主跃迁时,如没有声子参与,则发射光子能量为

$$h\nu = E_g - (E_D + E_A) + \frac{q^2}{4\pi\varepsilon_0\varepsilon_r r^2} \tag{9-35}$$

其中,E_D 和 E_A 分别代表施主和受主能级。

由于施主和受主一般是以替位原子出现在晶格中的,所以 r 只能取晶格常数的整数倍。实验也确实观测到一系列不连续的发射谱线与 r 相对应的情况。邻近的杂质原子间的电子跃迁,可得到分列的谱线。随着 r 的增大,发射谱线会越来越靠近,最后出现发射带。当 r 较大时,电子从施主向受主完成辐射跃迁时需要穿过的距离也大,发射概率随着施主和受主杂质对之间距离的增大而减小。所以我们感兴趣的是相对邻近杂质对之间的辐射跃迁。例如,GaP 是常用的发光二极管材料,是间接带隙半导体,室温禁带宽度 $E_g = 2.24\text{eV}$;本征辐射跃迁效率很低,它的发光主要是通过杂质对的跃迁来实现;实验证明,掺 Zn（或 Cd）和 O 的 p 型 GaP 材料,在 1.8eV 附近有很强的红光发射带。

9.5.2 发光效率

电子跃迁过程包括发射光子的辐射跃迁和无辐射跃迁。无辐射复合过程能量释放机理

比较复杂。一般认为,电子从高能级向较低能级跃迁时,可以将多余的能量传给第三方载流子,使其受激跃迁产生所谓俄歇过程。此外,电子和空穴复合时也可以将能量转变为晶格振动能量,即伴随发射声子的无辐射复合过程。实际上,发光过程中同时存在辐射复合和无辐射复合过程。

显然,发射光子的效率取决于非平衡载流子辐射复合寿命 τ_r 和无辐射复合寿命 τ_{nr} 的相对大小,辐射复合率正比于 $1/\tau_r$。稳定条件下,电子-空穴对的激发率等于非平衡载流子的复合率(包括辐射复合和无辐射复合),并取决于它们的寿命。通常用"内部量子效率" $\eta_{内}$ 和"外部量子效率" $\eta_{外}$ 表示发光效率。单位时间内辐射复合产生的光子数与单位时间内注入的电子-空穴对数之比,称为内部量子效率,即

$$\eta_{内} = \frac{\dfrac{1}{\tau_r}}{\dfrac{1}{\tau_r} + \dfrac{1}{\tau_{nr}}} = \frac{1}{1 + \dfrac{\tau_r}{\tau_{nr}}} \tag{9-36}$$

可见,在 $\tau_{nr} \gg \tau_r$ 时才能获得有效的光子发射。对非本征间接复合发光半导体来说,必须是辐射发光中心浓度远大于其他无辐射杂质浓度。

要说明的是,辐射复合所产生的光子并不是全部都能离开晶体向体外发射的,这是因为发光区产生的光子有部分会被半导体再吸收。另外,由于半导体具有高折射率,光子在界面处也很容易发生反射而返回到体内。即使是垂直射到界面的光子,也有相当大的部分(30%左右)被反射回体内。因此,引入"外部量子效率" $\eta_{外}$ 来描写半导体材料的有效发光效率。所谓外部量子效率,是指单位时间内发射到晶体外部的光子数与单位时间内注入的电子-空穴对数之比。

9.5.3 p-n 结电致发光

由于 p-n 结及异质结特殊的能带结构,它们不仅是微电子器件的基本结构,也用作太阳能电池发电,还可以用于电流注入发光。

1. p-n 结注入发光

p-n 结处于平衡时,存在一势垒区,如图 9-16(a)上图所示。如外加一正向偏压,则势垒降低,势垒区内建电场也相应减小。这样有利于载流子持续扩散,即电子由 n 区注入 p 区,同时空穴由 p 区注入 n 区,这些进入 p 区的电子和进入 n 区的空穴都是非平衡少数载流子。在实际应用的 p-n 结中,扩散长度大于势垒宽度,因此电子和空穴通过势垒区时因复合而消失的概率很小,继续向扩散区扩散。这些非平衡少数载流子不断地与扩散区多数载流子复合而发光(辐射复合),如图 9-16(a)下图所示,这就是 p-n 结电注入发光原理,如常用的 GaAs 发光二极管就是利用 GaAs p-n 结制得的。

GaP 发光二极管也是利用 p-n 结外加正向偏压,形成非平衡载流子,但其发光机制与 GaAs 不同,不是带间的直接跃迁,而是通过施主和受主杂质对之间的跃迁形成的辐射复合而发光。

2. 异质结注入发光

为了提高少数载流子的注入效率,p-n 结发光二极管常采用异质结结构。所谓异质结

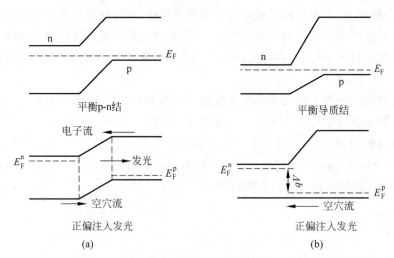

图 9-16　p-n 结注入发光和 p-n 结异质结注入发光

(a) p-n 结注入发光；(b) p-n 结异质注入发光

是指构成 p-n 结的 p 型半导体和 n 半导体的禁带宽度不一样。当加正向偏压时,势垒降低。由于 p 区和 n 区的禁带宽度不等,则势垒不对称,如图 9-16(b)上图所示,是由窄禁带的 n 型半导体和宽禁带 p 型半导体构成的 p-n 结。当外加正向偏压,两边价带达到等高时,空穴迁移不存在势垒,由 p 区不断向 n 区扩散,保证了空穴向 n 区(少数载流子)高注入效率。而 n 区的电子,由于存在势垒则不能从 n 区注入 p 区。这样,宽禁带的 p 区成为空穴注入源,即图 9-16(b)下图中的 p 区,而禁带宽度小的区域(图中 n 区)成为发光区。

9.5.4　发光二极管与应用

1. GaAsP 发光二极管

可见光 GaAsP 发光二极管(light emitting diode,LED)是在 1962 年首次由美国通用电器公司(GE)报道,由此开始了可见光固体照明时代。制备方法是利用气相外延(VPE)将 GaAsP 生长在 GaAs 衬底上,这种方法适合于大量外延片的生长。由于 GaAsP/GaAs 晶格失配,从而外延层存在大量失配位错,发光效率很低,室温下量子效率低于 0.005%。另外,当 P 含量为 40%~45% 时,从直接带结构向间接带结构转变,发光效率大为降低。但由于其制备工艺简单,制造成本低,红色 GaAsP LED 还在生产应用。

2. GaP 发光二极管

20 世纪 60 年代初,贝尔(Bell)实验室开始研究 GaP LED。据 1967 年报道,掺 ZnO 的 GaP 经过退火处理,LED 红色发光量子效率超过 2%。然后在 1968 年报道,掺 N 的绿色 GaP LED 效率为 0.6%。由于眼睛对绿光的灵敏度比红光高,所以红光和绿光的 GaP LED 亮度看起来相当。Bell 实验室首先将 GaP LED 用于电话指示,被誉为"电话业的一次革新"。目前,LED 作为信号指示照明使用已经十分普遍。

3. AlGaInP 发光二极管

AlGaInP 材料可以发射红光(625nm)、橙光(610nm)或黄光(590nm),是当今高亮度发光二极管和激光二极管(laser diode,LD)的主要材料。GaInP 的带隙为 1.9eV 左右,能够产生红色激光,被广泛用于 DVD 和激光笔指示器。Al 加入 GaInP,使发射波长变短,出现橙色和黄色发射。然而,当 $(Al_xGa_{1-x})0.5In0.5P$ 中 Al 的组分增加到 $x=0.53$ 时,由直接带隙变成间接带隙结构,发射效率迅速下降。所以 AlGaInP LD 不适用于波长低于 570nm 的器件。由于器件结构上采用电流分散层,所以整个 LED 芯片的 p-n 结面都均匀发光。人们进一步采用了多量子阱(MQW)、分布布拉格反射(DBR)以及 GaP 透明衬底等技术,器件性能大为改善。

4. 常用的发光半导体

具有直接带隙结构的第Ⅲ-Ⅴ族半导体 GaAs、GaN 晶体被广泛应用于 LED 和 LD 生产。由于 GaAs 室温下带隙仅为 1.43eV,按照带间跃迁或带边发射的能量计算,其发光波段在近红外区。而常规显示显像的发光应用需要可见光区的 LED 和 LD,显然 GaAs 二极管的本征激发满足不了应用需求。研究发现,第Ⅲ-Ⅴ族半导体 GaP 的带隙为 2.3eV,能够发出可见光,但其间接带结构的发光效率很低。于是,人们利用半导体能带理论,通过能带工程合金化构成 $GaAs_{1-x}P_x$ 半导体,其带隙随组分 x 而变化。从 $x=0$ 到 $x=0.4$ 都保持直接带隙结构,带宽接近 2.0eV,处于红色发光波段,由此研制和生产出系列 GaAsP 红光 LED。

Ⅲ-Ⅴ半导体中 GaN 的带隙很宽,室温下为 3.5eV,是直接带结构材料。发光波长在紫外区,发光效率高。由于全色显示和高密度光存储对蓝光材料的强烈需要,GaN 成为一种非常重要的 LED 和 LD 材料而被广泛研究和开发,GaN 合金化大大拓宽了宽禁带半导体的研究和应用范围。一般地,铟(In)掺杂得到的 InGaN 材料,根据 In 含量的高低可将带隙在 2~3.5eV 范围任意调制,从而获得从红色到紫色的发光,这种材料已经应用于各种发光元件;而 Al 掺杂形成的 AlGaN 材料可将带隙在 3.5~6eV 范围内任意调制,作为双异质结 LED 和 LD 的限域层,在短波长方面获得可调谐的发光。

9.6 受激辐射与激光

9.6.1 基本原理

1. 自发辐射与受激辐射

材料的发光过程与电子跃迁过程紧密相关,电子跃迁过程有激发吸收、自发辐射和受激辐射。下面利用简单的模型来说明这些过程。如图 9-17 所示,考虑简单的二能级结构:E_0 是基态,E_1 是激发态。电子在能级间的任何跃迁必然伴随着吸收或发射频率为 ν 的光子,$h\nu=E_1-E_0$。常温下,大部分原子都处于基态。在能量为 $h\nu$ 光子作用下,处于基态的原子因吸收光子而进入激发态。激发态是不稳定的,经过很短时间后必然跃迁回到基态,同时发射能量为 $h\nu$ 的光子。原子不受外界因素干扰自发地从激发态回到基态引起的光子发射过程,称为自发辐射。原子在激发态的平均时间称为自发辐射寿命,自发辐射寿命变化很大,取决于材料能带结构和复合中心浓度等,典型值在 $10^{-9}\sim10^{-3}$s 范围。

当处于激发态的原子受到另一个能量也是 $h\nu$ 的光子作用时,受激原子立刻跃迁到基态 E_0,并发射两个能量为 $h\nu$ 的光子。这种在光辐射刺激下,受激原子从激发态向基态跃迁时,同时释放一个与诱导光子完全相同的光子辐射过程,称为受激辐射。

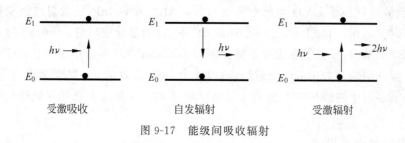

受激吸收　　　　　　自发辐射　　　　　　受激辐射

图 9-17　能级间吸收辐射

自发辐射和受激辐射是两种不同的光子发射过程。自发辐射中原子的跃迁是随机的，所产生的光子虽然具有相同的能量，但这种辐射光的相位和传播方向各不相同。受激辐射却不一样，它所发出的光辐射的全部特性（频率、相位和偏振态等）同入射光辐射完全相同。另外，自发辐射过程中，原子从激态跃迁到基态，发射一个光子；而受激辐射过程中，一个入射光子使激发态原子从激态跃迁到基态，同时发射两个同相位、同频率的光子。

2. 激光产生条件

激光（laser）是一种亮度极高，方向性和单色性好的相干光。激光的产生和一般发光过程相似，是特殊条件下受激辐射光量子放大的现象。在一般的热平衡介质中，低能级上分布的粒子数占据绝对多数，所以一般情况下，光通过介质是不会被放大的。当系统处于恒定的辐射场作用下，能级 E_0 及 E_1 间因光的吸收和受激辐射跃迁而同时存在，且两者的跃迁概率相等。但究竟哪一种过程占主导地位，主要取决于能级 E_0 和 E_1 上粒子分布情况。如果处在激发态 E_1 的原子数大于处在基态 E_0 的原子数，则受激辐射将超过吸收过程。这样系统发射的光子数将大于进入系统的光子数。这种现象称为光量子放大。通常把处在高能级激发态 E_1 的原子数大于处于低能级基态 E_0 的原子数的这种反常分布，称为粒子分布反转或粒子数反转。因此，产生激光就必须在系统中造成分布反转状态。

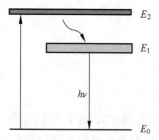

图 9-18　激光产生的三能级示意图

要实现光放大，必须设法使受激辐射大于受激吸收，粒子大部分跃迁到高能级上，实现粒子数反转且需要在高能级上滞留足够长的时间。图 9-18 是一简单的产生激光的三能级模型，基态的粒子被激发到高能级 E_2，迅速无辐射到长寿命的能级 E_1 实现粒子数反转，经激发辐射回到基态 E_0 实现光放大。

实现粒子数反转的介质称为激活介质，光子在激活介质中传播，光强随传播距离的增加成指数增长。介质可分为气体、液体、固体、等离子体、半导体、染料、准分子等。例如，传统的固体物质红宝石、掺钕钇铝石榴石、钕玻璃；气体有 He-Ne 原子气体、CO_2 气体和氩离子气体；半导体主要是 GaAs。

为了产生并维持介质的激活状态，需要外界通过适当方式不断地将低能级原子抽运到高能级，这一激发过程称为泵浦（pumping）。泵浦方式可分为电激励、光激励、化学反应激励和核能激励等。激光功率的范围小到微瓦，大到太瓦。激光有连续输出，也有短脉冲输出。

激光的产生只有激活介质是不够的，实现激光放大，还需要受激辐射远大于自发辐射，这是通过激光器的几何结构即光学谐振腔来实现的。一般是由一个全反射凹面镜和一个 99%反射、1%透射的凹面镜组成,如图 9-19 所示。当受激辐射发生时,一定频率的受激辐射光在反射面间来回反射,多次经过工作物质,反复产生受激辐射,不断增强光束。当光束强度达到一定程度,非全反射一端的反射镜将不再有效阻拦,激光便从谐振腔中"逃逸"出来。由于两面反射镜距离一定,正、反方向传播的光波相互叠加,在共振腔内形成驻波。设共振腔长度为 l,介质的折射率为 n,λ/n 为介质中的辐射波长。驻波存在的条件是共振腔的长度正好等于半波长整数倍:

$$m\left(\frac{\lambda}{2n}\right)=l, \quad m \text{ 为整数} \tag{9-37}$$

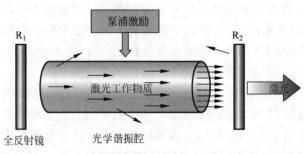

图 9-19 激光工作谐振腔

满足上式的一系列特定波长的受激辐射光在共振腔内振荡,而波长和传播方向不符合这一条件的受激辐射光,无法产生稳定的振荡则被散射或吸收掉,所以激光特定的波长和方向决定其良好的相干性和方向性,这是谐振腔筛选的结果。

自 1960 年第一台红宝石激光器出现以来,各种各样的激光器层出不穷,激光波长从远红外一直延续到软 X 射线。过去应用最广泛的气体激光器是氦-氖(He-Ne)激光器,激光是 Ne 原子受激辐射产生的。它可以产生 632.8nm 的激光,功率只有几到几十毫瓦。He-Ne 激光器由于其稳定的光谱特性,在精密测量方面有着重要应用。

目前应用最广泛的激光器是半导体激光器。半导体激光器因具有体积小、耗电少、电压低、效率高等优点而获得广泛应用。半导体激光器产量占各类激光器的 99%以上。由于它寿命长、功率高、易调制、响应快等优点,在光通信、光存储、光计算等信息科学领域有广泛应用。

在外部激发泵浦作用下,受激辐射不断增强,称为增益;另外,辐射在共振腔内来回反射时,有光子吸收、散射及端面透射损耗等能量损失。用 g 和 a 分别表示单位长度内的辐射强度增益和吸收损耗,用 I 代表辐射强度。显然,增益大于等于全部损耗时才会有激光发射。增益等于损耗时的泵浦能称为阈值 J_t,这时的增益称为阈值增益 g_t。

增益和吸收损耗均按指数规律增长或衰减:

$$\text{增益:} g(x)=I_0 \mathrm{e}^{gx} \tag{9-38}$$

$$\text{损耗:} I(x)=I_0 \mathrm{e}^{-\alpha x} \tag{9-39}$$

设反射面反射系数为 R,可证明达到阈值(增益等于损耗)条件为

$$I_0=RI_0 \mathrm{e}^{gl}\mathrm{e}^{-al} \tag{9-40}$$

存在以下关系:

$$g_t = a + \frac{1}{l} \ln \frac{1}{R} \tag{9-41}$$

要使激光器有效地工作,就必须降低阈值,主要途径是设法减少各种损耗,使吸收损耗 a 小,反射系数增大。

可见,形成激光的发射必须满足以下三个基本条件:形成粒子分布反转,使受激辐射占优势;具有共振腔结构,实现光量子放大;达到阈值条件,增益至少等于损耗。

9.6.2 半导体激光器

1. 基本原理

半导体激光器工作时也要形成粒子分布反转条件。用能量大于禁带宽度的光子来激发,使价带电子不断向导带跃迁,产生非平衡载流子。如电子和空穴的准费米能级分别为 E_F^n 和 E_F^p,则当价带中从 E_F^p 到 E_V 能量范围的状态空出,导带中从 E_C 到 E_F^n 范围的状态被电子填满时,就出现了粒子分布反转。

某一温度 T 时,若用能量为 $h\nu$、能流密度为 I 的光束照射半导体系统,则必然同时引起光吸收和受激辐射过程,系统处于非平衡态。基于电子和空穴的准费米能级和电子占据导带或价带中某一能级概率大小的概念,受激辐射是导带中能量为 E 的电子跃迁到价带中能量为 $E - h\nu$ 的空能级的过程,辐射率应与导带上能级密度 $N_{C(E)}$、电子分布概率 $f_{C(E)}$ 的乘积成正比,而且还与价带上能级密度 $N_{V(E)}$ 和未被电子占据的概率 $(1 - f_{V(E-h\nu)})$ 乘积成正比。对全部能量范围积分,可求得总的辐射率为

$$W_r = \int N_{C(E)} f_{C(E)} N_{(E-h\nu)} (1 - f_{V(E-h\nu)}) I_{(h\nu)} \, dE \tag{9-42}$$

与受激辐射相反,光吸收是价带中能量为 $(E - h\nu)$ 的电子跃迁到能量为 E 的导带空能级的过程,用相同的处理过程,求得总吸收率为

$$W_a = \int N_{C(E)} (1 - f_{C(E)}) N_{(E-h\nu)} f_{V(E-h\nu)} I_{(h\nu)} \, dE \tag{9-43}$$

要达到粒子分布反转(光量子放大),必须是 $W_r > W_a$,则

$$f_{C(E)} (1 - f_{V(E-h\nu)}) > f_{V(E-h\nu)} I_{(h\nu)} (1 - f_{C(E)}) \tag{9-44}$$

根据爱因斯坦-费米统计规律,由于电子占据导带或价带中某一能态 E 的概率为

$$f_{C(E)} = \frac{1}{\exp\left(\dfrac{E - E_F^n}{k_0 T}\right) + 1} \tag{9-45}$$

$$f_{V(E-h\nu)} = \frac{1}{\exp\left(\dfrac{E - h\nu - E_F^p}{k_0 T}\right) + 1} \tag{9-46}$$

代入式(9-44),得

$$E_g \leqslant h\nu < E_F^n - E_F^p \tag{9-47}$$

式(9-47)即本征跃迁时受激辐射超过吸收的必要条件,也是达到分布反转的必要条件。这表明,要产生受激辐射,就必须使电子和空穴的准费米能级之差大于入射光子能量。在分布反转状态下,满足式(9-47)的光子通过半导体,则受激辐射占主导地位,可以实现光量子放大。

2. p-n 结激光二极管

电注入 p-n 结型激光器结构如图 9-20 所示。为了实现粒子分布反转,p 区及 n 区都必须重掺杂,一般掺杂浓度达 $10^{18} \, \text{cm}^{-3}$。平衡时,空穴和电子的费米能级位于 p 区的价带及 n 区的导带内,如图 9-20(a)所示。当加正向偏压 V 时,p-n 结势垒降低;n 区向 p 区注入电子,p 区向 n 区注入空穴。这时,p-n 结处于非平衡态,准费米能级间距离为 $E_F^n - E_F^p = qV$。因 p-n 结是重掺杂的,平衡时势垒很高,即使正向偏压可加大到 $qV > E_g$,也还不足以使势垒消失。这时结区附近出现:

$$E_F^n - E_F^p > E_g \tag{9-48}$$

这个区域称为粒子分布反转区,如图 9-20(b)所示。在这特定区域内,导带的电子密度和价带的空穴密度都很高。这一分布反转区很薄(1μm 左右),是激光器的核心部分,称为"激活区"。

所以,要实现粒子分布反转,必须由外界输入能量,使电子不断激发到高能级。这种作用称为载流子的"抽运"或"泵浦"。上述 p-n 结激光结构中,利用正向电流输入能量,这是常用的注入式泵源。此外,电子束或激光等也可作为泵源,使半导体晶体中的电子受激发射,形成分布反转。采用这种电子束泵及光泵的半导体激光器的优点是可以激发大体积的材料。

产生激光的激活区内存在大量非平衡载流子,开始时非平衡电子-空穴对自发复合,引起自发辐射,发射一定能量的光子。但自发辐射所发射的光子,相位和传播方向各不相同。大部分光子立刻穿出激活区,只有一小部分光子严格地在结平面内传播。这部分光子可相继引发其他电子-空穴对的受激辐射,产生更多能量相同的光子。这样的受激辐射随着注入电流的增大而增大,逐步集中到结平面内,并处于压倒优势。这时辐射光的单色性较好,强度也增大,但其位相仍然是杂乱的,还不是相干光。要使受激辐射达到发射激光的要求,即达到强度更大的单色相干光,还必须依靠共振腔的作用,并使注入电流达到阈值电流。如图 9-21 所示,垂直于结面的两个严格平行的晶体解理面形成所谓法布里-珀罗(Fabry-Perot,F-P)共振腔。两个解理面就是共振腔的反射镜面,一定频率的受激辐射光,在反射面之间来回反射,形成两列相反方向传播的波相互叠加,在共振腔内形成驻波。二极管激光材料要求结构完整性好、掺杂浓度适中的晶体。同时,反射面尽可能达到光学平面,并使结面平整,以减少损耗,提高激光发射效率。

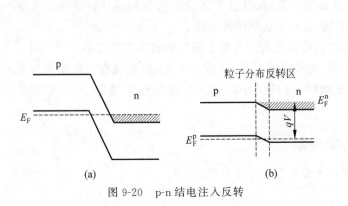

图 9-20 p-n 结电注入反转

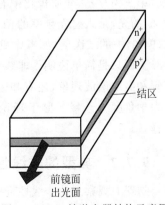

图 9-21 p-n 结激光器结构示意图

9.7 非线性光学

9.7.1 线性光学和非线性光学的意义

早期人们研究光在介质中的传播行为,包括光的干涉、衍射、偏振等现象,都属于弱光束范畴,光的变化满足线性叠加原理,称为线性光学。现代物理告诉我们,光是电磁波,光的传播行为可描述为光与物质的相互作用,在光波作用下,物质会产生极化现象。例如光波在介质中传播时,介质的极化强度 P 与光波的场强 E 之间的关系可表达为

$$P = \varepsilon_0 \chi E \tag{9-49}$$

其中,χ 是介质电极化率。上式显示,介质的极化强度与外场强度的一次方成正比,或者说介质的极化强度与入射光的场强成正比。这时,表征物质光学性质的物理参数,如折射率、吸收系数等都是与光强无关的常量。一般条件下的光学实验也证实,单一频率的光通过透明介质后频率不会发生变化,不同频率的光之间不会发生相互耦合作用。这种弱光波在介质中的传播满足线性波动方程,就是线性光学的特征。

激光出现以后,人们观察到许多用过去的光学理论无法解释的新效应。为了解释这些新效应,产生了非线性光学(non-linear optics)理论。这时,介质的极化强度 P 与光波的场强 E 之间的关系不再是简单的线性关系,一般表达为

$$P = \varepsilon_0 (\chi_1 E + \chi_2 E^2 + \chi_3 E^3 + \cdots) \tag{9-50}$$

其中,χ_1、χ_2、χ_3 分别称为介质的一阶、二阶、三阶电极化率。一般情况下,常见的光源亮度低、相干性差,由于高阶极化率很小,高次方项的影响可以忽略。这时介质的极化强度与入射光波的场强成正比,这样就近似为线性光学。比普通光强高出十亿倍的激光是相干光,电极化高次方项影响不能忽略,这样,许多新的光学现象就可以通过非线性光学理论得到满意的解释。

例如,仅考虑介质极化二次项情况下,频率为 ν 的入射光 $E = E_0 \sin(2\pi\nu t)$,介质极化强度为

$$P = \varepsilon_0 \chi_1 E_0 \sin 2\pi\nu t + \frac{1}{2}\chi_2 E_0^2 - \frac{1}{2}\chi_2 E_0^2 \cos 4\pi\nu t \tag{9-51}$$

上式显示,除第一项为线性频率 ν 成分,还包含了频率为 0 和 2ν 的非线性的第二项和第三项。第三项显示,介质极化中有相当于入射光频率二倍的成分,相应的电磁辐射中出现频率为 2ν 的光,是入射光频率的两倍,即辐射二次谐波,这个效应称为倍频效应。这只是考虑式(9-50)中的二次项,如考虑更高次项,会有多倍率谐波出现。

上面只是简单说明了非线性光学的倍频现象。实验上观察到的非线性光学效应不仅有倍频和高次谐波现象,还有和频、差频、光参量放大等,从理论上来说,非线性光学也需从量子力学角度去诠释。鉴于理论的复杂性,这里仅介绍一些非线性光学现象,并给予初步解释。

9.7.2 典型的非线性光学现象

物理上观察到的非线性光学效应主要有如下几个方面。

1. 变频效应

某一频率的入射光通过介质后发出频率为整数倍的光。这是非线性光学效应最常见的基本过程,并且以入射光频率的倍数产生二次(二次谐波,SHG)、三次(三次谐波,THG)及更高次谐波发射光。如图 9-22 所示,是光倍频示意图,光倍频现象的主要应用是将激光波长转换为短波。

以上只是光的倍频现象,光的变频现象还有和频与差频现象。假设有两个光子的频率分别为 ν_1 和 ν_2,经过介质后变成了一个频率是 ν_3 的光子,如果 $\nu_3 = \nu_1 + \nu_2$,则这个过程称为和频效应;如果 $\nu_3 = \nu_1 - \nu_2$($\nu_1 > \nu_2$),则这个过程称为差频效应。光的变频效应相当于两个或两个以上光子同时被吸收,发射出与入射光子能量之和或差相对应的光子。

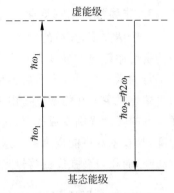

图 9-22 光倍频量子跃迁图示

2. 受激散射效应

单色激光作为入射光通过一定介质而发生散射,如果散射光具有高度相干性且强度有数量级增长,则这样的散射称为受激散射。这是一个被激发放大的散射效应。包括受激拉曼散射、相干拉曼散射、受激布里渊散射、受激康普顿散射等。

一般所述的普通光源拉曼散射,也称为自发拉曼散射。原理是入射光波与分子固有振动相互作用,当光波在介质中传输被散射时,吸收或激发分子振动产生声子,这是光子在介质中传播的非弹性散射过程。这种光子-声子相互作用的结果是产生了许多新的光子,能量等于入射光子的能量与整数个声子能量的和或差,所观察到的拉曼光谱是由相对于入射光子的频率发生偏移的谱线组成,各光谱分量的频率间隔等于介质固有的声子频率。频移分量位于入射光波频率的两侧,出现在原始光波频率的低能侧(长波段)的光谱分量称为斯托克斯分量,而位于高能侧(短波段)的称为反斯托克斯分量。斯托克斯分量对应于原始光子能量减去声子能量,反斯托克斯分量对应于附加声子能量,如图 9-23 所示。与入射光波频率偏离一个声子,称为第一斯托克斯(或第一反斯托克斯)分量;偏离两个声子,称为第二斯托克斯(或第二反斯托克斯)分量,以此类推。这个原理是拉曼光谱分析晶格振动和分子振动能级结构的理论依据。当入射光强超过某一阈值时,斯托克斯光的强度数量级增加,这时自发的拉曼散射就转变为受激拉曼散射。

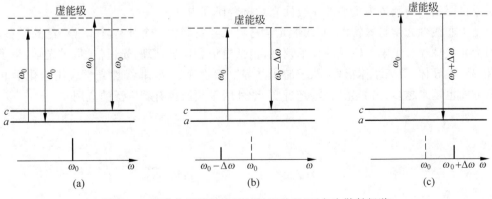

图 9-23 受激分子散射的量子跃迁过程(下方为散射频谱)

3. 非线性折射率变化

一般情况下,介质的折射率不依赖于光强度。如果折射率与入射光强度相关,光在介质中的折射率随光的强度而变化,则这时的折射率就是所谓的非线性折射率。这种情况下,会使平行的激光束射入介质后会聚成束斑尺寸细小的一束光在介质中继续传播,这个现象称为自聚焦现象。在强激光作用下介质的吸收系数减小,对某些频率弱光不透明的介质,对同样频率的强激光则变成透明,这种现象称为自透明或光致透明现象。当光强度达到一定的程度,吸收系数可能变为零。这个方法可以用来提高激光的信噪比,让强度不高的噪声被吸收滤除,而相对高强度的信号光通过。

9.7.3 非线性光学材料

具有非线性光学特性的材料就是非线性光学材料,光学性质依赖于入射光强度。非线性光学性质也称为强光作用下的光学性质,因为这些性质只有在激光强相干光作用下才表现出来。

非线性光学材料按其组成,可以分为无机、有机、高分子和有机金属络合物材料等。如果根据所表现的非线性光学特性,可以分为二阶非线性光学材料和三阶非线性光学材料。二阶非线性光学材料大多数是不具有中心对称性的晶体,二阶非线性现象通常只在非中心对称物质中观察到,包括电光调制、空间光调制和二次谐波的产生。三阶非线性光学材料则不受是否对称的限制。常见的非线性光学材料主要是无机晶体材料,包括一些氧化物晶体和半导体材料、玻璃等。20 世纪 80 年代起发现或合成的有机非线性光学材料众多,包括各类有机低分子量非线性光学材料、高聚物非线性光学材料、金属有机配合物非线性光学材料等。几乎各类材料中都有一些具备非线性光学特征。非线性光学材料一直是功能材料研究领域的重要分支。

非线性光学材料主要特性有:①较高的非线性极化率。这是非线性光学材料的关键特征。当然,材料非线性极化率不高的情况下,也可通过增强入射激光功率的办法来提高非线性光学效应。②快速的响应时间,能够对不同脉宽的脉冲激光或连续激光做出足够快的响应。③良好的光学均匀性和透明度,在激光工作的频段内,材料对光的有害吸收及散射损耗都很小;能承受较大的激光功率或能量,损伤阈值较高。④可以实现位相匹配。

以上尚属于宏观尺度的传统非线性光学材料,随着纳米材料和技术的发展,不同尺度的纳米非线性材料也应运而生。包括零维的纳米颗粒、纳米球,一维的纳米线、纳米管和二维单层或多层纳米薄膜成为主要的非线性光学材料研究内容。

基于非线性光学材料特性,非线性光学材料已经发展为一个独特且非常广泛的学科,这是因为非线性光学影响了广泛的技术领域,包括电信和信号处理、光通信、量子光学、量子计算、液晶、半导体、等离子体物理、粒子加速器等。除物理领域,非线性光学应用于化学和生物等方面也越来越多,诸如光谱学、光折变、紫外线等领域也有着广泛的应用。

参 考 文 献

[1]　胡正飞,严彪,何国求. 材料物理概论[M]. 北京：化学工业出版社,2008.
[2]　WHITE M A. Properties of materials[M]. 2ed. Oxford：Oxford University Press,2019.
[3]　方俊鑫,陆栋. 固体物理学[M]. 上海：上海科学技术出版社,1980.
[4]　曾谨言. 量子力学教程[M]. 北京：科学出版社,2003.
[5]　刘恩科,朱秉升,罗晋生. 半导体物理学[M]. 北京：电子工业出版社,2004.

思考题与习题

第 1 章　固体晶体结构

1.1　如何表述晶体结构的对称性。

1.2　请写出立方晶系中$\{111\}$的等价晶面，$\langle 110 \rangle$的等价晶向，并在图中画出。

1.3　试在六方晶系的晶胞上画出$(10\bar{1}1)$晶面、$[11\bar{2}0]$ 和 $[\bar{1}101]$晶向。

1.4　分别画出面心立方和体心立方晶体的(100)、(110)、(111)面上述晶面的原子排列方式。

1.5　若晶格常数为a，分别对面心立方和体心立方的$[100]$、$[110]$、$[111]$晶向，请计算上述晶向中相邻两个阵点之间的距离。

1.6　铜为面心立方结构，其晶格常数 $a = 0.3615\text{nm}$，(1)按刚球密堆模型计算最近邻原子中心距离；(2)原子密排面和密排方向是什么？(3)原子密排面$\{hkl\}$上的密排方向$\langle uvw \rangle$组成的$\{hkl\}\langle uvw \rangle$共有多少组？

1.7　给出倒易点阵和正点阵的数学关系，简述它们之间的联系。

第 2 章　晶体结构缺陷与运动

2.1　晶体的结构缺陷有哪些？

2.2　简述缺陷的平衡浓度及其物理意义。

2.3　简述刃位错和螺位错的结构特征及其运动形式上的差异。

2.4　判断图中位错类型，给出图中位错的伯格斯矢量。

2.5　位错反应的基本条件是什么？指出面心立方(fcc)和体心立方(bcc)中的特征位错(以最短点阵矢量为伯格斯矢量的位错)，并判断 2.5 节中列出的一些位错反应是否可以进行，为什么？

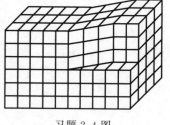

习题 2.4 图

2.6　何谓全位错、不全位错？说明弗兰克不全位错是如何形成的。

第 3 章　固体量子理论基础

3.1　简述经典运动学理论和量子理论是如何描述自由电子运动的。

3.2　从量子理论如何理解经典的电子运动轨道和电子云概念？

3.3　简述什么是不确定性关系。

3.4　写出稳态薛定谔方程，解释方程各项的物理意义。

3.5　求解在一个边长为 L 的正方形无限深势阱中自由运动的电子的波函数和能量本征值。

3.6　简述离子键、共价键、金属键、分子键和氢键与电子分布的关系；指出形成离子键、共价键、金属键、分子键和氢键时键合作用力的来源。

第 4 章　晶格振动与热学性质

4.1　解释晶格振动的相关名词：声子、格波、声学波、光学波。

4.2　简述晶格振动产生声学支和光学支格波的物理意义。

4.3　叙述固体比热容的爱因斯坦模型和德拜模型的近似条件及其区别。

4.4　简述引起热膨胀的物理原因。

第 5 章　固体中的电子状态和能带理论

5.1　根据电子能量 E 和波矢 k 的关系，求解二维晶格中自由电子气的能态密度。自由电子分布符合费米统计规律，试计算 0K 条件下费米能级表达式及费米波矢大小。

5.2　叙述布洛赫定理。

5.3　如何理解电子热容相对于晶格热容很小的机制？

5.4　简单图示金属、半导体和绝缘体的能带结构。

5.5　画出二维平面正方结构的第一、第二布里渊区。

第 6 章　材料的电学特性

6.1　简述材料的电学性能和能带关系。

6.2　在一个边长为 L 的正方形中运动的 N 个电子构成的二维电子气，能量方程为

$$E_{(k)} - E_{(0)} = \frac{\hbar^2}{2m_n^*}(k_x^2 + k_y^2)，(1)$$ 给出量子态密度函数表达式；(2)给出在绝对零度下系统的费米能级表达式。

6.3　如何理解超导状态电子的运动？

6.4　影响固溶体导电特性的因素有哪些？

6.5　介质损耗的物理本质是什么？

第 7 章　半导体中的载流子输运

7.1　什么是本征半导体，以及杂质半导体及其分类？

7.2　电子或空穴的有效质量概念及其引入的物理意义。

7.3　硅($E_g = 1.1 \text{eV}$)本征半导体中，从价带激发至导带的电子和价带产生的空穴参与电导。激发的电子密度 n 可近似表示为

$$n = N \exp(-E_g / 2kT)$$

其中，N 为状态数密度。试回答以下问题。

(1) 设 $N = 10^{23} \text{cm}^{-3}$，在室温(20℃)和 500℃时所激发的电子数($\text{cm}^{-3}$)各是多少；

(2) 半导体的电导率 $\sigma (\Omega^{-1} \cdot \text{cm}^{-1})$ 可表示为

$$\sigma = n_e e \mu_e + n_h e \mu_h$$

其中，μ 为迁移率($\text{cm}^2 \cdot \text{V}^{-1} \cdot \text{s}^{-1}$)。假定 Si 的迁移率 $\mu_e = 1450(\text{cm}^2 \cdot \text{V}^{-1} \cdot \text{s}^{-1})$，$\mu_h = 500(\text{cm}^2 \cdot \text{V}^{-1} \cdot \text{s}^{-1})$，且不随温度变化。则当电子(e)和空穴(h)同时为载流子时，Si 在室温(20℃)和 500℃时的电导率各是多少？

7.4　一块 n 型硅材料，掺有施主浓度 $N_D = 1.5 \times 10^{15} \text{cm}^{-3}$，在室温($T = 300\text{K}$)时本征载流子浓度 $n_i = 1.3 \times 10^{12} \text{cm}^{-3}$，求此时该块半导体的多数载流子浓度和少数载流子浓度。

7.5　一半导体中的电子和空穴的迁移率分别为 μ_n 和 μ_p，而且电导率主要取决于空穴

浓度,

证明:

(1) 最小电导率为 $\sigma_{\min} = \dfrac{2\sigma_i(\mu_n\mu_p)^{1/2}}{(\mu_n+\mu_p)}$;

(2) 对应的空穴浓度为 $p = n_i(\mu_n\mu_p)^{1/2}$。

7.6　Si 的 n 型半导体内部能带结构和费米能级如图所示。如在禁带范围内存在表面态,请图示热平衡下的半导体能带变化,并说明能带弯曲的原因。如表面吸附一层 H 原子,会造成禁带内表面态消失,则对能带有何影响,为什么?

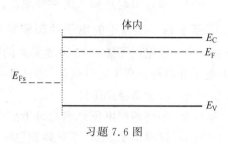

习题 7.6 图

第 8 章　材料的磁学特性

8.1　磁性的物理本质是什么?

8.2　自发磁化的物理本质是什么?具有铁磁性材料的充要条件是什么?

8.3　简述各不同类型磁性的 $\chi\text{-}T$ 的相互关系。

8.4　利用能量观点说明铁磁体内形成磁畴的原因。

8.5　从能量交换意义解释图中铁磁性的三种状态类型及其物理机制。

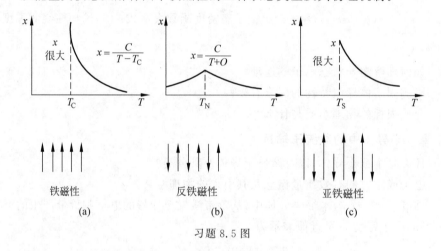

习题 8.5 图

8.6　铁磁性材料技术磁化分为三个阶段和两种机制,简述此过程及其机制。

第 9 章　材料的光学特性

9.1　已知某材料的光吸收系数 $\alpha = 0.32\text{cm}^{-1}$,透射光强分别为入射的 10%、50% 时,材料的厚度分别为多少?

9.2　计算入射光以较小的入射角 i 和折射角 r 连续穿过 n 块透明玻璃后的透射系数。

9.3　简述杂质能级对半导体发光性能的影响。

9.4　简述发光二极管的工作原理。

9.5　产生激光的基本条件是什么?

9.6　简述非线性光学的概念。